21 世纪高等院校教材

环境信息系统

曾向阳　陈克安　李海英　编著

科学出版社

北　京

内 容 简 介

本书针对环保工作信息化的实际需要,将信息系统理论、计算机以及网络新技术与环境信息采集、处理、管理以及环境工程实践相结合,强调基础,覆盖面广,内容简明易学。

本书首先介绍了环境信息系统基础知识,然后全面阐述了环境信息系统的研究内容、特点和开发设计方法,并采用实例分别介绍了国家级、省级和城市级环境信息系统的功能特点和开发方法,最后详细介绍了环境信息系统的新进展。为便于学习,每章末给出了一定量的习题,附录中还列举了有关的国家法律和法规,可供读者参考。

本书主要用于环境科学、环境工程等相关专业本科教学,也可供环境信息处理、环境信息系统设计和环境管理等领域的研究人员和技术人员参考。

图书在版编目(CIP)数据

环境信息系统/曾向阳,陈克安,李海英编著.—北京:科学出版社,2005

21 世纪高等院校教材

ISBN 978-7-03-015949-6

Ⅰ.环… Ⅱ.①曾…②陈…③李… Ⅲ.环境管理-管理信息系统-高等学校-教材 Ⅳ.X3

中国版本图书馆 CIP 数据核字(2005)第 081104 号

责任编辑:胡华强 郭 淼/责任校对:宋玲玲
责任印制:张克忠/封面设计:陈 敬

科学出版社 出版

北京东黄城根北街16号
邮政编码:100717
http://www.sciencep.com

丽源印刷厂 印刷

科学出版社发行 各地新华书店经销

*

2005 年 7 月第 一 版 开本:B5(720×1000)
2008 年 11 月第四次印刷 印张:16 3/4
印数:5 501—6 500 字数:328 000

定价:28.00 元
(如有印装质量问题,我社负责调换〈明辉〉)

前　言

随着社会经济的不断发展,环境保护工作在全球范围内日益受到重视,实现环境与经济、社会的协调发展成为了全人类的共同目标。我国是一个发展中国家,发展经济是当前的主要任务。既要保持经济持续快速地发展,又要在财力、物力有限的条件下,维持和改善环境质量,这就要求强化环境管理。而提高环境管理水平的重要保证是管理效率的提高,这在很大程度上又依赖于真实、可靠的环境信息。

我国在环境信息方面的工作起始于 20 世纪 70 年代初,经过二十多年的努力,已经积累了大量的经验和信息资源,建立起了一系列包括环境信息采集、传输、处理、存储、公布和应用的环境信息软件系统和网络环境。这些系统都包含于本书所定义的环境信息系统概念之中,即:"用于对各种各样的环境信息及其相关信息加以系统化和科学化的信息体系"。当前的各项环境管理工作在很大程度上依赖于这些环境信息系统。但是,目前的环境信息和环境信息系统工作中还有许多问题亟待解决。其中,以下问题尤为突出:

(1) 环境信息采集方式不规范,导致数据的利用过程中存在许多不一致性问题;

(2) 环境信息资源利用不充分,过去积累的大量信息资源,以及尚未受到重视的一些信息资源尚未得到充分的利用;

(3) 环境信息处理效率低、信息管理缺乏统一性和规范化;

(4) 环境信息系统建设起步晚,开发水平不高,存在重复建设、实用性较差等缺点。

从当前的发展趋势来看,上述问题的解决既需要环境管理部门的重视,也需要社会大众的共同努力,但更为关键的是需要依靠科学技术。近年来,一系列计算机和网络新技术(如宽带传输)以及信息新技术(如数据挖掘、"3S"技术)已经开始在环境信息系统的有关工作中得到应用。全球环境信息系统和各国、各地区环境信息系统的共同发展,以及环境信息公开和共享的最终实现也将是大势所趋。

因此,新世纪的环境信息工作者需要不断地进行知识更新,除了必要的环境专业知识之外,计算机、网络、信息系统等领域的知识也十分重要。但是,国内目前的教材或专著均以地理信息系统为主要内容,缺少一本系统全面介绍环境信息系统基本概念、系统开发设计方法、国内外发展状况与最新动向等内容的专著或教材。因此,我们特地组织编写了本书。

　　本书主要内容分为三部分:①环境信息系统基础知识(第1、2章)。着重介绍了信息、系统和环境信息系统的有关概念,国内外环境信息系统的发展历程、现状和目标。②环境信息系统开发(第3、4章)。详细介绍了环境信息系统的研究内容、特点、开发设计方法,并以实例对国家级环境信息系统、省级环境信息系统和城市环境信息系统的特点和设计过程进行了介绍。其中,重点内容是环境信息系统的开发设计方法。本书将环境信息系统的开发分为总体规划、系统分析、系统设计、系统实施、系统测试、系统运行、维护和评价六大步骤,详细介绍了每一步骤的工作内容、实施方法和注意事项等,其中包括过去常被忽略的人机交互设计、系统测试和评价等内容。③环境信息系统新发展(第5章)。全面地介绍了当前环境信息系统领域内的一系列新思想、新技术和新动向,并展望了环境信息系统的发展趋势。

　　为加深读者对本书内容的理解,在每章最后还给出了一定量的习题,包括选择、简答、叙述、实践和设计等题型。另外,附录中列出了一些与环境信息有关的国家法律、法规和政策,可供读者参考。

　　本书初稿于2001年完成,经过三年多的教学实践,做了大量修改和完善,是专供环境科学、环境工程专业本科教学使用的环境信息系统教材,它在内容上的突出特点是:强调基础、覆盖面广,并且简明、易学。因此,也可供相关领域的人员参考。

　　本书由西北工业大学航海学院环境工程系曾向阳副教授策划,并编写了主要内容,陈克安教授和李海英副教授参加了编写工作。孙进才教授对本书进行了审定,并提出了许多宝贵的意见和建议,在此深表感谢。

　　由于作者水平有限,错漏之处在所难免,望读者不吝指正。

编　者

2004年5月

目　　录

第1章 信息系统概论

本章目标
- 掌握信息、信息量、系统、信息系统等基本概念
- 明确信息的特征、分类和功能
- 了解信息的度量方法和信息管理的发展历程
- 掌握系统和信息系统的一般模型及主要功能
- 了解信息系统的价值及信息系统的发展历程
- 了解开发信息系统的常用方法和工具

1.1 信 息

随着信息时代的到来,人们越来越清楚地认识到知识就是力量,信息就是财富,信息资源在社会生产和人类生活中将发挥日益重要的作用。信息资源的增长速度和利用程度也成为了现代社会文明和科技进步的重要标志。信息成为一种资源的必要条件是对其进行有效的管理。如果没有信息管理,信息也可能带来意想不到的麻烦。因此,对信息及其相关活动因素进行科学的计划、组织、控制和协调,实现信息资源的充分开发、合理配置和有效利用,既是信息科学的重大应用课题,也是管理科学的新兴研究领域。

1.1.1 信息的概念

1. 信息的基本概念

在现代生活中,"信息"(information)一词随处可见。有许多人曾想用确切的语言来描述它,如:信息就是消息;知识等于信息;信息是事物之间的差异;有的强调信息是一种"场";有的认为信息是有序性的度量;有的把信息定义为经过加工后的数据,它对接收者有用,对决策或行为有显式的或潜在的价值;还有的说,信息是经过加工并对客观世界产生影响的数据,也就是"有用即信息";有的更抽象地说信息就是运动状态的反映……历史上,有关信息的定义多达数十种。其中,大多不够准确,难以反映信息的本质。另外,信息是不是物质,信息有无价值等相关问题,至今仍然争论不休。由此可见,信息是一个应用广泛但又内涵复杂的概念。以下从

信息科学的发展过程来分析信息的本质含义。

　　20 世纪以前，人们对信息的认识一直处于原始和经验阶段。信息作为科学的概念，首先是在信息论中得以专门研究的。1928 年，哈特莱（Hartley R V）在《贝尔系统技术杂志》上发表了一篇题为《信息传输》的论文。论文把信息理解为选择通信符号的方式，即发信者所发出的信息，就是他从通信符号表中选择符号的具体方式。例如，假定在符号表中选择了这样一些符号："I am back"，就发出了"我回来了"的信息；如果选择"I am tired"，就发出了"我很累"的信息。哈特莱还注意到，不管符号所代表的意义是什么，只要从符号表中选择的符号数目一定，发信者所能发出的信息的数量就被限定了。哈特莱的思想和研究成果为信息论的创立奠定了基础。

　　信息论作为一门严密的科学，主要归功于贝尔实验室的申农（Shannon C E）。他于 1948 年在《贝尔系统技术杂志》上发表了著名论文《通信的数学理论》，标志着信息论的诞生。申农是从通信工程的角度去研究信息传递与度量问题的。他认为，信息的多少意味着被消除的不确定性的大小。所谓不确定性，就是对客观事物的不了解、不肯定。通信的直接目的是要消除接收端（信宿）对于发出端（信源）可能会发出哪些消息的不确定性。因此，信息被看作是用以消除信宿对信源发出何种消息的不确定性的东西。简单地说，"信息是指有新内容、新知识的消息"。即信息与消息是有区别的。

　　从通信的观点出发，构成消息要具备两个条件：一是能为通信双方理解；二是可以传递。信息与消息的关系是内容与形式的关系。消息是信息的载体，其形式是多样的，如各种语言、文字、图像等，而信息则指的是包含在各种具体消息中的抽象内容。例如，收听广播时听到了一些新闻，也就是接收到了一些消息。这些消息的内容可能是已经知道的，也可能是还不知道的。事先已经知道的消息不能作为信息，因为人们不能从中获得新内容或新知识以消除不确定性。在接收者看来，信息必须是事先不知道其内容的新消息。可见，申农对信息的定义是从信息在通信过程中所起作用的角度提出的。

　　几乎是与申农同时，维纳（Wiener N）也发表了控制论的奠基性著作《控制论——或关于在动物和机器中控制和通信的科学》，标志着控制论这门新兴学科的诞生。

　　维纳从控制论的角度对信息的含义进行了阐述。他把信息与人的认识、动物的感知活动联系了起来。在 1950 年发表的论文《人有人的用处——控制论与社会》中，维纳指出，"人通过感觉器官感知外部世界"，"我们支配环境的命令就是给环境的一种信息"，因此，"信息这个名称的内容就是我们对外界进行调节，并使我们的调节为外界所了解，时而与外界交换来的东西。"这表明，信息就是人们适应外部世界，并把这种适应反作用于外部世界的过程中，同外部世界进行相互联系、相互作用、相互交换的一种内容。在这里,维纳把人与外界环境交换信息的过程看成是一种广义的通信过程,试图从信息自身具有的内容属性上给信息下定义,注意了信息的质的方面。这给人们提供了一条深入揭示信息本质的正确途径。

在此基础上,我国学者钟义信指出:"信息是事物存在的方式或运动的状态,以及这种方式或状态的直接或间接的表述。"该定义从哲学的本体论层次出发,给出了信息的一种广义定义,具有广泛的适用性。同时,钟义信也指出信息的定义应当根据不同的条件,区分不同的层次。只有深入把握信息的本质,才能正确理解信息应用于不同领域、在不同约束条件下的具体含义。这进一步表明了信息概念的复杂性。

通过上述分析可以发现,就本质而言,信息是事物显示其存在方式和运动状态的属性,是客观存在的现象。同时,信息与认知主体又有着密切的关系,它必须通过主体的主观认知才能被反映和揭示。因此,信息是一种比运动、时间、空间等概念更高级的哲学范畴,是一个复杂的、多层次的概念。在信息概念的诸多层次中,最重要的是两个层次:一个是没有任何约束条件的本体论层次,另一个是受主体约束的认识论层次。从本体论层次上来考察,信息是一种客观存在的现象,是事物的运动状态及其变化方式,亦即"事物内部结构和外部联系的状态以及状态变化的方式"。世间一切事物都在不停地运动,因而都在不断地产生着本体论意义上的信息;而以主体的立场来考察信息概念,就会引出认识论层次上的信息概念,即信息是主体所感知或所表述的事物运动状态及其变化方式,是被反映出来的客观事物的属性。

概括起来,关于信息的本质,可以明确以下两点:

(1) 信息的存在不以主体(人、生物或机器)的存在为转移,即使主体不存在,信息同样可以存在。例如照片、磁带、录像带可以真实再现已经发生过的事件或情景;再如,考古学家从古代人类的遗留物就可以了解历史事件。从这个意义上来讲,信息就是事物内部结构和外部联系的运动方式和状态。

(2) 信息在主观上可以接受和利用,并作用于人们的行动。人类总是自觉或不自觉地从客观世界获取信息,通过感觉器官感知信息,通过大脑分析和处理信息,再利用信息来创造价值。从这个意义上来讲,信息是主体所感知或主体所表述的事物的运动状态及其变化方式。

通过上述分析,尽管仍然难以给信息下一个十全十美的定义,但信息的本质含义已不难理解。事实上,也没有必要给信息下一个放之四海而皆准的定义。正如申农和维纳分别从通信和控制领域研究信息的含义一样,人们应该从不同的应用领域出发,在信息本质特征的基础上给出相应的定义。

为此,本书从环境学的角度出发,给出如下定义:环境信息是环境数据的内在含义,是以语言、文字、表格、图形、声音、图像等表达的环境资料的进一步解释。根据这个定义,那些能表达某种含义的信号、密码、情报、消息都可概括为信息。例如,对于一则"环境保护状况公告",既可以用文字(或字符)写成,也可以用广播(声音)传送,还可以用电视(声音、图像)来播出,甚至可以利用网络(多媒体)来发布。不管用哪种形式,其基本含义都是公告,它们所表达的信息都是"环境状况公告",所以这种公告也就是一种环境信息。

2. 信息与数据的关系

许多关于信息的定义都将之与数据联系在一起,有的甚至将二者等同起来,把这种看法当作一种习惯性的错误并不过分。事实上,信息与数据有密切的关系,但含义不完全相同。

首先,数据是记载下来的事实,是客观实体属性的值,是可以记录、通信和识别的符号;信息是数据的内在含义,是实体、属性和值三者的组合体。因此,在很大程度上,可以把信息看作是经过加工的数据。这表明了二者的内在联系,就如同原材料与成品的关系。

另一方面,二者又不是等同的,这首先体现在二者的度量上。数据可以利用一般意义上的多少来衡量,对于计算机,则可以利用字节来表示数据的大小;信息则需要利用专门的参数来表征(如信息熵等)。一定量的数据,一般都包含一定量的信息,但并不是数据量越大,信息量就越大。例如,近年来,随着数据量的急剧增长,人们一方面有"知识爆炸"、"数据过剩"的感觉,同时又有"信息贫乏"、"数据关在牢笼中"的说法。这表明信息和数据的确存在着本质上的差别。

这种差别也是导致近年来一种新的技术或新的产业开始蓬勃发展的根本原因,即数据挖掘,其主要目的就是从大量数据中挖掘有用的信息。关于该技术的详细阐述见本书第 5 章。

3. 信息与物质、能量的关系

维纳在《控制论》中指出:"信息就是信息,不是物质也不是能量。不承认这一点的唯物论,在今天就不能存在下去。"维纳在这里强调了信息的特殊意义,也初步揭示了信息、物质与能量三者间的辩证关系。具体来讲,信息与物质和能量既存在区别,也有着密切的联系。

1) 信息与物质的关系

物质是信息存在的基础。信息是一切物质的基本属性,认知主体对于客观物质世界的反映都是通过信息来实现的。但信息不是物质,也不是意识,而是物质与意识的中介;信息的产生、表述、存储、传递等都要以物质为基础,但物质具有质量,且遵循质量守衡定律,而信息本身没有质量,也不服从守衡定律;信息对物质有依附性,任何信息都离不开物质,都要以物质作为载体,但信息内容可以共享,其性质与物质载体的变换无关。

2) 信息与能量的关系

能量是信息运动的动力,因为信息的传递、转换、获取、利用过程都要消耗一定的能量。信息必须与能量结合才具有活力,但信息效用的大小并不由其消耗能量的多少决定;各种形式的能量或信息在传递过程中都可以互相转换,但能量的传递与转换过程遵循能量守衡定律,而信息在传递与转换过程中并不服从守衡定律;信息的传递与获取离不开能量,能量的驾驭和转换则又需要信息。

1.1.2 信息的特征、分类和功能

信息现象是十分复杂的。分析研究信息的特征与类型,有助于加深对信息概念的理解和对信息本质的认识,也有利于理解信息的功能。不同的信息经过分类后将呈现出各自的特征,这对于从纷繁复杂的信息现象中整理出一条简洁明晰的思维脉络是大有益处的。

1. 信息的特征

所谓信息的特征,就是指信息区别于其他事物的本质属性。信息的基本特征包括以下 9 点。

1) 普遍性

信息是事物运动的状态和方式,只要有事物存在,只要有事物的运动,就会有其运动的状态和方式,就存在着信息。无论在自然界、人类社会,还是在人类思维领域,绝对的"真空"是不存在的,绝对不运动的事物也是没有的。因此,信息是普遍存在的。信息与物质、能量一起构成了客观世界的三大要素。

2) 表征性

信息不是客观事物本身,而只是事物运动状态和存在方式的表征。一切事物都会产生信息,信息就是表征所有事物属性、状态、内在联系与相互作用的一种普遍形式。宇宙时空中的事物是无限的,表征事物的信息现象也是无限的。

3) 动态性

客观事物本身都在不停地运动变化,信息也在不断发展更新。事物运动状态及方式的效用会随时间的推移而改变,因此,在获取与利用信息时必须树立时效观念,不能有一劳永逸的想法。

信息的运动与物质和能量的运动不同,有自己的特点。由于信息既具有客观性,又有主观性,其运动比物质和能量的运动要复杂得多。信息的运动使其成为客观物质世界和主观精神世界的桥梁,在人类认识和改造客观世界过程中,形成了众多的学科门类,尽管当时人们没有认识到是信息在起作用,但是,这种不自觉的行为已经为人类带来了巨大的进步。

认识信息的运动,不能只考虑信息运动的客观方面,脱离了主观性,缺乏对信息的再升华,从而导致对客观世界认识的僵化,失去创造性,毕竟信息只有为人类主观认识才能更好地改造世界。同时,也不能孤立地只考虑主观方面而脱离了客观性,这样很容易蜕变为形而上学的唯心主义。因此,应当从信息的客观性出发,将二者有机结合起来,才能更好地认识和利用信息,使之为人类服务。

信息运动大致可分为两个方面,即本体意义上的信息运动,它反映对象(事物)运动的状态和方式,是客观方面。另一方面是认识论意义上的信息运动,它反映由主体所发出(表述)的主体思维运动的状态和方式(代表主体意志),是主观方面。

图 1.1 是信息运动的一种模型,它反映了信息从客体进入主体,经过在主体中的运动再作用于客体的运动过程。这个模型概括了以下重要过程单元:

(1)信息感知:通过感知器官获取外部世界事物信息,完成本体论意义的信息向认识论意义的信息的转变。

(2)信息识别:对感知的信息加以辨识和分类。

(3)信息变换:将识别出的信息进行适当形式的转换(一般是变换其载体)。

(4)信息传递:将信息由空间的某一点转移到另一点。

(5)信息存储:收到信息后以适当的形式进行存储。

(6)信息检索:当需要信息时,把存储的信息迅速准确地提取出来。

(7)信息处理:为了便于使用,需要对信息进行适当的加工处理,包括分析、比较和运算等。

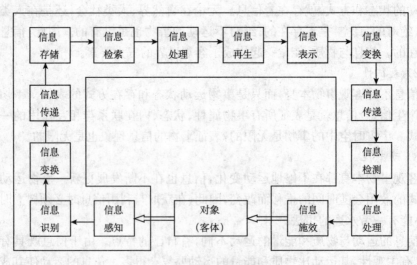

图 1.1　信息运动模型

（8）信息再生：在信息处理的基础上就可能获得关于对象运动的规律性认识（即再生出更为本质的信息），并形成针对客体对象的策略。

（9）信息表示：将主体再生的信息用适当的方式表示出来。

（10）信息变换：对再生信息进行适当的变换并以一定的方式表现出来。

（11）信息传递：把经过加工变换的再生信息从空间的某一位置（主体所在处）转移到另一位置（客体所在处）。

（12）信息检测：信息在传递过程中可能受到噪声等因素的影响，需要把再生信息从干扰的背景中分离出来。

（13）信息处理：为了便于再生信息发挥作用，还需要对其进行适当的加工。

（14）信息施效：运用再生信息对客体对象的运动状态和方式进行调整。

从上图可以看出，信息的运动过程就是不断地了解和控制对象，使它逐渐地由初始运动状态和方式转移到最终的运动状态和方式。只有当上述所有过程都发挥正常作用，主体才能从本体意义上的信息中提取认识论意义上的信息，并从中形成有关客体对象的正确认识，在这个基础上再生出反映主体意志的信息，并通过它的反作用实现对客体的变革。

在处理、再生和施效过程中，主体应当具有智能，而且智能水平越高，相应的信息过程就越有效，反之则越差。因此，智能活动是主体认识、改造世界过程的基本特征。

主体利用信息的基本过程，主要是获取客体的信息，经过与目标信息的比较、决策形成指令信息，最后经过控制和调整重新作用于客体。这个过程是一个反馈控制过程，如图 1.2 所示。

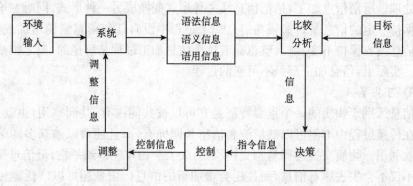

图 1.2　主体利用信息的基本过程

4）相对性

客观上信息是无限的，但相对于认知主体来说，人们实际获得的信息（实得信息）总是有限的。并且，由于不同主体有着不同的感受能力、不同的理解能力和不同的目的性,因此,从同一事物中获取的信息(语法信息、语义信息和语用信息)必定各不相同,即实得的信息量是因人而异的。

5) 依存性

信息本身是看不见、摸不着的,它必须依附于一定的物质形式(如声波、电磁波、纸张、化学材料、磁性材料等)之上,不可能脱离物质单独存在。这些以承载信息为主要任务的物质形式称为信息的载体。信息没有语言、文字、图像、符号等记录手段便不能表述,没有物质载体便不能存储和传播,但其内容并不因记录手段或物质载体的改变而发生变化。

6) 传递性

信息可以通过多种渠道、采用多种方式进行传递,把信息从时间或空间上的某一点向其他点移动的过程称为信息传递。信息传递要借助于一定的物质载体,因此,实现信息传递功能的载体又称为信息媒介。一个完整的信息传递过程必须具备信源(信息的发出方)、信宿(信息的接收方)、信道(媒介)和信息四个基本要素。

7) 可干扰性

信息是通过信道进行传递的。信道既是通信系统不可缺少的组成部分,同时又对信息传递有干扰和阻碍作用。任何不属于信源而加之于其信号上的附加物都称为信息干扰。例如,噪声就是一种典型的干扰。产生噪声的因素很多,有传输设备发热引起的热噪声、不同频率的信号相干扰产生的调制噪声、不同信道相干扰产生的串扰噪声、外部电磁波冲击产生的脉冲噪声等。

8) 可加工性

信息可以被分析或综合,也可以被扩充或浓缩,也就是说人们可以对信息进行加工处理。所谓信息加工,是把信息从一种形式变换成另一种形式,同时在这个过程中保持一定的信息量。如果在信息加工过程中没有任何信息量的增加或损失,并且信息内容保持不变,那么就意味着这个信息加工过程是可逆的,反之则是不可逆的。实际上,信息加工都是不可逆的过程。

9) 可共享性

信息区别于物质的一个重要特征是它可以被共同占有,共同享用,也就是说,信息在传递过程中不但可以被信源和信宿共同拥有,而且还可以被众多的信宿同时接收利用。物质交换遵循易物交换原则,失去一物才能得到一物,但信息交换的双方不仅不会失去原有信息,而且还会增加新的信息。信息还可以广泛地传播扩散,供全体接收者共享。

2. 信息的分类

用不同的标准对信息进行分类,可以把信息划分为如下一些类型。

　　1）按照信息的发生领域，可将信息划分为物理信息、生物信息和社会信息

　　物理信息是指无生命世界的信息。形形色色的天气变化、地壳运动、天体演化……无生命的世界每时每刻都在散发着大量的信息。只是由于条件的限制，对于这类信息现象的认识还远远不够。

　　生物信息是指生命世界的信息。有关实验研究表明，植物之间存在着信息交换现象，植物能够感知并传递信息。动物之间更是有着特定的信息联系方式，各类动物都有自己交换信息的"语言"。而遗传信息的作用则是生命进化的重要原因。没有信息，就没有丰富多彩的生物界，更不会出现人类社会。

　　社会信息是指社会上人与人之间交流的信息，包括一切人类社会运动变化状态的描述。按照其活动领域，社会信息又可分为科技信息、经济信息、政治信息、军事信息、文化信息等。社会信息是人类社会活动的重要资源，也是社会大系统的一类构成要素和演化动力。因此，社会信息是信息管理的主要对象。

　　2）按照信息的表现形式，可将信息划分为消息、资料和知识

　　消息是关于客观事物发展变化情况的最新报道。消息反映的是事物当前动态的信息，因而生存期短暂，有较强的时间性，主要用于了解情况，以决定行为方式。

　　资料是客观事物的静态描述与社会现象的原始记录。资料反映的是客观现实的真实记载，因此生存期长久，有较强的累积性，主要用作论证的依据。

　　知识是人类社会实践经验的总结，是人类发现、发明与创造的成果。知识反映的是人类对客观事物的普遍认识和科学评价，因此对人类社会活动有重要的意义。人们通过学习掌握知识，可以增长创造才能，提高决策水平，更有效地开展各项社会活动。

　　3）按照主体的认识层次，可将信息划分为语法信息、语义信息和语用信息

　　从主体对信息的认识层次上看，由于主体有感受力，能够感知事物运动状态及其变化方式的外在形式，由此获得的信息称为语法信息；由于主体有理解力，能够领会事物运动状态及其变化方式的逻辑含义，由此获得的信息称为语义信息；又由于主体具有明确的目的性，能够判断事物运动状态及其变化方式的效用，因此获得的信息称为语用信息。语法信息、语义信息和语用信息三位一体的综合，构成了认识论层次上的全部信息，即全信息。

　　语法信息是信息认识过程的第一个层次。它只反映事物的存在方式和运动状态，而不考虑信息的内涵。换言之，语法信息只是客观事物形式上的单纯描述，只表现事物的现象而不深入揭示事物发展变化的内涵及其意义。这一层次涉及可能出现的符号的数目、信源的统计性质、编码系统、信道容量等。研究信道传递信息的能力，设计合适的编码系统，以高度的可靠性快速有效地传递数据，是通信工程所关心的问题。

　　语义信息是信息认识过程的第二个层次。它是指认识主体所感知或所表述的

事物的存在方式和运动状态的逻辑含义;换言之,语义信息不仅反映事物运动变化的状态,而且揭示事物运动变化的意义。从信源发出的数则消息,如果只是从通信符号的统计数量来看,其信息量可能相等,但其意义却可以是完全不同的。在信息检索中就必须考虑信息的语义问题。

语用信息是信息认识过程的最高层次。它是指认识主体所感知或所表述的事物存在方式和运动状态相对于某种目的所具有的效用。换言之,语用信息就是指信源所发出的信息被信宿接收后将产生的效果和作用。同语义信息相比,它对信宿的依赖性更强,而且与信息传递时间、地点、环境条件等有着密切的关系。信息管理往往关注的就是语用层次上的信息现象。

除此之外,还有多种其他分类方法,参看表 1.1。

表 1.1　信息的其他分类

分类角度	分　类
观察的过程	实在信息、先验信息、实得信息
信息的地位	客观信息、主观信息
信息的作用	有用信息、无用信息、干扰信息
信息的逻辑意义	真实信息、虚假信息、不定信息
传递方向	前馈信息、反馈信息
发生领域	宇宙信息、自然信息、社会信息、思维信息
应用领域	工业信息、农业信息、军事信息、政治信息、科技信息、文化信息等
信息源性质	语音信息、图像信息、文字信息、计算信息等
信号的形式	连续信息、离散信息、半连续信息等

3. 信息的功能

信息的功能是信息属性的体现,主要表现为以下六个方面。

1) 信息是认识客体的中介

所谓中介,就是信息赋予事物本身的某种新的质的规定性。这种规定性包含四个方面:作为自身关系;作为自身向其他事物的转化和过渡;作为自身与其他事物相互联系相互作用的方式;作为其他事物在自身中的映射。主体要想真正地认识客体,必须通过中介的作用。信息正是事物之间相互联系相互作用不可缺少的中间环节,它是物质与意识、实践与认识、主体与客体之间的中介。信息的中介功能贯穿于认识活动的始终,认识过程本身就是一个以信息为中介的信息运动过程。在认识过程中,物质通过信息这一桥梁,完成了从物质到意识的第一次飞跃;意识通过信息这一媒质,完成了从意识到物质的第二次飞跃。人类认识世界和改造世界的过程,是一个不断从客观世界获得信息,并对信息进行加工处理,形成新的认知结构,然后通过实践活动反作用于客观世界的过程。信息作为中介,始终贯穿于人类的认识过程。

2) 信息是人类思维的材料

所谓思维,是指发生在人脑中的信息变换,亦即人脑对信息的加工处理过程。思维有三项基本要素:思维主体、思维工具和思维材料。思维主体是指人脑及存在于其中的意识;思维工具就是逻辑(包括形式逻辑、归纳逻辑、数理逻辑和辩证逻辑);思维材料就是自然界、人类社会所提供的大量客观事物的形象。而客观事物的形象是通过信息被人脑所感知的。思维是人脑对客观事物的反映,但人脑并不是直接反映客观对象,而是通过接受与处理客观对象的信息来反映对象的。直接接触客观对象信息的是人的感官,感官把外部事物的信息摄取下来,人脑及其意识处理的是感官经神经系统送来的信息。信息不仅是思维的原材料,而且还推动着人脑思维活动的发展,决定着思维的方向和结果。一般说来,思维频率与信息量成正比。没有信息,人类的思维活动就不可能开展。

3) 信息是科学决策的依据

所谓决策,是指个人或组织为达成既定目标,从若干个可供选择的行动方案中挑选出最优方案并付诸实施的过程。随着社会问题的日趋复杂化,人们对决策的要求越来越高,仅凭个人的直接经验和主观认识的经验决策已越来越多地让位于依靠科学程序与技术方法的科学决策。科学决策是一个动态过程,其程序一般包括发现问题、确定目标、制订方案、评估选优、实施决策、追踪反馈等环节,为保证每一环节的科学性,必须配备有效的技术方法,如调查研究、预测技术、环境分析、智囊技术、决策树技术、可行性分析、效用理论等。信息活动贯穿于科学决策的全过程,并渗透到决策过程的每一个环节。在每一环节上所运用的决策方法也无一不是建立在信息基础之上的。因此,及时获取决策活动所必需的、完整的、可靠的信息,是保证决策成功的前提条件。决策者只有迅速准确地获得信息,充分有效地利用信息,才能把握决策时机,提高决策效益。

4) 信息是有效控制的灵魂

所谓控制,是指施控主体对受控客体的一种能动作用,这种作用能使受控客体根据施控主体的预定目标而动作,并最终达到这一目标。控制是一种与信息紧密相关的作用,是利用信息来实现预定目标的行为,或者说是为了达成既定目标,根据信息来适应和调节变化,不断克服不确定性的行为。实现控制的手段是信息方法,主要是信息反馈方法。这是因为,控制与可能性空间密切相关,控制过程是在事物可能性空间中进行有方向选择的过程。没有选择就没有控制,控制活动的完成离不开选择,而信息正是选择得以进行的基础。

正是在选择这一点上,控制和信息达到了耦合。因此,控制过程实际上就是信息的选择运用过程。控制的核心是反馈,而反馈过程就是信息借助于反馈回路的运动过程。没有信息,任何客体对象都无法进行控制。从控制的实现过程可以看出,信息贯穿于整个控制过程的始终,是一切控制赖以存在和实现的基础。信息是有效控制的灵魂,控制是信息运动的目的,控制与信息是不可分割的。

5) 信息是系统秩序的保证

系统是指由若干个相互作用又相互依赖的元素所组成的具有一定结构和功能的有机整体。把系统诸要素相互联系、相互作用的内在组织形式或内部秩序叫做系统的结构,与此相对应,关于系统与环境相互联系、相互作用的外在活动形式或外部秩序,则称之为系统的功能。显然,系统的结构是"要素的秩序",旨在说明系统的存在方式,以及系统诸要素相互联系、相互作用的性质和状态。这就需要获得描述系统内部关系和作用的所有信息,才能保证系统结构的有序性。信息因此成了系统组织程度的标志。系统的功能是"过程的秩序",旨在表达系统的外部活动,即系统与环境之间进行物质、能量和信息交流的变换关系和相互作用。由此可见,信息对于系统是不可或缺的,整个系统正是通过信息的联系和作用才形成了整体的秩序。无论是系统的内部联系还是外部作用,都是通过信息交流而得以实现的。信息是一切系统组织的"粘结剂"。一个系统如果缺乏信息,则必然走向混乱无序状态,直至灭亡。

6) 信息是社会发展的资源

所谓资源,是指在人类社会生产和生活中用以创造物质财富和精神财富的达到一定数量积累的原始材料。自古至今,人类一直在使用着大量的物质资源和能量资源,如土地资源、森林资源、水力资源、矿物资源、人力资源等。信息虽然很早就被人类运用于生产和生活当中,但其利用范围和规模都是十分有限的。现代信息技术的飞速发展,极大地增强了人类生产、处理、传递和利用信息的能力,致使社会信息数量迅猛增长,大量的信息聚集起来就形成了一种宝贵的社会资源。

与其他资源相比,信息资源具有特别重要的意义。这种意义在于,信息资源是人们借以对其他资源进行有效管理的工具。也就是说,人类对各种资源的有效获取、有效分配和有效使用无一不是凭借着对信息资源的开发利用来实现的。信息资源在推动社会经济发展、促进人类社会进步等方面正发挥着日益重要的作用。

信息资源与物质资源、能量资源共同构成了现代人类社会资源体系的三大支柱。物质向人类提供材料,能量向人类提供动力,信息向人类提供知识和智慧。这三者正如人的体质、体力和智力,只有三者健全发展的人,才是真正健康的人。对于一个系统来说,物质使系统具有形体,能量使系统具有活力,信息则使系统具有灵魂。只有三者的有机结合,才能使系统真正发挥其功能,朝着进步的方向演化。

1.1.3 信息的度量

1. 语法信息的度量

语法信息是事物运动及其变化方式的外在形式,不涉及这些形式的含义和效用,只考虑表示符号和符号之间的结合方式所包含的信息。语法信息是信息问题最基本的层次,研究信息度量的问题首先是从语法信息开始的,目前也最为成功。

早在申农建立信息论以前,哈特莱在"信息传输"一文中就提出了一种信息度量方法,指出了信息数量的大小仅与发信者在字母表中对字母的选择方式相关,而与信息的语义无关,并给出了信息度量公式:

$$I = \lg S^n = n\lg S \tag{1-1}$$

其中,S 是字母表字母的数目,n 是每个消息选择的字母数目。申农接受了哈特莱关于信息的形式化思想,并把他的信息度量推广到更有意义的情况。

申农对信息的研究基于一个简单的通信模型,即消息传递系统。它由信源(发信者)、信道(消息传递的物理通道)和信宿(收信者)组成。消息从信源发出,经过信道传输,最后由信宿接收。

在消息传递过程中,收信者在收到消息以前不知道消息的具体内容(否则,消息传递就没有意义)。对收信者来说,是一个从不知到知,从不确定到确定的过程。从通信的过程来看,收信者的所谓"不知"就是不知道发送者将发送描述何种运动状态的消息。例如,发电报时,报文"母病愈"是母亲身体健康状态的一种描述。而母亲身体健康情况会表现出不同的状态。可见,收信者在看到报文以前,对母亲的健康状况存在"不确定性"。一旦看到报文以后,只要报文清楚,在传递过程中没有出现错误,那么,原来的"不确定性"就没有了。所以,通信过程是一种从不确定到确定的过程,是消除不确定性的过程。消除了不确定性,收信者就获得了信息。显然,信息的测度与不确定性的程度有关。从数学的角度看,不确定性就是随机性,大小与概率有关。

这样,申农找到了"形式化"和"概率论"两个工具,在此基础上创立了信息论。

1) 不定度

不定度是关于事物运行方式和状态的不确定的程度。由概率论可知,经常发生的事件,其出现的概率较大,关于它的不定度较小。如果事件 x 以 $P(x)$ 的概率出现,则关于事件 x 出现的不定度定义为

$$H(x) = \lg(1/P(x)) \tag{1-2}$$

申农指出采用对数函数形式具有以下优点:

(1) 比较实用,工程中的重要参量(如时间、带宽等)与可能状态的数目呈线性关系;

（2）比较直观，我们经常直观地用与公共标准进行线性比较的方法来度量事物，如两张磁盘的信息存储量将两倍于一张的存储量等；

（3）数学上比较合适，许多极限运算采用对数比较简便。

2）信息量

既然信息量与不确定程度有关，接收者消除了某事件的不定度就可以衡量获得的信息量的大小。假定接收者在观察到随机事件 x 之前，事件 x 所具有的不定度为 $H(x)$，通过观察事件 x 之后，不定度被完全消除。此时，关于事件 x 的不定度为零，那么，也就获得了 $H(x)$ 大小的信息量。关于 x 的信息量如下

$$I(x) = H(x) - 0 = -\lg(P(x)) \tag{1-3}$$

上式中，由于没有考虑后验概率的情况，也称 $I(x)$ 为自信息。

如果考虑后验概率，即接收者收到事件 y 后，对事件 x 尚存的不确定性的信息量大小称为互信息，它与后验概率 $P(x|y)$ 有关，定义为

$$I(x \mid y) = \lg(1/P(x \mid y)) \tag{1-4}$$

信息量采用的测度单位取决于对数的底。如果以 2 为底，则所得到的信息量单位称为比特（binary unit）；取以 e 为底的自然对数，得到的信息量单位称为奈特（nature unit）；以 10 为底，所得信息量单位称为迪特（digital unit）。

例 1　设一幅图像由约 78 万个像素组成，且每个像素有 10 级亮度和 10 个色彩（如 VGA 彩屏，是 $1024 \times 768 = 786432$ 万个像素，256 个色彩）。试求该图像所含的信息量。

由于 78 万个像素中的每个像素都有 10 级亮度×10 个色彩的组合可能，故全部可能的图像是 $(10 \times 10)^{78 \times 10000}$ 个。假设所有可能的图像以等概率出现，则某一幅图像 x 出现的概率 $P(x) = 100^{-78 \times 10000}$。把它代入信息量计算公式可得一幅图像 x 的信息量

$$I(x) = -\log_2 100^{-78 \times 10000} \text{ bit} \approx 5 \times 10^6 \text{ bit} \tag{1-5}$$

例 2　设播音员用语的总数为 1 万条，求播音员播 1000 条语句中包含的信息量。

播音员播出 1000 条语句中的每一条用语都有 10000 种可能，故全部的可能语句组合是 $10000^{1000} = 10^{4000}$，于是，特定的某 1000 条语句事件 y 出现的概率 $P(y) = 10^{-4000}$。把它代入信息量计算公式得到 1000 条语句 y 的信息量

$$I(y) = -\log_2 10^{-4000} \text{ bit} \approx 1.3 \times 10^4 \text{ bit} \tag{1-6}$$

3）信息熵

对于某一随机事件，当它有多种可能性时，为描述其整体的信息量，采用概率论中数学期望的方法来定义。

设某一随机事件 X，其结果不确定，它有多种可能 $x_1, x_2, x_3, \cdots, x_n$，每种结果

出现的概率分别为 $p_1, p_2, p_3, \cdots, p_n$，则事件 X 的概率空间描述为

$$S = \left\{ \begin{matrix} X \\ P \end{matrix} \right\} = \left\{ \begin{matrix} x_1, x_2, x_3, \cdots, x_n \\ p_1, p_2, p_3, \cdots, p_n \end{matrix} \right\} \tag{1-7}$$

其中，$0 < p_i < 1$，$\sum\limits_{i=1}^{n} p_i = 1$。

事件 X 的平均信息量为

$$H(x) = K \sum_{i=1}^{n} p(x_i) \frac{1}{\lg p(x_i)} = -K \sum_{i=1}^{n} p(x_i) \lg p(x_i) \tag{1-8}$$

上式与物理学中熵的计算公式只差一个负号，因此，可以把信息称为负熵，即信息熵。规定 $0 \lg 0 = 0$，即概率为零的事件，其信息量为零。

上式中 K 为系数，与不同的单位制有关。当对数底取 2 时，$n = 2$，$p(x_1) = p(x_2) = 0.5$，

令

$$H(x) = -K \sum_{i=1}^{n} p(x_i) \log_2 p(x_i) = 1 \tag{1-9}$$

则有 $K = 1$。$H(x)$ 有 1bit 的信息量，即含有两个独立的等概率可能状态的随机事件具有的不确定性被全部消除所需要的信息量。

信息熵的性质如下。

(1) 对称性。当变量 $p_1, p_2, p_3, \cdots, p_n$ 的顺序任意互换时，熵不变。即

$$H(p_1, p_2, p_3, \cdots, p_n) = H(p_2, p_3, \cdots, p_m) = H(p_m, p_2, p_3, \cdots, p_{m-1}) \tag{1-10}$$

该性质说明熵只与随机变量的总体结构有关，与信源的总体的统计结构有关。如果某些信源的统计特性相同（含有的符号数和概率分布相同），那么，这些信源的熵就相同。

(2) 确定性。即

$$H(1, 0) = H(1, 0, 0) = \cdots = H(1, 0, 0, \cdots, 0) = 0 \tag{1-11}$$

这个性质意味着从总体来看，信源虽然有不同的输出，但它只有一种情况必然发生，而其他情况都几乎不可能出现，那么，这个信源是一个确定信源，其熵等于零。

(3) 扩展性。即

$$\lim_{\varepsilon \to 0} H(p_1, p_2, \cdots, p_q, -\varepsilon, \varepsilon) = H(p_1, p_2, \cdots, p_q) \tag{1-12}$$

本性质说明信源取值数增多时，若它们对应的概率很小（接近于零），则信源的熵不变。虽然小概率事件出现后，给予接收者较多的信息。但从总体考虑时，因为这种小概率事件几乎不发生，它在熵的计算中占的比重很小。这也是熵的总体平

均性质的一种体现。

（4）非负性。即 $H(x)\geqslant 0$。该性质显然成立。由于 $0<p_i<1$，当对数底大于 1 时，$\log(p_i)<0$，而 $-\log(p_i)>0$。这种非负性对于离散信源的熵是适合的，但对连续信源这一性质并不存在。

（5）可加性。即统计独立信源 X 和 Y 的联合信源的熵等于各自熵之和。

$$H(XY) = H(X) + H(Y) \tag{1-13}$$

（6）极值性。即等概率分布时，熵达到最大。

$$H(p_1, p_2, p_3, \cdots, p_n) \leqslant H(1/n, 1/n, \cdots, 1/n) = \log(n) \tag{1-14}$$

这表明等概率分布的信源平均不确定性最大，称为最大离散熵定理。实际生活中，几支实力相当的球队进行比赛比实力悬殊的球队比赛更为精彩，就是这个道理。

2. 语义信息的度量

语法信息量只表明了主体关于事物运动及其变化方式的外在形式方面存在的不确定性消除了多少，但是，认知主体在获得信息时，不仅要知道"是什么形式"，而且要了解"是什么意思"，也就是说，主体获得信息的意义。所谓语义信息就是事物运动状态和方式的含义。

不难看出，语义信息的度量是一个复杂的问题。因为它涉及语法符号的含义、上下文关系、语言环境的变化，以及认知主体的知识结构等诸多因素。自 20 世纪 60 年代以来，人们就开始语义信息问题的定量研究，并取得了一定进展，但是尚未得到很好的解决。

为了描述语义信息，首先必须建立"含义"的表征方法。可以采用逻辑真实度的方法来描述。设立一个"状态逻辑真实度"参量，记为 t，$0\leqslant t\leqslant 1$。定义为

$$t = \begin{cases} 1 & \text{状态逻辑为真} \\ 1/2 & \text{状态逻辑不定} \\ t \in (0,1) & \text{状态逻辑模糊} \\ 0 & \text{状态逻辑为伪} \end{cases} \tag{1-15}$$

若随机事件 X 的状态为 $X=\{x_1,x_2,x_3,\cdots,x_n\}$，各状态的概率为 $P=\{p_1,p_2,p_3,\cdots,p_n\}$，各状态的逻辑真实度为 $T=\{t_1,t_2,t_3,\cdots,t_n\}$，则事件 X 的语义信息结构为

$$S = \begin{Bmatrix} X \\ T \\ P \end{Bmatrix} = \begin{Bmatrix} x_1,x_2,x_3,\cdots,x_n \\ t_1,t_2,t_3,\cdots,t_n \\ p_1,p_2,p_3,\cdots,p_n \end{Bmatrix} \tag{1-16}$$

可以得到如下语义度量公式

$$H(X,T) = K\sum_{i=1}^{n} t_i p(x_i) \frac{1}{\lg p(x_i)} = -K\sum_{i=1}^{n} t_i p(x_i)\lg p(x_i) \qquad (1-17)$$

3. 语用信息的度量

尽管语义信息较语法信息的含义更为深刻和广泛,但是主体在获取信息时,更加关心"有什么用处",即信息的效用问题。借用语言学中的术语,把关于"事物状态及状态改变方式的效用"的信息称为语用信息。显然,度量语用信息是一个更加复杂的问题。信源发出信息以后,其效用因人、因时、因地而不同,同一信息作用于不同对象和在不同的环境下,其效用不同,甚至完全相反。

与在语义信息的度量中引入状态逻辑真实度的方式类似,可以采用效用度的概念来处理状态效用的表征问题。设状态效用度参量为 u,且满足

$$u = \begin{cases} 1 & \text{状态效用最大} \\ u \in (0,1) & \text{状态效用模糊} \\ 0 & \text{状态效用最小} \end{cases} \qquad (1-18)$$

若随机事件 X 的状态为 $X = \{x_1, x_2, x_3, \cdots, x_n\}$,各状态的概率为 $P = \{p_1, p_2, p_3, \cdots, p_n\}$,各状态的效用度为 $U = \{u_1, u_2, u_3, \cdots, u_n\}$,则事件 X 的语用信息结构为

$$S = \begin{Bmatrix} X \\ U \\ P \end{Bmatrix} = \begin{Bmatrix} x_1, x_2, x_3, \cdots, x_n \\ u_1, u_2, u_3, \cdots, u_n \\ p_1, p_2, p_3, \cdots, p_n \end{Bmatrix} \qquad (1-19)$$

可以得到语用信息度量公式

$$H(X,U) = K\sum_{i=1}^{n} u_i p(x_i) \frac{1}{\lg p(x_i)} = -K\sum_{i=1}^{n} u_i p(x_i)\lg p(x_i) \qquad (1-20)$$

1.1.4　信息管理

在人类文明史上,物质(材料)、能量(能源)与信息一直是社会发展的三种基本资源。工业革命使人类在开发利用材料和能源这两种资源上取得了巨大的成功,借助科学化的管理手段,高效率、专门化的工业化大生产创造了一个又一个的经济奇迹,使人类社会进入了工业化阶段。第二次世界大战以后,以计算机、通信技术为代表的现代信息技术迅猛发展,使人类对信息资源的开发利用摆脱了迟缓、零散、封闭的传统模式,代之以高效率、专业化、网络化的现代模式,人类社会从此走向信息化阶段。这也使信息管理工作显得日益重要。

1. 信息管理的意义

今天,信息不仅成为现代管理的基本要素和重要手段,而且作为生产力的关键因素和社会发展的战略资源正发挥着日益重要的作用。充分开发信息资源,科学管理信息资源,有效利用信息资源,是国家信息化建设的主要内容,也是提高社会生产力、促进经济发展和推动社会进步的重要保证。

人类对信息资源的重视与现代社会活动中组织管理与竞争方式的变化密切相关。自工业革命以来,人类的资源观在不断地扩展。组织的竞争焦点从自然资源转向金融资源,接着又转向人力资源。20世纪中叶以后,信息技术的发展日新月异,社会信息化的进程不断加快,使得信息在人类社会所有活动领域的重要性都大大提高了,于是,一种新的资源观——信息资源论正在逐渐形成。充分有效地开发利用信息资源已成为现代组织获得竞争优势的关键因素,这使得信息管理作为现代组织管理和竞争的最新热点受到普遍的关注。

管理学家明茨伯格把现代组织(如企业)的管理归纳为三大任务和十大角色,如图1.3所示。由此可以看出,信息管理在任何一个现代组织中都具有十分重要的地位。

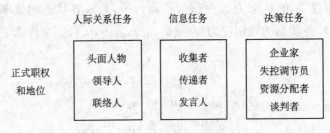

图1.3　管理者的任务

从整个社会的角度来看,信息管理的功能更加重要。20世纪80年代以来,随着社会信息意识和社会信息能力的不断增强,人们对信息资源的重视程度不断提高,信息管理的重要意义也越来越普遍地为全社会所认识。信息管理的社会功能主要表现在以下三个方面。

1) 开发信息资源,提供信息服务

在人类社会发展的历史长河中,人们不断地探索自然,改造社会,形成了越来越厚重的信息"沉淀"。正是因为信息可以存储累积,人类文明才得以继往开来,永远进步。但是随着信息数量的急剧膨胀和信息质量的日益恶化,人类固有的信息能力已不能适应信息需求和信息环境发展变化的需要,致使大量的无用信息、虚假信息等"信息垃圾"充斥社会信息交流渠道,极大地妨碍了人们对有用信息、正确信息的吸收利用。事实上,信息既不会自发地形成资源,也不会自动地创造财富,更不能无条件地转移权力。没有组织的或不加控制的信息不仅不是资源,而且可能会构成一种严重的妨害。因此,信息真正成为资源的必要条件是有效的信息管理,即通过对信息的搜集、整理、选择、评价等一系列信息组织过程,把分散的、无序的信息加工为系统的、有序的信息流,并通过各种方式向人们提供信息服务,从而发挥出信息的效用。只有经过组织管理的信息才能成为一种资源,没有信息管理,信息资源就不可能得到充分有效的开发利用。

2) 合理配置信息资源,满足社会信息需要

同任何一类资源一样,信息资源也存在着相对稀缺性与分布不均衡等问题。由于信息资源一般分散在社会各领域和各部门,较难集中,信息资源拥有者的利益关系如果无合理、有效的制度来加以协调,信息交流与资源共享就会遇到种种障碍。许多因素导致信息资源拥有者容易产生信息垄断倾向,而人们受传统观念影响又往往要求自由地、免费地获取信息。信息管理就是要在信息资源开发者、拥有者、传播者和利用者之间寻找利益平衡点,建立公平合理的信息产品生产、分配、交换、消费机制,优化信息资源的体系结构,使各种信息资源都能得到最优分配与充分使用,从而最大限度地满足全社会的信息需要。

3) 推动信息产业的发展,促进社会信息化水平的提高

随着信息技术的飞速发展和社会信息活动规模的不断扩大,社会信息现象越来越复杂,信息环境问题也越来越突出。为此,人们对信息管理提出了越来越高的要求,使得信息管理活动逐渐演化成一项独立的社会事业,成为正在兴起的第四产业——信息产业的一个重要组成部分。并且,作为信息产业中最活跃、最主动的因素之一,信息管理在制定信息产业的发展战略、贯彻实施信息产业政策和相关法规、处理和调控信息产业发展过程中出现的各种矛盾和问题等方面都必将发挥越来越重要的作用。信息产业的蓬勃发展为社会信息化水平的持续提高奠定了坚实的基础。

2. 信息管理的发展

信息作为一种社会现象,是随人类社会的产生而产生,随人类交流的发展而发展的。由于社会信息现象复杂多样,社会信息的无序性与人类需要的特定性形成了尖锐的矛盾。信息管理就是为了解决这一矛盾,使特定的人能够在特定的时间获取所需要的特定信息而产生和发展起来的一种社会活动。从广义的角度说,自从世界上有了人类,形成了人类社会,也就有了人类信息交流行为,产生了社会信息管理活动。纵观人类社会的信息管理活动发展史,可以将其划分为三个历史时期。

1) 古代信息管理时期

在人类社会发展的早期,人们最初是利用在生产和生活中逐渐形成的交际手

段——自然语言进行信息交流的。语音信息传播的时空范围都有限,为此,人们使用结绳记事、刻画等办法来记录信息,后来又创造了文字。文字的出现要求解决记载材料与记录方法的问题。自远古以来,人类曾先后采用过泥板、莎草、甲骨、兽皮、金石、竹木等作为书写材料,直到汉代中国发明了植物纤维纸,才终于结束了人类直接利用天然物质材料来记录信息的历史。但是,在印刷术发明之前,文献生产完全靠手工抄写,信息管理的规模极为有限。印刷术的发明虽然扩展了人类的文献生产能力,但古代社会对文献信息的管理仍然是以藏书楼式的孤立管理为主,没有系统的社会组织。

这一时期信息管理的主要特征是:信息交流活动是自发的、无组织的,信息记载材料是天然的,信息记录方法是手工的。由于信息活动主要集中在个体层次上,社会信息量不大,信息管理活动也是零星的、片断的,主要是对信息载体进行封闭式的物理管理。

2) 近代信息管理时期

近代工业革命的兴起极大地促进了社会信息活动的发展。以蒸汽机为核心的动力技术与活字印刷术的结合,进一步提高了文献生产的效率;交通运输工具的进步既密切联系了世界各地,也为文献资料的传播提供了便利条件;以电力技术为基础的电信技术则为人类信息的交流创造了新的手段。与此同时,近代科学的发展也为近代信息管理活动开辟了广阔的舞台,提供了丰富的内容。科学研究活动从科学家个人的自发研究成长为有组织的社会事业,科学交流从自发组织的各种科学团体、学会发展到国立科学院等正规的学术管理机构,使科学劳动的成果成倍增加,文献信息的数量和需求也在急剧增长。因此,图书馆作为社会上最早出现的有组织的文献信息管理场所,在这一时期得到了很快的发展。文献资料的加工整理方法,如编目法、分类法、文摘索引法等,成为这一时期信息管理的主要方法。

这一时期信息管理的主要特征是:以文献信息为中心,以图书馆为主要阵地,以解决文献资料的收集、整理、保存与传播报道问题为主要任务,管理手段基本上是以人力和手工为主并辅之以部分机械化作业,主要管理者是图书馆员。

3) 现代信息管理时期

第二次世界大战以后,以计算机和通信技术为中心的现代信息技术迅猛发展,对人类社会经济活动产生了广泛而深远的影响,并将信息管理活动推向一个全新的发展时期——现代信息管理时期。这一时期的信息管理活动可分为以下两个发展阶段。

(1) 面向技术的信息管理阶段。20世纪50年代计算机在数据处理技术上的突破,把计算机应用从单纯的数值运算扩展到数据处理的广阔领域,为计算机在信息管理方面的应用奠定了基础。于是,以计算机技术为基础的各种信息系统纷纷建立:50年代出现了电子数据处理系统(electronic data processing system,

EDPS),60 年代兴起了管理信息系统(management information system,MIS),70 年代又先后产生了决策支持系统(decision supported system,DSS)和办公自动化系统(office automation system,OAS 或简称 OA)等。随着信息系统的发展,信息管理对组织管理的作用范围和重心逐渐发生了变化,由管理"金字塔"的底层——事务处理和业务监督逐步向高层——战略决策进化。这些系统都大量采用和过分依赖信息技术,虽然推动了组织的信息化进程,但在进入战略决策这种高层次管理之后,却因其先天不足而暴露出许多局限性,反映出难以完全支持高层管理的现实。这一阶段信息管理的特点是:以计算机技术为核心,以管理信息系统为主要阵地,以解决大数据量信息的处理和检索问题为主要任务,管理手段计算机化,主要管理者是 MIS 经理。

(2) 面向竞争的信息管理阶段。人类开发信息管理系统的目的,是为了更好地利用信息资源,提高管理决策的水平。20 世纪 70 年代末 80 年代初提出的信息资源管理(information resource management,IRM)概念确立了将信息资源作为经济资源、管理资源和竞争资源的新观念,强调信息资源在组织管理决策与竞争战略规划中的作用,从而使组织形成了新的信息管理战略,这就是在信息技术急速发展和竞争环境急剧变化的背景下,如何合理开发与有效利用信息资源以增强竞争实力、获得竞争优势的战略。80 年代末期,一种体现信息资源管理思想的新一代信息管理系统——战略信息系统(strategic information system,SIS)迅速兴起。这一阶段信息管理的特点是:以信息资源为中心,以战略信息系统为主要阵地,以解决信息资源对竞争战略决策的支持问题为主要任务,管理手段网络化,主要管理者是信息主管(chief information officer,CIO)。

信息资源管理的提出,表明了现代社会管理活动对于信息资源的高度重视,信息管理实践自此走入了一个新的发展阶段。现代意义上的信息管理,就是对信息资源及其开发利用活动的计划、组织、控制和协调。信息管理的主要目的是实现信息资源的充分开发、合理配置和有效利用。为达成这一目的,人们发展了各种各样的理论方法,创造了多种多样的技术手段,使信息管理的基础理论研究、应用技术开发和社会实践活动的整个过程不断增加愈益丰富的内容,并逐渐形成了一门新的跨学科综合性研究领域——信息管理学。

3. 信息管理学的进展

从古代的藏书楼,近代的图书馆,到现代的信息中心,人类社会的信息管理活动源远流长。然而,对信息管理实践进行系统的理论研究却起步甚晚。纵观信息管理研究活动的发展,人们对于信息管理问题的研究首先起源于文献领域的信息管理研究,并于文献领域较早地形成了系统的文献信息管理研究学科——图书馆学、文献学、情报学、档案学等。19 世纪诞生的图书馆学可以说是在文献领域研究信息管理活动的最早的学科。图书馆学的原始名称就是图书馆管理学（library economy）。1876 年，美国的杜威（Duwey M）还创办了世界上最早的图书馆学校——哥伦比亚大学图书馆管理学院。经过一百多年来的发展，图书馆学、情报学和其他相关学科一起，从文献信息的角度出发研究信息管理问题，内涵日益丰富，外延不断扩大，逐渐成为信息管理学的重要应用研究领域。但是，传统的图书馆学、情报学基本上局限于"静态"文献信息管理活动的研究，信息管理的意义和范围被局限于"物化"的固有文献载体和"正规化"的图书情报机构之中，不能适应网络化、数字化和全球一体化信息环境下信息管理实践的全面发展需要。

20 世纪 50 年代以后，计算机科学技术的应用重点逐渐向信息处理领域转移，从利用计算机进行复杂的大批量数据处理，到建立以计算机为基础的各种信息系统，信息（数据）管理成为计算机科学技术应用的一个重要研究领域。为适应当时的就业市场对计算机信息管理专业人才的急迫需要，国内外许多高等院校都开设了信息系统分析与设计、数据库与信息检索、管理信息系统、办公自动化等方面的课程，并在此基础上纷纷成立了信息工程、信息系统、管理信息系统等专业，美国计算机协会（ACM）和数据处理管理协会（DPMA）还制定了指导性的专业教学计划和教学大纲。这时，信息管理的意义和范围扩展到信息系统管理层次，并逐步形成了一系列 MIS、DSS 等信息系统开发方法论。但总的说来，以往的计算机信息管理研究仍然是以静态数据为核心，对孤立的信息系统进行技术管理。由于过分偏重技术，忽视了人的因素，因而难以满足现代组织信息管理的发展要求。

20 世纪 80 年代以来，随着信息技术突飞猛进的发展，社会信息环境发生了翻天覆地的变化。传统的组织管理模式面对信息技术的强烈冲击不得不进行彻底的变革。组织管理的重心经历过从物资管理、资金管理走向人才管理的过程，现在正逐渐转向信息管理，并且要把信息管理与组织的战略决策联系起来，基于信息资源开发利用的信息竞争战略成为组织竞争的最新战略。信息管理概念的引入，必然对传统的管理思想（观念）、管理过程（业务）、管理机构（组织）及管理理论和方法产生影响深远的冲击，组织管理的变革将不可避免。现代组织的管理者必须改变传统的管理习惯，适应新的管理模式。为此，管理人员对于组织内部和外部的信息资源要有充分的了解，并且要掌握信息资源开发利用的有效手段。于是，一些国际著名的大学，如哈佛大学、麻省理工学院、斯坦福大学、卡内基梅隆大学等的管理学院纷纷增设信息管理的相关课程或诸如经济信息管理、商业信息管理之类的系科专业，以培养既拥有信息管理知识，又懂得经营管理之道的 CIO 等专门信息管理人才。与此同时，管理界对信息管理研究的兴趣明显增长，有关研究成果日益增多。信息管理研究自此从"为组织信息管理而进行信息管理研究"走向"为组织经营管理而进行信息管理研究"的新时期。这时的信息管理研究是针对信息资源整体和社会信息活动的整个过程展开的，而不再是仅仅对其中某一方面或某种手段和工具的管理。信息管理的意义和地位也由此上升到战略高度。

正是由于信息资源逐渐成为组织经营管理的重要内容和竞争战略决策的关键手段,信息资源管理(IRM)在 70 年代末 80 年代初作为信息管理的新领域和新方向被提出来了。以霍顿(Horton P W)和戴波德(Diebold J)等人为首的 IRM 专家是这一方面的研究先驱。在他们的推动下,一批重要的信息管理研究成果陆续出现,如美国学者辛诺(Synnott W R)和戈拉伯(Gruber W H)合著的《信息资源管理:80 年代的机会和战略》、马阐德(Marchand D A)和霍顿合著的《信息趋势:从您的信息资源中获益》、史密斯(Smith A N)和米德利(Medley D B)合著的《信息资源管理》、英国学者克罗宁(Cronin B)主编的《信息管理,从战略到行动》及其与达文波特(Dawenport E)合著的《信息管理的要素》、日本学者海老泽荣一等人所著的《信息资源管理》等。与此同时,工商管理界、图书情报界和计算机界竞相开展信息管理研究,对这一新兴学科领域进行了广泛而深入的开拓:著名的商业管理期刊《哈佛商业评论》和《斯隆管理评论》中有关信息管理方面的文章在迅速增加;自 1977 年以来,美国信息学会年会的主题大多与信息管理有关,美国信息学会的《信息科学技术年评》也在 1982 年、1986 年和 1988 年连续三次出现了相关的专题综述;有关信息系统开发应用于组织经营管理的新理论、新方法和新工具也不断出现。此外,有多种信息管理专业研究杂志,如《国际信息管理杂志》(International Journal of Information Management, 1981)、《信息管理评论》(Information Management Review, 1985)等相继问世,为信息管理研究提供了专门的论坛。1987 年以后,在美国、荷兰等地先后数次举办了国际信息管理或信息资源管理会议。所有这些进展表明,信息管理学作为一门综合性的交叉研究领域正在迅速形成和发展。

图书馆学、情报学、计算机信息管理和工商信息管理对信息管理研究领域的共同开发,一方面为信息管理研究带来了新的研究领域和新的研究方向,从而极大地丰富了信息管理的研究内容,并终将使信息管理学的体系结构不断得以完善;另一方面,虽然研究角度各不相同,但都具有共同的研究对象——信息管理,其研究基础都建立在信息、信息人、信息技术和信息活动四个要素之上,研究目的和研究环境也大致相同,因此,三者在学科建设上呈现出一种逐渐整合的趋势。这种整合既不是对原有学科的盲目改名或简单替代,也不是要把有关学科强行合而为一,而是在一个更高的研究层次——信息管理学的水平上追求统一的学科体系结构,并且使各个相关学科都成为这座科学大厦的独立支柱。在这一学科体系中,既有统一的基础理论和研究内容,又有各自独立、相互支持的学科源流、理论方法、研究重点和应用方向。信息管理学就是信息科学和管理科学两大学科群相互渗透、相互作用而形成的综合性交叉科学。这种学科整合式的发展反映了现代科学日益走向积分化、整体化的大趋势。

　　图书情报教育、计算机应用教育以及管理科学教育从不同的角度对信息管理教育领域的开拓形成了"三足鼎立"的局面。这也意味着信息管理教育领域的竞争将会越来越激烈。为迎接挑战，传统的图书情报教育也在积极探索革新之路。他们改革教学计划，在传统的图书馆学情报学教育中增加信息管理方面的教学内容，或者与计算机科学技术学院和工商管理学院合作办学，共同培养新一代信息管理人才。根据信息管理学的跨学科、跨专业和广泛渗透性特征，中国教育部在1998年新颁布的全国普通高等学校本科专业目录管理科学门类下将原有的科技信息专业、信息学专业、管理信息系统专业、经济信息管理专业和林业信息管理专业等合并设立了信息管理与信息系统专业，以培养能够适应社会信息化发展需要的高层次信息管理人才。展望未来，信息管理及相关专业将是最热门的专业领域之一，有着十分广阔的发展前景。

1.2　系　　统

　　系统是无处不在、无所不包的。人体内部有呼吸系统、消化系统、神经系统等；自然界为人类和其他生命形式安排了奇妙的生物系统；人类为自身生存和发展也设计建造了各种各样的生产和生活系统；人类所居住的地球只不过是太阳系中的一颗行星，太阳系又置身于浩瀚的银河系中，而银河系也只是茫茫宇宙之中的一片星云……这些都是天体系统。人类无时无刻不与一定的系统相接触，也无时无刻不处于一定的系统之中。透过这些系统的具体形式，可以归纳出系统的一般定义。

1.2.1　系统的概念

1. 系统的定义

　　系统这个词最早出现于古希腊语中，意为"部分组成的整体"。一般系统论的创立者、著名的美籍奥地利生物学家贝塔朗菲（Bertranffy L V）把系统定义为"相互作用的诸要素的复合体"，认为"系统的定义可以确定为处于一定的相互关系中并与环境发生关系的各组成部分（要素）的总体（集）"。一般说来，系统是由相互联系、相互作用的多个元素有机集合而成的，并能执行特定功能的综合体。这一定义表明，系统必须满足以下几个条件：

　　（1）由两个以上的元素组成，而且往往是大量的元素。系统越庞大，构成元素越多，元素间的关系越复杂。构成系统时必不可少的元素称为要素。

　　（2）元素之间存在着相互制约的有机联系，保持某种功能。实际上系统总是把具有不同性质、不同功能的元素合成在一起，产生更高价值的整体功能。

　　（3）系统中存在着物质、能量和信息流动。其中，信息流动控制着其他流动，使之更加有序。

　　系统处于活动状态时,还会与其他系统进行物质、能量或信息等的交换流动。这种流动可以由其他系统流向该系统,也可以由该系统流向其他系统。这样,一个系统就要与其他一些外部系统发生相互影响。从广义而言,后者称为前者的环境。从环境向该系统的流动称为输入,从该系统向环境的流动称为输出。这类与外界环境有交换关系的系统被称为开放系统,反之则称为封闭系统。严格地讲,封闭系统是不存在的,因为人们把它定义为与外界没有关联的系统,这就与它的运动发展规律相矛盾。划分出一种单独的封闭系统类型则是基于以下认识:一些系统具有自我调节或控制的特性。在这个意义上,一个封闭系统应当理解为相对于一定时间、场合下,不依赖于外界的经常影响而具有稳定生存能力的任何系统。封闭系统这个永远带有相对性的概念,是为了描述在有限的时间、范围内,某些外部条件保持不变的系统的功能。

2. 系统的一般模型

　　一个实际系统的模型从宏观上来看有输入、处理和输出三部分(输入和输出也可以是多个),用图 1.4 来表示。

　　系统的边界由定义和描述一个系统的一些特征来形成。边界之内是系统,边界之外是环境。在对系统的认识、理解和处理上,可先将系统视为一个黑箱(black box),由此来研究其外部特性,即按输入

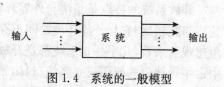

图 1.4　系统的一般模型

(亦称外部激励,stimulate)和输出(对应于每个激励的响应,response)。随着人们认识程度的深入,不断地展开黑箱,使其逐渐变"灰",变"透明",以至"完全透明"。这就是米尔斯(Mills H)在《信息系统分析与设计原理》一书里贯穿始终的分析设计思想。

1.2.2　系统的分类与特征

1. 系统的分类

　　从不同的角度出发,系统可以有各种各样的分类,一般对系统的分类如下所述。

　　1) 自然系统与人工系统

　　自然系统的组成部分是自然物质,它的特点是自然形成的。例如,生物系统、植物系统、原子核结构系统、气象系统等。

　　人工系统是为了达到人类需求的目的,由人所建立起来的系统。例如生产、交

通、经营管理、经济、运输等系统,种类繁多,一般可归纳为三种类型:一是由人将零、部件装配成工具、仪器、设备以及由它们所组成的工程系统;二是由一定的制度、组织、程序、手续等所组成的管理系统和社会系统;三是根据人对自然现象和社会现象的科学认识而建立起来的科学体系和技术体系。

实际上,大多数系统是自然系统与人工系统相结合的复合系统。在人工系统中,许多是人们运用科学力量,认识、改造了的自然系统。随着科学技术的发展会出现越来越多的人工系统。了解自然系统的形成及其规律是发展和创造更多的人工系统的基础。

2) 实体系统与概念系统

实体系统的组成要素是具有实体的物质。例如由机械、矿物、生物等所组成的系统。概念系统是由概念、原理、方法、制度、程序、步骤等非物质实体所组成的系统,如科学技术系统、管理系统、教育系统等。

在实际生活中,实体系统和概念系统在多数情况下是结合的。概念系统为实体系统提供指导和服务,而实体系统是概念系统的服务对象。例如,计算机管理信息系统中的计算机是实体系统,管理的程序、方法等组成概念系统。

3) 开放系统与封闭系统

开放系统的特点是系统与外界环境之间有物质、能量和信息的交换。封闭系统则与此相反,它与外界环境之间不存在物质、能量和信息的交换。但是,从系统思想观点来看,几乎一切系统都是开放系统,就是过去物理学、机械学、热力学系统中占主导地位的所谓孤立系统(封闭系统),也可视为开放系统的一种极端的特例(与外界的物质、能量和信息的交换都等于零)。为了明确一个系统的性质(开放系统或封闭系统),必须知道它与环境之间有无物质、能量和信息的交换。因此,必须首先确定系统边界,研究边界上物质、能量和信息的交流情况。一般来说,封闭系统具有刚性的、不可贯穿的边界,而开放系统的边界则具有可渗透性。对于生物、物理系统(都属于实体系统)的边界比较容易确定,对社会、经济和概念系统的边界则往往较难确定。

开放系统运动规律的趋势是走向稳定和有序,表现为系统内部可用能的不断增加,可用能指标熵(entropy)值的减少。这是由于系统与环境相互作用的结果。系统内部产生的熵可以向外移,系统也可以从环境吸取能量和组织性,使系统内部的组织化程度提高,有序化趋向增强。封闭系统则因与外界环境完全没有物质、能量和信息交换,系统内部的摩擦损耗使可用能不断减少,熵值不断增加,系统内部组织化程度越来越低,最后达到熵极大值时,系统运动和发展停滞。因此,任何系统必须开放才能使系统走向组织化、有序化。

4) 静态系统与动态系统

动态系统中,系统的状态变量是时间的函数,即描述其特征的状态变量是随时间而变化的。静态系统则是表征系统运动规律的数学模型中不含有时间因素的系统,即模型中的变量不随时间而变化。静态系统只是动态系统的一种极限状态,即处于稳态的系统。在实际工作中,以分析和研究动态系统为主要目的。

此外,系统还可以分为线性系统与非线性系统、确定系统与随机系统、适应系统与非适应系统等,这里不再一一介绍。

2. 系统的特征

各种系统都具有某些共同特征。

(1) 层次性。系统是有层次的,大系统是由若干小的系统(或称子系统)有机组成的,子系统可由更小的子系统构成,从而形成一种层次结构。用这种观点分析系统就是系统分解。基于物质的无限性,系统的层次也是无限的。整个宇宙是由无限多个层次的系统所构成的。但由于人们认识的局限性,现在所认识的宇宙只是宇宙无限多个层次中的一部分,可分为三大层次:无机系统、生物系统和社会系统。

(2) 整体性。系统作为若干相互联系相互作用着的部分的有机组合,形成具有一定结构和功能的整体,它的本质特征就是整体性。这表现在,系统的目标、性质、运动规律和系统功能等只有在整体上才体现出来。系统部分的目标和性能必须服从于整体发展的需要,但系统整体的性能、功效并不等于各部分的简单叠加,也不遵从守恒定律。系统之所以能维持其整体性,正是由于组成系统的元素之间保持着有机的联系,形成了一定结构的缘故。

(3) 有序性。系统的有序性首先表现为结构的有序性。凡是系统均有结构,结构都是有序的。系统结构的有序性不仅决定了系统中各子系统的层次地位,而且也规定了系统中物质、能量或信息等的流动方向、规模和秩序。系统的有序性还表现为系统运动的有序性。

绝对静态的系统是不存在的,一切系统都处于不断的运动过程中。但系统的运动不是随意的,而是受系统内外各种因素的影响和限制,依据一定规律而进行的。系统运动的有序性决定了系统序列的发展顺序。

系统的层次是由低级向高级发展,高层次系统具有低级层次系统的共性,但又产生了低层次系统所不具有的特性。生物系统比无机系统高一层次,因此,除具有层次性、整体性和有序性外,增加了无机系统所不具备的特性,这就是目的性和环境适应性等;社会系统比生物系统又高了一个层次,为此又增加了生物系统所不具备的环境改造性等。

1.2.3　系统方法

所谓系统方法,就是按照事物本身的系统性把对象放在系统的形式中加以考察的一种方法,是一种立足整体、统筹全局、使整体与部分辩证地统一起来的科学方法。具体地说,就是从系统的观点出发,始终着重在整体与部分(要素)、要素与要素、整体与外部环境的相互关系中揭示对象的系统性质和运动规律,以达到最佳地处理问题的一种方法。在运用系统方法考察客体对象时,一般应遵循整体性、历时性和最优化的原则。

整体性原则是系统方法的出发点。它是指把对象作为一个合乎规律的由各个构成要素组成的有机整体来研究。系统整体的性质和规律,只存在于各部分之间相互联系、相互作用、相互制约的关系中,单独研究其中任一部分都不能揭示出系统的规律性,各组成部分的孤立特征和局部活动的总和,也不能反映整体的特征和活动方式。因此,人们无需像以前那样,事先把对象分割成许多简单的部分,分别加以考察后再把它们机械地叠加起来,而是把对象作为整体对待,从整体与部分的相互关系中揭示系统的特征和运动规律。

历时性是系统方法的又一个基本原则。所谓历时性,是指在运用系统方法分析研究对象时,应着重注意系统以什么方式产生,在其发展过程中经历了哪些历史阶段,以及发展前景如何。也就是说,把客体当作随时间变化的系统来考察,从客体的形成过程和历史发展中认清现象的本质规律。任何系统都有一个生命周期,即系统从孕育、产生、发展到衰退、消亡的过程。由于现代社会系统内部信息流动的速度不断加快,对于信息系统来说,这种历时性则表现得更为明显。

最优化原则是指从许多可供选择的方案中挑选出一种最优方案,以便使系统运行于最优状态,达到最优效果。它可以根据需要和可能为系统确定最优目标,并运用最新技术手段和处理方法把整个系统分成不同等级和不同层次的结构,在动态中协调整体与部分的关系,使部分的功能和目标服从系统总体的最优功效,达到整体最佳的目的。例如,对一个信息系统的设计和控制问题,系统方法可以根据信息环境与信息系统的关系,根据信息需要和可能提供的资源条件,为该系统确定一个最优目标;通过分析系统结构,研究如何把这个大系统划分成若干个子系统,如采集、加工、传递、发布等;每个子系统又可分为更低一级的分支系统,以便逐阶分级进行最优处理,然后在最高一级统一协调求得整个系统的最优化。

1.3　信息系统

1.3.1　信息系统的概念

1. 信息系统的定义

所谓信息系统,就是输入数据经过加工后又输出信息的系统。任何一个组织中都存在一个信息子系统,它渗透到组织的每一部分。信息系统虽然不从事具体工作,但它关系到全局并使各个子系统协调工作,就像前面所说的物流和信息流的相互作用一样。所以,研究和建立信息系统,使组织内部信息流动保持有序、畅通、完整,是每一个组织越来越关心的问题。

2. 信息系统的基本模式

　　信息系统的基本功能是将输入转换为输出,这种转换过程就是一种加工(处理)的过程。可以称这种"输入—加工—输出"过程为系统模块,它是构成信息系统的基本组成单位,也是后面要着重研究的系统设计的基本单位,在信息运动过程中是一个信息处理的环节。信息系统的基本模式如图1.5所示。

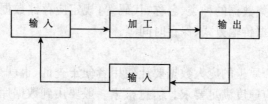

图1.5　信息系统的基本模式

3. 信息系统的基本功能

　　更具体地讲,信息系统是对信息进行采集、处理、存储、管理、检索和传输,必要时能向有关人员提供有用信息的系统。这个定义概括了信息系统的基本功能。

　　1) 信息的采集

　　信息的采集即信息收集。信息系统必须首先把分布在各部门、各处、各点的有关信息收集起来,记录其数据,并转化成信息系统所需形式。信息采集有许多方式和手段,如人工录入数据、网络获取数据、传感器自动采集等。对于不同时间、地点、类型的数据需要按照信息系统需要的格式进行转换,形成信息系统中可以互相交换和处理的形式,如传感器得到的传感信号需要转换成数字形式才能被计算机接收和识别。

　　信息采集是信息系统的一个重要环节,它关系到信息系统中流动和处理的信息的质量好坏,对信息系统的功能、作用效果有着直接的影响。

　　2) 信息的处理

　　对进入信息系统的数据进行加工处理,如对财务数据的统计、结算、预测分析等都需对大批采集录入的数据作数学运算,从而得到管理所需的各种综合指标。信息处理的数学含义是:排序、分类、归并、查询、统计、预测、模拟以及进行各种数学运算。现代化的信息系统都是依靠规模大小不同的计算机来处理数据,而且处理能力越来越强。

3) 信息的存储

数据被采集进入系统之后,经过加工处理,形成对管理有用的信息,然后由信息系统负责对这些信息进行存储保管。当组织相当庞大时,需存储的信息量很大,就必须依靠先进的存储技术。这时,有物理存储和数据的逻辑组织两个问题。物理存储是将信息存储在适当的介质上;逻辑组织是按信息的逻辑内在联系和使用方式,把大批的信息组织成合理的结构,常依靠数据存储技术。

4) 信息的管理

一个系统中要处理和存储的数据量很大,如果不管重要与否、有无用处,盲目地采集和存储,将成为数据垃圾箱。因此,对信息要加强管理。信息管理的主要内容包括:规定应采集数据的种类、名称、代码等;规定应存储数据的存储介质、逻辑组织方式;规定数据传输方式、保存时间等。

5) 信息的检索

存储在各种介质上的庞大数据要让使用者便于查询,也就是要求查询方法简便、易于掌握、响应速度满足要求。信息检索一般要用到数据库技术和方法,数据库的组织方式和检索方法决定了检索速度的快慢。

6) 信息的传输

从采集点采集到的数据要传送到处理中心,经加工处理后的信息要送到使用者手中,各部门要使用存储在中心的信息等,这都涉及信息的传输问题。系统规模越大,传输问题就越复杂。

4. 信息系统的分类

信息系统主要包括电子数据处理系统(EDPS)、管理信息系统(MIS)、决策支持系统(DSS)、办公室自动化系统(OA)和国际电子商贸系统(international electronic business processing system ,IEBPS 或 electronic commercial/business,EC/B)。不难看出,它们之间在处理对象和解决问题的方法、手段上都有所不同。

信息系统是为管理决策服务的,它的处理技术和研究方向必将随着处理对象的变化而改变,由此便引出按处理对象的不同来划分系统的方法。

1) 电子数据处理系统

传统的 EDPS 是信息系统各分支中惟一较少涉及管理问题,而以计算机应用技术、通信技术和数据处理技术为主的系统。一般不作任何预测、规划、调节和控制的统计系统,以及数据更新系统、状态报告系统、数据处理系统等都是典型的EDPS。EDPS 是 MIS、DSS、OA 和 EC/B 等的基础。

2) 管理信息系统

利用 EDPS 和大量定量化的科学的管理方法以实现对生产、经营和管理过程的预测、管理、调节、规划和控制是建立 MIS 的主要任务。由此可以认为,MIS 是以解决结构化的管理决策问题为主的信息系统。这就决定了今后 MIS 的研究和发展方向将多以定量化的确定型的技术方法为主。

3）决策支持系统

DSS 是为弥补 MIS 的不足而发展起来的,它更多地强调管理决策中的人工作用。面向决策者,以处理半结构化的管理决策问题为主和突出支持的概念是 DSS 区别于其他系统的特征。DSS 的研究方向是以不确定型的、多方案综合比较的、智能型的,并充分考虑人(决策者)的因素,以支持其决策的方法为主。

4）办公室自动化系统

OA 是 20 世纪 80 年代随着微型计算机、网络技术等的发展而产生的。它以从技术的角度提供自动化的办公环境为己任,多用于解决事务处理型机关单位办公室中的一些日常工作和一些随机的事务处理工作,因此,可将 OA 归为主要解决非结构化的管理决策问题一类。既然是以解决非结构化问题为主,OA 的研究重点在其技术手段和工具设备上,从模型、规律、方法上研究的内容较少。这也是 OA 较其他分支区别最大的地方。

5）国际电子商贸系统

国际电子商贸系统是 90 年代初,随着国际交互网络和电子数据交换(electronic data interchange,EDI)技术的发展而产生和发展起来的。它的主要特点是借助于现代通信和网络技术,将原来各个国家、各个部门和各个单位的商贸管理信息系统连成一体。故该系统所面临的主要问题是网络技术的应用和商贸数据交换技术。

5. 信息系统的价值

信息系统也是一种商品,它满足商品的二重性:其使用价值是指信息系统对人们的有用性,即它能满足用户对于信息管理的需要;其价值是指凝结在开发该系统过程中的人类劳动。无论信息系统是否作为商品进行交换,它的使用价值和价值总是存在的,并且,必定同时存在,只不过信息系统使用价值的大小可能会因某种环境因素的变化而受到不同程度的影响。

信息系统作为商品,不仅具有一般物质商品和知识性商品的性质,还具有信息系统自身的特殊性质,表现为:

(1) 信息系统中凝结着更多的脑力劳动创造的价值;

(2) 信息系统价值实现的间接性;

(3) 信息系统使用价值与用户水平有直接关系;

(4) 信息系统软件易复制性带来的影响;

(5) 信息系统在使用过程中需要作大量的维护;

(6) 信息系统价值确定的困难。

　　信息系统的建设需要一定的投资,对于投资的回报就是信息系统的价值。如何评价一个信息系统的价值是一个复杂的问题。

　　以一个公司为例,信息系统可能有几种不同的价值。

　　从财务上评价信息系统的价值是围绕投资回报的问题来考虑的,通常可归结为信息系统产生的效益是否能抵上开发信息系统的成本,评价时有许多财务模型可以使用。

　　从企业经营战略上考虑信息系统,也有其价值。比如增强企业的竞争能力,提高对顾客的服务水平等,这些价值是难以定量计算的,但往往比财务方面的价值更重要,有时甚至直接影响着企业的生存。

　　与节约成本、增加产量等有形价值相比,无形价值是信息系统具有的另一种价值,且信息系统具有更多的无形价值。例如,计划准确性提高、应变能力增强、反应速度加快等。

　　价值的多样性和多视角性,需要用多种不同的模型和方法来评估。如果考虑某些价值实现的不确定性,还必须在评估中考虑风险因素。这一切使得信息系统价值的评估变得复杂而困难,需要综合运用多种方法,才能做出较正确的决策。

1.3.2　信息系统发展概论

　　信息系统的发展迄今已有三十多年的历史。这些年来,信息系统在不断探索的过程中逐步形成了自己的研究方向和发展分支,形成了自身独特的理论体系和结构框架,发展成为一个十分热门的学科。信息系统的研究方向可以概括为以下三大领域:

　　一是从处理对象的需求出发来研究信息处理系统的规律,即从信息系统处理对象和处理方法来研究信息系统的概念、框架、机理、结构以及具体的方法和技术;

　　二是从如何建立一个系统的角度来研究信息系统开发的规律,即从信息系统研制和开发的角度来研究人们对于客观事物认识的规律、信息系统开发的规律、系统分析与设计的理论和方法及其开发工具等;

　　三是从如何管理和评价系统的角度来研究信息系统运行管理和维护、评价中的问题,即从信息系统评价、管理的角度来研究信息系统评价指标和方法、信息系统的日常管理和监理审计制度、信息系统的品质评价体系、信息系统经济学以及信息系统在未来组织中的地位、作用和影响等。

　　当代的信息系统是由于计算机的出现而产生的。人类自进入文明社会以来一直在从事信息处理工作。但是计算机的诞生改变了人们几千年的传统观念,促使人们去进一步研究信息处理、信息系统、信息资源充分利用的规律性。这正是当代信息系统作为一门学科诞生的基础。

1. 计算机在管理领域中的应用

众所周知,1946 年由于军事的需要,世界上第一台电子计算机诞生了。最初的计算机应用只限于军事科学、工程计算、数值统计、工业控制、信号处理等领域。20 世纪 50 年代,著名的美国国际商用机器公司(IBM)向社会推出了商品化的小型计算机系统,使得计算机的应用跳出了神秘的军事圈子,逐步向社会生活的各个方面渗透。50 年代计算机在数据处理技术上的突破,把计算机的应用从单纯的数值运算扩大到数据处理的广泛领域,为计算机在管理领域的应用奠定了基础。于是各种各样的数据统计系统、数据更新系统、数据查询检索系统、数据分析系统、状态报告系统等纷纷出现。加之当时计算机技术本身的迅速发展,处理速度高达每秒运算上百万次,容量上千万个字节,向人们充分展示了计算机发展和应用的前景。一时间各家公司纷纷购买计算机设备,建立自己的数据处理系统,以期为公司带来丰厚的效益。50~60 年代出现了电子数据处理系统(EDPS)的高潮,这时计算机应用的重点已经转为面向各类管理数据的处理领域。这一变化从表 1.2 不难看出。

表 1.2　计算机在各行业中应用的比例/%

管理领域	统计分析	科学计算	工业控制	其 他
60	10	10	10	10

2. 信息系统回顾与发展

20 世纪 50~60 年代计算机应用的高潮导致了信息系统的诞生和发展,并带来了信息系统的首次繁荣。但随着时间的推移,它也逐步暴露出很多的局限性和不足,在实际应用中出现了波折,引起了人们对信息、信息系统以及信息处理规律的进一步反思,并在反思和探索中不断完善并推动信息系统的发展。成功—失败—再成功—再失败……成功和失败相互交织着,螺旋式地上升,直至最后的成功。这是事物发展的一般规律,信息系统的诞生和发展也是如此。

1) 经验教训总结

20 世纪 50~60 年代计算机在信息处理领域得到了广泛的应用,它极高的处理速度、极大的储存能力和极广阔的应用领域向人们展示了其强大的生命力。一时间以电子计算机为基本处理工具的信息处理技术和系统风靡整个西方世界。各公司纷纷出巨资购买计算机,并抽出大量人力、财力建立信息处理系统,以期待它取代日常的人工信息系统,并解决人工所想做而又没有能力做的数据处理、信息分析,甚至管理决策工作,为企业带来巨大的经济效益。有人甚至将计算机系统与人脑信息系统作了这样的比较:人脑与计算机(电脑)尽管物质结构不同,但抽象的硬件功能却是相同的,比如储存、运算等;尽管人脑的功能和其思维过程的规律对人类还是一个谜,但从其外部特征来看,其功能不外乎是:接收信息、储存和管理信息、加工信息、复制信息、输出信息,这与电脑的基本功能是一致的。而且计算机的运算速度已达到每秒上千万次,容量可达上万兆字节。这些绝对指标都已超过了人脑,并且随着工业的发展、技术的进步,这些指标还将迅速增长。于是,对人工智能的前景以及机器最终取代人的信息处理过程的乐观预测纷纷出现,引起了学术界和哲学界的极大震动。有人针对计算机下国际象棋的程序进行了这样的分析和推断:计算机在处理速度和储存容量等基础指标上已大大超过了人脑,计算机软件工具又可为设计者提供模拟人脑思维、分析、判断的过程,那么在设计下棋程序时,完全可以总结归纳人类最优秀棋手的思维过程,并模拟这个过程。例如,一个优秀棋手在下一步棋时,会考虑以后可能出现的十几步、甚至几十步棋的话,那么完全可以依此规律让计算机考虑几百步,超过人现有的推理能力。由此得出的结论是:计算机下棋程序将打败任何一个世界冠军。

但是 10 年、20 年、30 年过去了,计算机在信息处理领域的应用和发展并没有取得人们所预期的效益。在管理领域,计算机并不能代替人的作用,EDPS 并没有取得预期的效果;在人工智能领域,计算机下棋程序也并没有战胜人类。于是在信息化社会的进程中出现了波折:一些企业耗费巨资建立起来的信息系统却达不到预期的效果;高速的主机得不到充分的运转;巨大的存储装置仍满足不了实际的需要;信息资源得不到充分的利用;高效的机器系统处于低效的运行等。

信息的本质是什么? 对信息加工处理应该遵循什么样的规律? 怎样才能较好地开发出一个信息系统? 人们在沉痛的教训前思考着这些问题,探索解决问题的途径,从而推动了信息系统学科的大发展。20 世纪 60 年代后期到 70 年代产生了管理信息系统(MIS)、决策支持系统(DSS)和信息系统开发方法(information system design method, ISDM)等新的学科和研究方向。

2) MIS 的产生

管理信息系统是在传统 EDPS 的基础之上发展而来的。它避免了 EDPS 在管理领域中应用的一些弊病,在处理的方法、手段、技术方面都有了长足的进步。传统的 EDPS 存在不少缺陷,如美国航空公司的半自动化业务相关环境(SABRE)只能完成数据更新、统计、查询等功能,而没有任何预测和控制功能,更不能改变系统已有的行为。又如,在 JOHNPLAIN 公司的账务系统中只能进行记录和对账、查询,而没有充分地利用已有的信息资源去进行成本核算、成本和销售利润的预测、财务计划等进一步的分析工作。

针对上述种种问题,为了充分发挥信息系统的效益,人们对 EDPS 的成败进行了总结,进而从各个不同的应用角度提出了管理信息系统。较之传统的 EDPS,

MIS 有如下特点：

（1）更加强调科学的管理方法和定量化管理模型的运用，强调优化的作用；

（2）强调系统对生产经营过程的预测和控制作用；

（3）强调对数据的深层次开发利用，利用信息分析企业生产经营状况以及外部环境等各个方面；

（4）强调高效率低成本的系统结构和数据处理模式；

（5）强调科学的、系统化的开发方法在建立 MIS 中的作用。

3）DSS 的产生

自从 20 世纪 60 年代提出 MIS 的设想到 70 年代初，MIS 经历了一个迅速发展的时期，但随着时间的推移而逐渐暴露出了很多问题。其主要问题是：早期的 MIS 缺乏对企业组织机构和不同阶层管理人员决策行为的深入研究，忽视了人在管理决策过程中的不可替代的作用。因而在实际工作中，特别是在辅助企业高层的管理决策工作中，MIS 常常软弱无力，达不到预期的效果。70 年代初哈佛大学的伯特（Bedder J）归纳了早期 MIS 失败的经验和教训，提出了 MIS 的七个致命伤，在学术界掀起了一场"MIS 为何会失败的"讨论。在这场讨论中以美国麻省理工学院的高瑞（Gorry G）、莫顿（Morton M S）、凯恩（Keen P G W）为代表的一批学者提出了决策支持系统的概念，把信息系统的研究又推到了一个更新的阶段。经过二十多年的不断丰富和发展，形成了今天的 DSS。较之早期的 MIS，当时的 DSS 的概念主要强调了如下几方面的不同：①强调 DSS 是面向决策者的；②它是一个以解决半结构化的管理决策问题为主的系统；③强调决策过程中人的主导作用，信息系统只是对人（决策者）在决策过程中的工作起支持作用。

4）开发方法的研究

早期信息系统应用的失败在很大程度上是由于不适当的系统开发方法所致。于是人们开始研究：为什么会产生系统各部分的不协调、不一致？为什么高效率的计算机系统会长期处于低效率的运行？怎样才能更快更准确地了解信息系统处理对象的实际情况并合理地制订出实践方案？20 世纪 60 年代末由约当（Yourdon E）、康斯坦丁（Constantine）、迪莫柯（Demareo）等人率先提出了自顶向下结构化系统开发方法的概念，强调系统化、结构化、工程化的系统开发思想在软件开发中的应用，强调对系统作结构化的划分和系统开发前整体性的系统分析和设计。首次将传统软件个体作坊式的开发工作纳入到系统化、规范化的范畴，建立了自己的分析设计理论，从而避免了信息系统在其开发方法上的盲目性和自发性，开辟了信息系统开发方法学研究的广阔天地，以至于形形色色的系统开发方法已成为今天信息系统研究领域的一个庞大分支。

3. 从数据处理到智能处理

信息系统的发展是与计算机应用技术的发展密切联系的。自 1946 年第一台计算机诞生以来,计算机应用技术经历了数值处理(主要是物理信号的处理和科学运算等)、数据处理(主要是 EDPS,DBS,MIS 等)、知识处理(主要是知识工程、知识库技术等)和智能处理四个阶段。与之相对应的信息系统也经历了从数据处理到知识处理到智能处理的三个阶段。

1) 从数据处理到知识处理

从数据处理到知识处理是 20 世纪 70 年代中期到 80 年代计算机在应用技术上的一次飞跃,它标志着计算机从传统的处理定量化问题向处理定性化问题迈出了关键的一步,也是信息系统从概念、结构到方法、技术飞速发展的一个阶段。

70 年代信息系统在数据处理领域遍地开花时,一批有远见的学术先驱把眼光投向了知识处理领域的研究。70 年代美国麻省理工学院的费根鲍姆(Feigenbaum E A)提出了以计算机知识处理技术为目标的知识工程(knowledge engineering, KE)的概念。在知识工程中,计算机所要处理的不再仅仅是数据,而是要对实际生活中有着更重要意义的"知识"进行处理。知识处理研究的对象有:

(1) 知识的本质和定义及其基本属性;

(2) 知识的抽象化、形式化表示方法(可为现有计算机技术所接受的形式化表示方法);

(3) 知识的应用,如归纳、推理、分析、类比等;

(4) 知识的获取,即如何总结、归纳、获取新的知识等;

(5) 知识的组织与管理,即知识的组织形式、存储形式以及管理技术等(即后来发展的知识库系统)。

知识处理技术为解决信息系统涉足管理领域中大量存在的定性问题奠定了基础。同时,借用知识工程中的研究成果(如知识表达、知识库系统、知识处理的方法和应用技术等),也促使信息系统(特别是 DSS 分支方向)在其结构、技术和应用范围等方面产生了飞跃发展。

2) 从知识处理到智能处理

从知识处理到智能处理是未来信息系统努力的方向。知识处理已经为信息系统处理定性化问题,进行各种分析、推理、判断等奠定了基础。信息系统已经具备了朝着最终目标,即智能处理迈进的可能性,所以一些著名学者都纷纷预测 20 世纪最后十年直至 21 世纪初在智能化处理上的突破,将是信息系统研究和努力的主要方向。

智能处理主要是研究人脑的基本功能、人脑处理信息的规律和人类思维过程。在目前对人脑功能还不是十分了解之前,要用计算机来模拟是有很多困难的。因此必须研究人脑的功能和人脑处理信息的规律并总结归纳这些问题,用形式化的方法来表达,用计算机来模拟这些过程。例如前面提到的计算机下棋程序,为什么在计算机运行速度和存储容量等绝对指标都高于人脑,而且又可以通过精心设计的程序使其每下一步棋所考虑的步骤都数倍于人的情况下,计算机还是战胜不了人脑呢? 原因在于人类具有真正的智能。人在处理问题时具有学习、推理、自我调节和总结经验的功能,在这些没弄清之前,使计算机取代人是不可能的。

研究人脑的功能和人类思维活动的规律,找到一种形式化的、计算机可以处理的方法来模拟人脑的活动和人类的思维活动过程,是智能处理面临的重大课题。智能处理一般包括三个方面:推理、联想、学习。

(1) 推理是指在某些事情或现象的基础上根据一定的规律,推导出下一步可能的结果。现有的推理方法包括确定性的推理和不确定性推理两大类,每一类又分为多种具体的推理方法。

(2) 联想是指根据某些环境条件和长期积累下来的知识,由某一事物触发人们对其他有某种关联的事实的联想。联想的环境条件和触发机制以及搜索过程等都是目前智能研究的难题之一。

(3) 学习是指对知识的总结、归纳、积累的过程。有了学习的功能就能够分析事物,把感性的东西变成理性的东西。学习是智能的较高级层次。

知识处理和智能处理是目前世界各国科学家竞相研究的重点对象,也是攻关的难点。例如,日本 1981 年提出的"第五代计算机"(knowledge information processing system,KIPS)就是以知识处理和智能处理作为其主要特征的。按日本原来的设想是在 1981 年到 1991 年用十年的时间投入巨资吸收各国的科学家来完成这一宏伟计划,为 21 世纪在知识处理和智能处理方面的发展打下基础。但是迄今为止十多年过去了,日本的"第五代计算机"仍然是一个梦想。尽管在这些年的研究中也取得了很多经验和成功,局部的理论和概念都有所突破,但整个"第五代计算机"的实现以及知识处理和智能处理的应用还距离实际甚远,故从知识处理到智能处理还是今后人类长期奋斗的目标。

从数据处理到知识处理引起了信息系统从只能处理定量化的问题向处理定性化的问题过渡。从知识处理到智能处理将会引起信息系统的概念、结构、技术等方面更大的突破,导致高度智能化的信息系统的诞生。

3) 从智能处理到思维科学的研究

智能处理(人工智能)未来能达到一个什么样的程度? 能否最终达到具有同人脑相似的智能功能,一直是科学的最高层次——哲学所研究的问题。这个问题的解决取决于人们对大脑和大脑思维规律的研究。从哲学的角度来看,要靠大脑本身的思维活动来弄清大脑的思维机制是有一定局限性的,只能遵循认识论的发展规律,经历一个循序渐进、不断深化的过程,而这个认识过程是永无穷尽的。智能处理将会随着大脑的进化而不断地进化,但永远与大脑保持一段距离。

因此,未来思维科学,即对大脑的研究将会是推动智能处理研究的一个关键性突破口。研究大脑思维活动的规律和认识过程的生理、心理机制,研究大脑认识事物、存储信息和知识、进行推理、理解语言、控制行为以及感情交流等功能的本质和实现机制,研究大脑自我调节、学习、总结、归纳、不断丰富和进化的规律等,进而用电脑来逐步处理这些已被人们了解和掌握的规律,就是智能处理研究的方向。

4) 从纯软件到软硬件结合

传统的信息系统的主要研究对象都集中在软件上。20 世纪 80 年代办公室自动化系统(OA)的兴起导致了以重点解决非结构化的办公事务为主的硬软件相结合的信息系统。

OA 的诞生为人类以各类自动化的办公设备为基础,结合现有的软件技术解决信息处理领域的非结构化问题,即处理方法和处理模型都不确定,随机因素占很大比重的问题,提供了可能。这类系统是随微型计算机、局域网络技术的出现而兴起的,随着时间的推移逐渐向软硬件相互渗透的方向发展,同样也经历了由数据处理(如数据处理设备、数据库存储设备等)到知识处理(如各种声音、图像、文件的自动扫描记录设备、与知识处理软件相结合的设备、知识库存储设备等)到智能处理(如各种智能化的硬件设备、软硬相结合的智能设备和推理机等)的过程。

另外,智能处理和大脑研究也已从单纯的规律、机制等软科学研究,向与生物、生理、心理、计算机相结合的方向发展。例如,当前的各种生物、生化计算机的研究、人造器件模拟大脑神经元之结构和相互作用机制的研究等,都是人类在这方面的尝试。

1.4　信息系统开发设计方法

信息系统的开发是一个庞大的系统工程,它涉及组织的内部结构、管理模式、生产加工、经营管理过程、数据的收集与处理过程、计算机硬软件系统的管理和应用、软件系统的开发等各个方面。这增大了开发一个信息系统的工程规模和难度,需要研究出科学的开发方法和工程化的开发步骤,以确保整个开发工作能够顺利进行。

1.4.1　系统开发方法学及其发展

系统开发方法概念的形成和人们开始对系统开发方法的研究始于 20 世纪 60～70 年代。50～60 年代是信息系统概念形成并蓬勃发展的年代。当时由于计算机在数据处理领域的突破,使得以计算机为主体的电子数据处理系统迅速地在工商、行政管理等各个领域应用开来。但是随着应用程度的深入和应用规模的扩大,人们发现了很多原来未曾预料的问题,例如:①手工处理信息过程和方法原封不动地"翻译"成软件程序后,屡屡遭遇失败;②大型的信息系统应如何合理地组织人力、物力、财力来协调开发;③对一个实体组织应如何着手调查分析;④一个大型系统应该如何进行系统化的划分;⑤如何才能合理地协调数据和利用信息资源;⑥如何充分发挥现有计算机和通信设备的处理能力,更好地解决实际管理问题等。

经过对这些问题的反思,人们才逐渐地认识到尽管从原始岩画、结绳记事开始,人类已经从事了数千年的信息处理工作,但并没有真正弄清如何组织和管理信息,如何充分合理地利用信息资源,开发信息系统的规律。于是,人们开始从多个不同的角度认真地总结和归纳,终于悟出了一些信息处理和信息系统开发的规律。随后又将这些规律应用于信息系统开发实践中,并在实践中不断地丰富、完善和提高,逐渐形成了目前开发信息系统时所用的几种方法。

早期研究信息系统的开发方法主要是从两个方面开始的,一是开发大型软件工程;二是开发适用于管理实际需要的信息系统。这里介绍的开发方法则是融两者为一体的信息系统开发方法。

1. 系统概念用于软件开发

产生于 20 世纪 50～60 年代的 EDP,在其开发过程中一个很不尽人意的地方就是,如何充分合理地组织开发一个大型的应用软件系统。在此以前人们开发大型 EDP 时,常遇到的两个主要问题是:第一,在设计系统时如何合理地划分系统并组织多个人力来共同工作,即改原来软件设计个体手工作坊式的工作方式为工程化的分工、组织、协调的工作方式;第二,在系统实现时如何合理地将众多开发者的工作合并到一起,组成整体的系统。为了解决这些问题,60 年代由约当、康斯坦丁、迪莫柯、梅耶斯等人创造性地将系统工程的概念运用于软件系统的开发过程中,提出了自顶向下、结构化的系统开发方法。该方法一经提出立刻得到了普遍认同,被认为是系统开发方法领域的革命。约当、康斯坦丁、迪莫柯等人的主要贡献可概括为如下三个方面。

1) 开创了系统开发方法学研究的先河

约当、康斯坦丁、迪莫柯等人用系统工程的方法来全面深入地研究如何开发一个大型软件的问题,并从实际开发一个信息系统的角度提出了一整套从开发指导思想到具体开发运行步骤都普遍适用的结构化系统开发方法。这个开发方法的核心是将整个应用软件系统的开发分为三个阶段,即问题分析、系统设计和编程实现。在开发系统过程的前两个阶段采用自顶向下的方法来结构化地划分和分析、设计一个系统,后一个阶段则相对采用从底向上的方法,按照前两个阶段分析设计的结果,从最基层模块做起,一个一个地编程,然后按结构逐步拼接成整体系统。由于这一研究是从如何开发实现一个大型的应用软件系统这个角度提出的,具有一般性,故被认为是系统开发方法学研究的开始。

2）系统方法在软件开发中的应用

20 世纪 50 年代是系统论奠基和发展的年代,系统论的观点被广泛接受并应用于各个领域。当时系统论的发展除一些确定性的结构模型和定量描述模型外,强调整体性、系统划分和有机协调的观点被广泛地用来解释几乎所有事物。贝塔朗菲就曾在其代表著作《一般系统论》中沿引古希腊学者亚里士多德的话来解释其系统论的观点:"亚里士多德当年整体大于各个部分的总和的论点是基本系统问题的一种表达,至今仍然是正确的。"他认为系统论从某种意义上来说就是对事物"整体"和"整体性"的科学探索。在这种强调整体性的系统观点的指导下,约当、康斯坦丁、迪莫柯等人巧妙地将它与大型软件系统开发过程相结合,并将其演变为一种自顶向下的软件分析设计方法,即对问题的分析和软件的设计都必须坚持先整体后局部的原则,只有在整体最优的情况下才有局部的优化。在确保全局性的前提下对系统进行自顶向下的划分,即将系统划分成若干既有机联系又相对独立的子系统(或模块),然后依此类推,层层细分,直至最终完成整个系统的分析和设计。

自顶向下的系统开发方法一经提出立刻引起强烈反响,被认为是在具体领域中影响人们思维的一种革命。因为在英语国家中,很多人习惯的思维方式都是从特殊到一般,例如在写信封时,先是本人的名字,然后才是家族的姓氏;先是个人,然后才是小单位、大单位、地区、国家等。按自顶向下的观点,在分析任何问题时都要从一般到特殊。例如要分析一个账务系统,不能仅从某个账目分析入手,而是要从总公司经理的工作入手,然后是总公司财务主管(一般是主管财务的副经理)、财务处长、财务人员以及账务管理业务;又如要设计一个账务系统,先不是从本账务系统的设计入手,而是从总公司的系统规划入手,然后是财务系统在公司 MIS 系统中的位置、账务系统在账务中所占的位置,最后才是具体的账务系统设计。

3）工程化开发软件

用工程化的手段和方法来开发大型软件工程是结构化系统开发方法求解问题的主要手段之一。以工程化的方法开发软件系统并非结构化开发方法的独创,而是人类在大型工程项目(包括软件工程)中一直用于组织协调群体劳动的一种有效方法。结构化开发方法的主要贡献是将工程化开发方法与自顶向下的系统思想、结构化的系统划分方法融为一体,从而较好地解决了大型软件系统开发中个体工作和群体工作之间的关系。

在结构化系统分析中所强调的工程化方法具体来说就是:首先,把开发过程分成了很多工程化的开发阶段和步骤,如可行性分析、问题分析、系统设计、编程实现等。其次,在每一个开发步骤中,都规定出很多工程化的图表来规划、记录和表达开发者在这一步骤中的工作成果。这些图表包括两部分,一部分是流程图和结构图,它类似于一般的工程图;另一部分是程序文档文件,主要用于说明程序设计中的一些细节,以便日后维护和修改。

2. 需求和管理问题的系统分析

在约当、康斯坦丁、迪莫柯等人从软件工程角度研究结构化的系统开发方法的同时,另一部分从事计算机在管理领域应用的开发人员则从如何有效地开发一个管理信息系统的角度进行研究,这些研究多集中在对具体管理问题的分析和相应系统的开发上,包括:①如何确定管理人员对信息资源和信息系统的实际需求;②如何科学地分析了解一个实际的管理问题;③如何将一个实际的业务处理过程"翻译"成计算机能够处理的程序语言等。

这方面的研究成果主要集中在需求分析和资源规划、管理业务分析和相应的系统设计这两个方面。

1) 需求分析与资源规划方法

需求分析与资源规划方法是一种将企业作为一个整体来系统地进行需求分析和资源分配的方法。所谓需求分析,实际上指的是对实际管理业务以及它们对信息系统的需求状况的全面分析,然后考虑用计算机来处理一部分最适合于计算机处理的业务,建立人机相结合的管理信息系统。所谓资源规划,主要是指对信息资源和信息系统设备资源的规划,即对基础数据进行合理的收集和分析,建立统一的数据管理系统(即数据库系统)和对人、财、物等各种可用资源进行统一规划,以求发挥最大的效率。

需求分析与资源规划方法最早见于 IBM 公司于 20 世纪 70 年代推出的企业系统规划法(business systems planning,BSP)。随后,1979 年美国麻省理工学院的洛柯克(Roekark J P)提出了在需求分析中寻找使得该业务能够成功的关键成功因子法(critical success factors,CSFs),即通过分析找出使企业成功的关键因素,然后再围绕这些关键因素分析整个系统的需求。

2) 调查分析与系统设计方法

调查分析与系统设计的方法更准确地说应为全面调查分析与整体系统设计的方法。在分析问题时将组织内部各部分业务视为一个有机联系的整体,先分析各块之间的整体联系,然后再分析各业务内部的联系;在设计系统时又以总体目标最优为宗旨,在整体最优的情况下设计局部系统。它是完全从一个实际的业务管理系统着手来研究如何最恰当地用计算机完成数据处理部分的工作,从而演变成一个以计算机为基础的管理软件系统。这种方法从指导思想上完全遵循了自顶向下、结构化的系统开发方法,而且具体做法完全遵循了信息系统实际开发的具体过程,即首先对系统进行结构化的划分,详细调查每一项业务处理的方法和数据流程的过程,然后根据科学管理的要求和计算机的处理能力来综合分析这些问题,最后根据调查分析的结果进行系统的整体设计。上述步骤中的每一步都是自顶向下进行的。

对上述各种方法进行结合、发展和完善,便逐步形成了今天在信息系统开发方法中仍然常用的结构化系统开发方法。

3. 开发方法的发展

除研究上述两种主要的开发方法外,还有一些其他的方法,从不同的角度展开研究,共同促进了系统开发方法学的形成与发展。较有代表性的例子有:从 JSP 到 JSD 的杰克逊开发方法,结合结构化开发方法和需求定义(requirements definition)方法的信息系统工程方法,以及后来的各类信息系统开发工程规范、原型方法、面向对象方法、计算机辅助设计方法等。下面简单地介绍这些方法。

1) 杰克逊系统开发方法

杰克逊系统开发方法最早是从研究程序设计方法开始的。1975 年杰克逊(Jackson M)在其著作《程序设计原理》中提出了一种系统化的程序设计方法,被称之为杰克逊结构化程序方法(Jackson structured program,JSP)。1983 年杰克逊又在其著作《系统开发》中将 JSP 推广到了整个系统开发领域,故称之为杰克逊系统开发方法(Jackson system development,JSD)。JSD 是一种描述和实施计算机系统的方法,应用范围包括需求描述、功能描述、逻辑系统设计、应用系统设计、物理系统设计、程序描述和设计、程序实施以及系统与程序维护。

2) 信息工程

信息工程是马丁(Martin J)和芬克尔斯顿(Finkelstein C)在其合著的《信息工程》中提出的一种全面支持信息系统开发过程的工程方法。它是一种基于数据和数据关系的、用户驱动的方法。用信息工程方法开发所包括的内容有:战略需求规划、数据模型化和规范化分析、过程形成、数据使用分析、实施策略、分布分析、物理数据库设计、第四代语言、程序描述合成等。

从 20 世纪 70 年代前后到 90 年代,主要的系统开发方法可按程序设计方法、软件工程方法、管理/需求分析方法、自动化系统开发方法四类来进行归类。其中,程序设计方法包括:结构化程序方法(structured program,SP)、杰克逊结构程序方法;软件工程方法包括:杰克逊系统开发方法、结构化系统分析与设计技术、原型方法、面向对象的开发方法;需求分析方法包括:结构化需求定义方法、商业系统规划法、关键成功因子法;自动化开发方法包括计算机辅助软件工程方法。

1.4.2　信息系统分析设计的一般方法

信息系统的分析和设计是开发信息系统的关键环节,因此,一般意义上的开发方法往往指的是信息系统的分析与设计方法。

1. 信息系统的分析与设计

分析是指人们认识问题、提取系统开发需求、规范对象的行为和确定处理方法的过程。具体来说就是指在实际管理业务详细调查基础上，开发人员对待处理的管理问题进行全局和局部的分析，优化并合理地制定新系统逻辑方案的过程。系统分析包括：

(1) 需求分析，在调查的基础上，分析用户和管理业务对系统开发的实际需求；

(2) 整理和优化业务过程，用规范的方法整理调查结果，优化管理业务的处理过程；

(3) 提出新系统的逻辑方案，在规范和优化业务过程的基础上，构思出待开发系统的逻辑方案，包括系统的结构、问题处理过程和分析计算模型。

设计是指人们对所掌握的内容在具体实施之前进行规划和制订实施方案的过程。如果说分析是人们按照某种方法来了解和优化实际业务的过程，那么设计则是考虑进一步整理、规范和具体如何实施的过程。系统设计的主要任务是在系统分析的基础上，对系统进行总体布局、结构安排、制订方案和实施细则。信息系统的设计包括如下四个方面的问题：

(1) 系统总体结构框架设计，包括系统的结构、布局、实施规划、机器设备（主要是指计算机系统的硬件设备以及通信设备）的配置等。

(2) 代码设计，主要是指对系统的各项人、财、物、设备等进行科学的分类与编码。这是系统实施前必须做的工作之一。

(3) 文件或数据库的设计，不是在计算机上设计文件或数据库，而是对将要处理的信息（或数据）按科学管理的要求和统计指标进行分析，并在此基础上确定文件或数据库的结构、特征、组织管理方式等。

(4) 进一步整理和规范分析阶段的结果，制订出详细的系统处理模型和系统实施方案。

2. 信息系统分析设计方法体系

系统分析方法的好坏，分析设计理论的正确与否，直接关系到系统开发的成败。下面给出几种常见的信息系统开发方法。

1) 自顶向下的方法

自顶向下的方法实际上是一种系统化的方法，即首先将整个系统作结构化的划分，然后从高层到基层、从整体到局部、从一个组织的功能、机制、任务到内部每一个经营管理活动的细节进行系统分析与设计。如对一个企业作系统分析时，先了解厂长的目标、任务、需求等，然后再根据厂长的目标、任务、需求，进一步了解相应的中层各管理岗位和管理干部应做的工作,依此类推,直到完全清楚地了解所有业务的细节。设计也是如此,先进行总体设计,然后再进行系统的设计,依此类推,直到每一个模块的处理细节。按照自顶向下的分析设计理论,其具体的系统实施(编写程序、调试程序和试运行等)方案却是自底向上的,即先逐个编制具体程序模块,然后按一定的结构形成一个个的子系统,直至最后构成整个系统。调试和试运行亦是如此。自顶向下的系统分析设计方法是当今信息系统开发领域中传统的主流方法。

2) 生命周期法

生命周期法的基本思想是将整个信息系统的开发过程划分为系统规划、系统分析、系统设计、系统实施、系统运行维护五个阶段,共十几个步骤,第一个步骤和最后一个步骤首尾相连,形成一个系统的可再生的生命周期循环。按照生命周期法的理论,信息系统的开发过程应永远置于这样一个循环的过程之中。目前,生命周期法也是普遍为人们所接受的一种传统的主流方法。按生命周期法对系统开发过程的划分,结合自顶向下结构化的思想构成了现在大多数信息系统开发方法的理论基础。

3) 需求分析法

需求分析法是指针对一个复杂的组织,根据众说纷纭的信息需求,系统开发人员分析并把握系统的关键所在的方法。需求分析常用的方法有两种:一种是麻省理工学院的洛柯克于 1979 年提出的关键成功因子法,CSFs 方法认为组织各级管理者对信息系统的需求来自促使该管理业务能够成功的 CSFs,因此可以通过分析找出使企业成功的关键因素,然后围绕这些因素来分析整个系统需求和建立新系统。另一种是 1975 年由美国 IBM 公司提出的基于全面需求分析的企业系统规划法。这种方法主要是基于企业战略发展、各级管理需要、现有的业务需求等,通过全面系统地调查分析来系统地确定整个对象系统对信息系统的需求。必须指出的是,这种方法在具体分析和规划时仍然是按照自顶向下的思想进行的。

4) 原型法

原型法或快速原型法主要是指自 20 世纪 80 年代关系数据库系统和第四代程序生成系统以及其他一些应用系统自动开发生成环境大量出现以后产生出来的一种信息系统开发方法。这种方法的主要做法是:借助于新一代自动化的程序生成工具和应用系统开发工具,快速模拟出一个原型系统,然后再经开发者和用户反复评价、修改和逐步完善,最终形成用户满意的应用系统。从系统分析和设计的角度来看,这种方法利用最新的软件开发工具,将模拟的手段引入到了系统开发过程的前期阶段。通过建立原型、运行原型、评价原型、修改原型这一反复循环的交互式过程,来取代传统结构化系统开发方法中的系统详细调查、系统分析、用户需求分析、系统设计和系统实现等一系列繁杂的工作过程。

这种开发方法大大地缩短了系统开发的周期，减轻了开发工作的强度，避免了传统方法在分析设计阶段中大量繁琐的图表绘制过程。从系统分析设计方法体系角度来看，这种方法依赖模拟原型系统、反复评价和修改原型系统的方式来了解用户需求，分析管理业务功能，最终设计并实现用户满意的信息系统，故称之为模拟渐近的开发方法体系。

5）OO 方法

OO 方法是 20 世纪 80 年代中后期在面向对象程序语言基础之上逐步开展起来的一种方法。这种方法的主要思路是：所有开发工作都围绕着对象而展开，在分析中抽象地确定出对象以及其他相关属性，在设计中将对象严格地规范化，在实现时严格按对象的需要来研制软件工具，并由这个工具按设计的内容，直接产生出应用软件系统。

在 OO 方法的实际应用中，由于不可能随时按分析设计内容来研制软件工具，故分析与设计过程实际上都是按照已有的程序规范来对实际管理业务进行整理、抽象和规范化。

准确地讲，上述这几种方法是信息系统开发的方法体系或开发思路。实际的信息系统开发工作中所采用的方法可能是其中的一种，但更多的是基于几种开发思想而形成的具体方法，例如结构化信息系统开发方法。下面对几种具体方法如何应用于信息系统的开发加以简单介绍。

3. 常用信息系统开发方法

1）结构化信息系统开发方法

（1）基本思想。用系统的思想和系统工程的方法，按照用户至上的原则，结构化、模块化、自顶向下对系统进行分析与设计。先将整个信息系统开发过程划分为若干个相对独立的阶段，包括系统规划、系统分析、系统设计、系统实施等。在前三个阶段坚持自顶向下地对系统进行结构化划分：在系统调查和理顺管理业务时，应从最顶层的管理业务入手，逐步深入至最基层；在系统分析，提出目标系统方案和系统设计时，应从宏观整体考虑入手，先考虑系统整体的优化，然后再考虑局部的优化问题。在系统实施阶段，则坚持自底向上地逐步实施，即组织人员从最基层的模块做起（编程），然后按照系统设计的结构，将模块一个个拼接到一起进行调试，自底向上、逐步地构成整个系统。

（2）开发过程。用结构化系统开发方法，将整个开发过程划分为首尾相连的五个阶段，即一个生命周期：

· 系统规划——根据用户的系统开发请求，进行初步调查，明确问题，确定系统目标和总体结构，确定分阶段实施进度，然后进行可行性研究；

· 系统分析——分析业务流程、分析数据与数据流程、分析功能与数据之间

的关系,最后提出分析处理方式和新系统逻辑方案;

- 系统设计——进行总体结构设计、代码设计、数据库(文件)设计、输入/输出设计、模块结构与功能设计,根据总体设计,配置与安装部分设备,进行试验,最终给出设计方案;
- 系统实施——同时进行编程(由程序员执行)和人员培训(由系统分析设计人员培训业务人员和操作员),以及数据准备(由业务人员完成),然后投入试运行;
- 系统运行与维护——进行系统的日常运行管理、评价、监理、审计、修改、维护和局部调整,在出现不可调和的大问题时,进一步提出开发新系统的请求,老系统生命周期结束,新系统诞生,由此构成系统的一个生命周期。

在每一阶段中,又包含若干步骤,这些步骤可以不分先后,但仍有因果关系,总体上不能打乱顺序。

(3) 特点。①自顶向下整体地进行分析与设计和自底向上逐步实施的系统开发过程:在系统规划、分析与设计时,从全局考虑,自顶向下地工作;在系统实施阶段则根据设计的要求,先编制具体的功能模块,然后自底向下逐步实现整个系统。②用户至上是影响成败的关键因素,整个开发过程要面向用户,充分了解用户的需求与愿望,符合实际,遵循客观性和科学化,即强调在设计系统之前,深入实际,详细地调查研究,努力弄清实际业务处理过程的每一个细节,然后分析研究,制定出科学合理的目标系统设计方案。③严格区分工作阶段,把整个开发过程划分为若干工作阶段,每一个阶段有明确的任务和目标,预期达到的工作成效,以便计划和控制进度,协调各方面的工作,前一阶段的工作成果是后一阶段的工作依据。④充分预料可能发生的变化:环境变化、内部处理模式变化、用户需求变化等。⑤开发过程工程化,要求开发过程的每一步都要按工程标准规范化,工作文体或文档资料标准化。

(4) 优缺点。①强调了开发过程的整体性和全局性,在整体优化的前提下考虑具体的分析设计问题;②严格区分工作阶段,每一阶段及时总结、及时反馈和纠正,避免造成浪费和混乱;③开发周期长,不能充分了解用户的需求和可能发生的变化,仅在开始几个阶段与用户沟通多。

(5) 适用范围。大型系统、复杂系统。

2) 原型法

(1) 基本思想。在管理信息系统开发的开始阶段,凭借系统开发人员对用户需求的理解与用户共同确定系统的基本要求和主要功能,在强有力的人和软件环境的支持下,给出一个满足用户需求的初始系统原型,该原型是一个可以实际运行、反复修改,不断完善的系统,然后通过与用户反复协商和修改,形成一个比较完善的信息系统。

(2) 开发过程。首先确定系统的基本要求和功能,然后构造一个初始模型,在经过反复运行、评价、修改原型后,确定原型后处理需要完成的工作。

(3) 特点。①遵循了人们认识事物的客观规律,易于掌握和接受。②将模拟的手段引入系统分析的初始阶段,沟通了人们(用户和开发人员)的思想,缩短了用户和系统分析人员之间的距离,解决了结构化方法中最难于解决的一环。强调用户参与描述、运行和沟通。③充分利用最新的软件工具,摆脱了传统的方法,使系统开发的时间、费用大大地减少,效率、技术等方面都大大地提高。强调软件工具支持。

(4) 优缺点。①从原理到流程十分简单,最终总可获得满意的方案,用户与开发者思想易于沟通;②使用软件工具效率高;③要求管理基础工作完整、准确。

(5) 应用范围。适用于:处理过程明确的简单系统;涉及面窄的小型系统。不适用于:大型、复杂系统;难以模拟、存在大量运算、逻辑性强的处理系统;管理基础工作不完善、处理过程不规范的系统;大量批处理系统。

3) 面向对象开发方法

(1) OO 的基本思想。客观世界是由各种各样的对象组成的,每种对象都有各自的内部状态和运动规律,不同对象之间的相互作用和联系就构成了各种不同的系统。在设计和实现一个客观系统时,在满足需求的条件下,把系统设计成一些不可变的(相对固定)部分组成的最小集合。这些不可变的部分就是所谓的对象。该方法的基本思路是:识别客观世界中的对象以及行为,分别独立设计出各个对象的实体;分析对象之间的联系和相互所传递的信息,由此构成信息系统的模型;由信息系统模型转换成软件系统的模型,对各个对象进行归并和整理,并确定它们之间的联系;由软件系统模型转换成目标系统。

(2) OO 方法的组成。①面向对象的分析(object oriented analysis,OOA);②面向对象的设计(object oriented design,OOD);③面向对象的程序(object oriented program,OOP)。

(3) 开发过程。具体开发过程如下:①系统调查和需求分析——对系统将要面临的具体管理问题以及用户对系统开发的需求进行调查研究,即先弄清要解决的问题。②分析问题的性质和求解问题——在繁杂的问题域中抽象地识别出对象及其行为、结构、属性、方法等。一般称之为面向对象的分析,即 OOA。③整理问题——对分析的结果作进一步的抽象、归类、整理,并最终以范式的形式将它们确定下来。一般称之为面向对象的设计,即 OOD。④程序实现——用面向对象的程序设计语言将上一步整理的范式直接映射(即直接用程序设计语言来取代)为应用软件。一般称之为面向对象的程序,即 OOP。

(4) 特点。①封装性。面向对象方法中,程序和数据是封装在一起的,对象作为一个实体,其操作隐藏在方法中,其状态由对象的"属性"来描述,并且只能通过对象中的"方法"来改变,从外界无从得知。封装性构成了面向对象方法的基础。

因而,这种方法的创始人 Codd 等人认为,面向对象就是"对象＋属性＋方法"。②抽象性。面向对象方法中,把从具有共同性质的实体中抽象出的事物本质特征概念,称为"类"(Class),对象是类的一个实例。类中封装了对象共有的属性和方法,通过实例化一个类创建的对象,自动具有类中规定的属性和方法。③继承性。继承性是类所特有的性质,类可以派生出子类,子类自动继承父类的属性与方法。这样,在定义子类时,只需说明它不同于父类的特性,从而可大大提高软件的可重用性。④动态链接性。对象间的联系是通过对象间的消息传递动态建立的。

(5) 应用范围。在大型信息系统开发中,若不经自顶向下的整体划分,而是一开始就自底向上地采用 OO 方法开发系统,会造成系统结构不合理、各部分关系失调等问题。OO 方法和结构化方法在系统开发中相互依存,不可替代。在本书第 5 章中,还将对面向对象分析设计方法作更详细的介绍。

4) CASE 方法

CASE 是一种自动化或半自动化的方法,能够全面支持除系统调查外的每一个开发步骤。严格地讲,CASE 只是一种开发环境而不是一种开发方法。它是 20 世纪 80 年代末从计算机辅助编程工具、第四代语言(4GL)及绘图工具发展而来的。目前,CASE 仍是一个发展中的概念,各种 CASE 软件也较多,没有统一的模式和标准。采用 CASE 工具进行系统开发,必须结合一种具体的开发方法,如结构化系统开发方法、面向对象方法或原型化开发方法等。CASE 方法只是为具体的开发方法提供了支持每一过程的专门工具。因而,CASE 方法实际上把原先由手工完成的开发过程转变为以自动化工具和支撑环境支持的自动化开发过程。CASE 方法具有下列特点:①解决了从客观对象到软件系统的映射问题,支持系统开发的全过程;②提高了软件质量和软件重用性;③加快了软件开发速度;④简化了软件开发的管理和维护;⑤自动生成开发过程中的各种软件文档。现在,CASE 中集成了多种工具,这些工具既可以单独使用,也可以组合使用。

4. 信息系统开发方法的规范化

信息系统开发方法的规范化研究是系统开发方法学研究的内容之一。信息系统开发过程采用工程化的方法,其目的是综合考虑各方面因素,协调力量,统一信息系统的开发路径,便于横向沟通,以利于加速系统开发的水平和速度。近年来方法学领域中各种不同方法、工具的研究推动了方法学研究的发展,同时也带来了一些问题,引起了某些混乱。为解决这种问题,各国在开展方法学研究的同时,又相继展开了开发规范的研究。我国于 20 世纪 80 年代后期进行了这方面的研究,如1986 年国家计委和国家标准局批准的"国家经济信息系统设计与应用标准化规范";1989 年 12 月国家体改委经济研究所设计的"企业管理信息系统开发规范";国家标准局颁布的"国家经济信息系统开发方法规范"等,都是我国学者在这方面努力的结果。

　　需要指出的是我国目前的这些信息系统开发规范仍不甚完善,彼此之间兼容性也不够好,因此可操作程度较低。这种现象不仅在我国存在,就一般资料来看,世界各国都普遍存在着这类问题。也就是说信息系统开发还没有成熟到像具体工程领域一样有一个世界性的行业规范,就如同计算机程序语言和其他软件一样有各个国家都参照和借用的标准。

　　在本书第 3 章关于环境信息系统开发设计中,还将结合环境信息系统的特点,比较详细地介绍一些系统开发中的具体问题。

习　　题

一、选择题

1. 关于信息的本质含义,较为准确的描述是(　　)。
   A. 消息　　　　B. 有用的数据　　　　C. 经过加工的数据
   D. 事物存在的状态或方式及其直接或间接的表述

2. 不同历史阶段有不同的信息管理者,近代信息的主管是(　　)。
   A. 无专人管理　　　　　　　B. MIS 经理
   C. 图书馆员　　　　　　　　D. 首席信息官

3. 信息论、控制论、系统论的创始人分别是(　　)。
   A. 维纳、申农、贝塔朗菲　　　　B. 申农、维纳、贝塔朗菲
   C. 申农、贝塔朗菲、维纳　　　　D. 贝塔朗菲、维纳、申农

4. 周期短、见效快、不适合大型系统的是以下哪种方法(　　)。
   A. 面向对象法　　　　　　　B. 原型法
   C. 生命周期法　　　　　　　D. 需求分析法

5. 信息具有的重要功能包括(　　)。
   A. 是人类思维的工具　　　　B. 是科学决策的依据
   C. 是社会发展的动力　　　　D. 是认识客体的中介

6. 系统的特征包括(　　)。
   A. 层次性　　　　　　　　　B. 动态性
   C. 整体性　　　　　　　　　D. 有序性

二、简答题

1. 画出信息系统的基本模式,并说明其基本功能。

2. 请计算以下视频的信息量(以比特为单位)：由 10000 帧组成，每一帧包含 80 万个像素，每个像素 10 级亮度，256 个色彩。

3. 从认知方法体系的角度分析结构化方法、原型法和面向对象方法之间的区别。

三、叙述题

1. 结合信息的运动模型，举出实例说明信息运动的全过程。

2. 试从你身边列举一个信息系统的实例，并简要分析其结构和功能。

第2章　环境信息系统基础

本章目标
- 掌握环境信息、环境信息系统的概念
- 了解我国环境信息、环境信息系统工作的发展状况和存在的问题
- 把握我国环境信息系统的总体规划及发展方向
- 了解国外环境信息系统的发展状况

第1章介绍了信息系统的基础知识,这些知识对于各类信息系统的分析、设计和应用来讲都是十分有益的。在环境领域,也存在并需要各种各样的信息系统,因而掌握这些基础知识是十分必要的。

众所周知,人类进入21世纪后,环境与人的关系得到了前所未有的重视,在我国亦是如此。据报道,未来几年,国家仅在环境监测一项上的投入就会达到数亿人民币。我国政府对环境事业的重视由此可见一斑。因此,作为一种新技术,环境信息系统的设计、开发和应用等工作也就显得格外迫切。为此,本书从本章开始对环境信息采集、处理、使用和信息系统设计、分析等全面地加以介绍。本章主要介绍环境信息系统的基础知识,包括环境信息、环境信息系统的概念和国内外环境信息系统的发展状况。

2.1　环境信息系统概论

2.1.1　环境信息

1. 环境信息的含义

简单地说,环境信息就是通过加工的、能够用于环境保护工作的数据和符号,它反映了环境系统各个环节的时间、空间和状态特征。根据第1章对信息本质的分析,这里同样可以从客观和主观两个不同的角度来理解环境信息。

(1) 环境信息是环境系统客观存在的标志,也是相关因素彼此作用的表征。环境信息是在物质和能量变化过程中产生的。例如,现代城市的各种物资和产品日益丰富,但各项工业生产同时也产生了废水、废气、废渣等有害物质,并将能量释放到环境中(热能、噪声、电磁波等),造成了环境污染和生态失调,导致环境变异和环境质量的下降,危害动植物的生长和人体健康,反过来又会影响和危害工业生产

自身的数量和质量。在这个复杂的物质和能量的交换过程中存在着丰富的环境信息,并且可以用它们来表现这个复杂过程的动态特征。

(2) 环境信息是认识环境问题和现象的识别信号。环境问题在人们不了解其真实面目和内在联系时,就会在认识上存在"不定性"或"模糊性"。只有重视研究产生这种现象的内在联系的微观信息,才能揭示其本质,深化人们的认识程度。任何一个环境保护部门,只有输入或获得环境信息,加工处理信息,再输出所需的信息,才能制定科学的决策,减少或消除不定性。

环境信息与单项流动的物质流不一样,它是双向流动的,环境管理的一个重要职能就是利用信息的反馈来控制物质流动的方向、速度和数量,使环境质量满足一个合理的目标。因此,可以说环境信息是环境管理的基础,只有掌握充分的、正确的和及时的信息,环境管理才能真正实现科学化和现代化。

2. 环境信息的基本特征

现代科学条件下,环境信息的种类、数量及时空分布与整个社会发达程度、开发利用资源的水平、经济活动对环境作用的范围、强度、频率密切相关,同时,也受到特定地区自然条件和环境系统特征的直接影响。

(1) 环境信息是对环境现象的反馈。环境信息来源于环境系统运动的状态和方式,一旦这种运动有所改变,立即就能从环境信息中反映出来。例如,水质监测数据就是反映水体系统污染状况的一种环境信息。

(2) 环境信息的综合多样性。这表现在产生环境信息的载体不限于单一的环境要素或环境介质,而同时存在于多种环境成分和介质中。如大气中的二氧化硫,在一定条件下可以转化为酸雨,可同时污染地面水体、土壤、农作物、森林牧草,这就产生了一系列综合的环境信息。

(3) 环境信息的区域性和整体性。环境信息由各个地区的社会经济状况、地区环境特征等因素决定。例如,同样一个监测数据在沿海地区和沙漠地区反映出来的环境信息可能大不一样。但与此相对的是,环境信息又具有整体性,即在一个地区、一个时间段,同一种环境信息的不同取值具有可比性。

(4) 环境信息的连续性和动态性。环境系统内部的结构和能量的流动以及迁移转化过程的连续性决定了环境信息的连续性和时效性,通过对它们变化趋势的科学分析可以得到新的信息。

(5) 环境信息的随机性。某些环境信息的种类、数量、流动过程和时空分布状态,都受到人的社会行为、自然因素和特定环境条件的随机作用而带有明显的随机性。

(6) 环境信息的相关性和综合性。在各种环境信息之间有着千丝万缕的联系,例如工业用水与废水排放、产值与"三废"排放、排污水平与经济发展水平等都体现出一定的内在关系,可以经过综合对比分析而获得更有深度的信息。

3. 环境信息的分类

　　环境信息量大面广,纵横交错,对其进行科学分类是一大难题。从目前的情况看,虽然还没有规范化、标准化的分类体系,但在应用中,人们大致遵循以下几种分类方法。

　　按照以信息源为基础的分类方法,可以分为环境监测信息、环境统计信息、环境科研信息、环境普查信息(如工业污染源调查、环境背景值调查、农业污染源调查等)、环境管理机构信息、环境法规与标准信息、自然保护信息等。①按照以环境介质为基础的分类方法,可以分为水环境信息、大气环境信息、土壤环境信息、生物环境信息、噪声信息等。②按照以时空变化特征为基础的分类,可以分为不随时间变化的环境信息、随时间变化的环境信息(又可分为定期更新和不定期更新的环境信息)、因地而异的环境信息、不随地区变化的环境信息。③按照以学科为基础的分类方法,可以分为环境化学信息、环境物理信息、环境生物信息、环境工程信息、环境医学信息等。④按照以环境信息的应用为基础的分类方法,可以分为各种环境管理信息、环境办公信息、决策信息等。其中,环境管理信息又可按来源分为四类:排污企事业单位填报的污染源基本信息、各级环境监测部门采集的环境质量、污染源监测信息、各级环境管理部门收集的环境管理业务信息、来自其他有关部门的信息。

　　在本书中,环境信息的处理工具主要是计算机。因此,以下从环境信息的计算机管理角度出发,根据环境信息及其计算机处理技术的特点,对环境信息作如下分类。

1) 数值型信息

　　环境信息中数量最大的一类是数值型信息,例如环境监测数据、环境统计数据、排污申报数据等。这类信息一般为确定性信息,很容易用典型的关系型数据库管理系统(RDBMS)来进行管理。这类信息积累到一定程度后,可以方便地过渡到多维数据库和数据仓库,进行多维分析和信息挖掘工作,以辅助环境决策。

　　这类信息主要是指环保部门办公系统涉及的信息。环境保护是我国的一项基本国策,随着八项制度为主的各项管理制度的推广和完善,环保部门和外单位有很多文件来往,同时环保部门内部管理也会产生大量文件。这些文件一般都包括起草、发送、审阅、批示、转发等环节,具有明显的工作流特点;同时文档信息的特点是数据类型十分繁杂,除了文本、数字、日期、布尔值等,还包括格式各异的文档、图形、图像、声音等,所以文档信息一般由群件系统(Groupware,第 5 章将专门介绍)来辅助管理。

2）空间信息

由于环境信息本身具有空间属性，使得空间信息成为环境信息中不可缺少的一类，空间信息一般可由地理信息系统（geographic information system，GIS，详见第 5 章）来管理。由于 RDBMS 在管理大量数据的功能和性能上更有优势，同时在 RDBMS 上已建成大量的数据库，因此，目前的 GIS 一般都提供和 RDBMS 的接口，以便从其中获得数据。

空间信息是指有利于定位环境信息的数据。一方面是底图，可以包括多层信息，如行政区划、地质特征、水文特征、土壤特征、人口分布、道路、建成区等；另一方面是环境信息的空间属性，即如何在底图上定位环境信息。定位方式通常包括两类：一类是通过绝对坐标定位，如点源的坐标可以由经纬度来表示；另一类通过和具有绝对坐标的地表物体的关联来定位，如根据河流分段来确定取样点的位置，或根据街道来定位监测点的位置，在数据库中只要建立与河流分段或街道的关联即可。

3）多媒体信息

为了丰富环境信息的表达能力，必然会越来越多地用到多媒体信息。现在的多媒体信息主要包括图形、图像、视频、音频等类别，以后随着计算机技术的发展，还可能出现嗅觉、感觉等信息。例如，对于环境噪声的取样，不仅可以通过声级计来测量噪声大小，还可以根据录音，利用噪声和参照声源的对比来直观地表达噪声。同样，地表水污染问题，通过图片和录像往往比枯燥的文字描述更能使人印象深刻。

很多系统都能提供对多媒体信息的管理能力，例如，可以利用数据库管理系统的新分支——多媒体数据库或群件系统来维护多媒体信息。简单地采用文件系统来管理也是一种切实可行的办法。

通过以上对环境信息的分类也可以看出，在实际的环境信息管理过程中，可以根据要管理的环境信息的特点，采用不同的计算机技术来开发管理系统，这些系统也可以通过 Intranet/Web 或 Internet 来加以集成。后文还将继续介绍这方面的内容。

2.1.2　环境信息采集与处理

根据环境管理的需要，我国环保部门已经设计出了一系列数据收集报表。环境数据的收集可分为两个发展阶段。第一阶段：引入计算机系统之前，主要依靠手工处理。收集数据的基层表、上报表以及指标体系都基于手工操作。第二阶段：引入信息系统之后，随着计算机技术的发展以及信息管理水平的提高，环境数据收集系统也进行了相应的改变。许多环境管理职能部门或科研机构研究开发了各类环境信息管理软件，并且颁发了相应的基础数据收集报表和上报统计汇总表。环境信息计算机管理系统的建立和应用为提高环境信息的处理能力、提高基础数据资源的利用率起到了十分重要的作用。

环境信息的核心是环境质量监测信息和污染源信息两大部分。其中,污染源信息是对环境管理影响最大的信息源,也是目前的信息收集中存在问题最多、争议最大的信息源。其他环境信息包括环境科研、情报资料、环保系统自身建设、社会经济信息,以及管理内容比较独立的管理职能部门所需要的信息,如计划、规划、责任状等。这些部门由于比较独立,而且信息量较少,通常采用定期报告的方式收集信息,存在的问题也比较少。

以下简要介绍环境质量监测信息和污染源信息的采集方法。

1. 环境质量监测数据的采集

我国环境监测发展相对完善,建立了一整套数据收集系统,主要包括自动监测和手工监测两种方式,并正逐步向智能化监测发展。

环境质量自动监测的范围主要包括大气、水、噪声,以及生物要素的监测等。目前已有许多设备可自动监测大气中的一氧化碳、二氧化碳、二氧化硫、氮氧化物等化学物质;对于水质监测,也出现了专用的生化需氧量(biochemical oxygen demand,BOD)、总有机碳(total organic carbon,TOC)、溶解氧(dissolved oxygen,DO)监测仪器;环境噪声的自动连续监测仪器也发展到了比较成熟的阶段,例如声级计、噪声暴露计等都是常用的噪声监测仪器。通过这些设备取得的第一手资料往往是一些原始数据、照片、自动记录图表或卫星图像。

2. 污染源数据的采集

污染源信息是环境信息的主体。污染源数据的记录、收集和整理是支撑环境信息管理体系正常运行的重要组成部分。目前,有关污染源的数据主要有四个来源,即重点污染源监督监测数据、环境统计范围污染源(一般污染源)上报数据、排污收费数据以及污染物排放申报数据。

1) 采集方法

收集污染源信息的方法很多,通过多种不同的方法,可以更快、更准、更全面地提供所需的信息。收集的主要方法如下。

(1) 原始记录收集法。污染源单位在作生产记录的同时,对环境污染有关的信息也作了原始记录。如每日消耗有毒有害原材料量、日排放工业废水量等即可为各种污染源信息提供及时、准确的第一手资料。

(2) 台账收集法。污染源单位或主管部门根据需要设计各种不同的台账,用于记录"三废"排放情况、污染治理资金使用情况等。

(3) 快报收集法。根据环境管理的需要和要求,采取不同的快报期限,有时报、日报、季报或半年报等多种形式，逐级向上提供污染源的主要信息。日报一般收集污染源发生重大污染事故的信息，月报、季报和半年报主要收集污染源"三废"排放处理及综合利用等信息，以便及时掌握污染源污染发展趋势，适时采取相应的对策。重点工业污染源、排污收费以及排放申报类数据一般都采用此类收集方法。

(4) 年报收集法。年报收集法是我国环境统计收集污染源信息最常用的方法，每年定期自下而上收集污染源信息。该方法收集的信息全面、系统。

　2) 污染源数据收集中存在的主要问题

近年来，随着工业的发展以及污染源数据的增多，污染源数据的质量问题引起了有关部门的高度重视。这些问题主要包括以下几点：

(1) 数出多门，信息不一致。各个部门收集数据过程中存在一系列问题：如指标解释不规范、计算口径不一致、代码及编码不一致以及监测手段、采样条件的不同，其中也包括人为因素的影响，可能导致同一污染源的某项指标数在不同的收集渠道中出现不一致，甚至相去甚远，尤其是排污收费数据和排放申报数据表现更为突出，这给管理和决策带来了困难。

(2) 投入大，收效低，信息冗余度大。由于各级专业部门都往下采集数据，而各个部门在采集过程又存在大量的重复信息，信息冗余度较大。投入大量的人力、物力采集相同的信息，造成了较大的浪费。对于信息产生源来说，重复应付环保部门的调查，工作负担较重，易产生怨言。而对专业部门来说，实际产出的专业信息很少，使投入与产出不成比例，造成大量浪费。例如，在各个专业部门要求信息填报的报表中，都有一大类相同的基本情况（厂名、地址、人员、产值等）。

(3) 信息开发能力弱。在同一级环保部门中，由于各部门都从事信息采集，使有限的人力更加分散。各个部门掌握信息过多，超出了主管人员处理信息的能力，造成信息滞后，时效性差。同时，主管人员由于没有精力对信息进行分析、加工，缺乏信息的深层处理，以致大量有用的信息被白白浪费。

(4) 信息准确度得不到监控。由于各个部门所做的调查带有一定的目的性，有时会使产生污染物的信息源为达到自身的目的，人为地臆造信息。例如，在对企业进行总量控制申报过程中，少数企业为了争取更大的允许排污量而有意夸大排污量；在污染统计和排污收费登记时，一些单位则采取瞒报排污量的方式以减少交纳排污费。另一方面，对于各个部门，由于人为因素，工作过程只能停留在采集过程，没有更多的精力对信息进行核实和考证，加上缺少横向的信息交流，因而很难保证信息的准确度。

(5) 功能单一，综合处理能力差。信息是知识，也是资源，从某种意义来说，也象征着某些部门的权力和资源。由于数据的不一致性，以及人为干扰等因素，信息难以横向流动，更难以被综合地利用来为深层管理工作服务，这就造成环境管理只能是低层次的重复，无法提高到一个更广泛、更高层领域的综合管理水平，也难以应对市场经济形势下的环境管理工作。

老一套数据收集报表存在诸多弊端,很难满足计算机环境信息管理的要求,也难以促进环境管理水平的提高,因此,有必要重新建立一套新的环境信息收集和处理系统,提高环境管理工作的应变能力。

3. 环境信息处理

监测数据和图表等第一手资料只有经过必要的整理和处理才能成为对使用者有意义,对决策具有实用价值的信息。环境信息处理主要包括数据整编、统计分析、污染评价、预测和预报、环境质量报告书编制和污染防治对策的制定,也包括信息传输、存储、检索和输出等。其中,数据整编是环境信息处理的第一步工作。即使是利用计算机来管理和处理采集到的环境数据,也必须先进行初步的整编工作。

这里首先介绍对原始数据的整编方法,包括初步的整理、归类和简单的统计工作。数据的进一步处理和管理则属于环境信息系统的功能范畴,将在下一节介绍。监测数据整编的第一步是对原始记录数据的检验和确认。

1) 原始记录表格的审核

原始记录表是监测信息处理和利用的基础,因此,必须严格地对每张表格进行仔细检查,包括:①每项内容是否按规定填写? ②内容(特别是数据)是否有改动? ③如果有改动,原因是什么? ④改动是否有效? ⑤原始表格是否完整? ⑥缺失哪些内容?

2) 数据归类时的检验

原始记录表格上的内容经过审核后,需要对同类数据和信息进行归类。数据归类时,应检查:①缺失哪些数据。在数据归类时,应当将在监测期内由于各种原因造成的数据缺失空位明确标记出来。②监测期内的观测和采样频率是否发生变化。在数据归类时,不能将不同监测频率条件下取得的数据归在同一组内。③监测过程中的各种条件。包括质量保证和质量控制条件是否有变化,有哪些不确定因素? 例如,分析方法是否发生变化? ④离群数据的识别。在检查原始数据时,对于看起来是离群的数据不能轻易舍弃,可以进行专门标记,以备在数据统计处理时经过检验后决定其取舍。

3) 数据整编

数据与资料整编由专门分管监测分析的实验室负责。

(1) 收集有关数据与资料:包括采样原始记录表、样品送验单、实验室的各种原始记录表格,主要有分析试剂配制表、标定记录表、有关分析项目的工作曲线、分析结果记录表、实验室内部质量控制有关图表和监测区域地形图等。

(2) 对原始数据记录表格进行整编:通过整编使原始数据进一步有序化。常用的整编表格可以分为以下两类。

a. 监测结果汇总表：这类表格可以将监测点号、位置、采样日期以及监测到的水文(或气象)和水质(或气质)参数加以汇总，以便于数据的进一步归纳和分析。为了便于处理数据，应当按照数据库设计要求对有关项目给予编码。

b. 监测结果的日、月和年度统计表格：监测结果汇总表列出的数据经过进一步汇总和简单统计处理得到日、月和年度统计表。此外，对被监测的环境要素的基本数据也应加以统计和归纳。这类表格包括：空气监测日报表、空气监测日报统计表、降水监测值表、降水监测综合表、空气日均值月报表、空气监测数据月报表、降尘监测数据年统计表、硫酸盐化速率年监测数据表、空气监测数据年报表、河流水质监测年度统计表、城市饮用水水源水质监测年度统计表、湖泊(水库)水质监测结果年度统计表、入河(湖)废水排放统计表、重点污染源废水排放统计表、河流特征、水文参数年度统计表、湖泊特征及主要参数统计表等。

上述表格通常会对数据作简单统计处理，例如，在表中给出样品数、平均值、最大值、最小值、最大超标倍数和超标率等参数，其中超标参数可以按如下公式计算。

$$超标倍数 = \frac{c_i - c_s}{c_s} \tag{2-1}$$

$$最大超标倍数 = \frac{c_{imax} - c_s}{c_s} \tag{2-2}$$

式中，c_i 和 c_{imax} 为污染物的监测值和最大监测值；c_s 为环境标准值。在计算中应注明执行环境标准中的哪一级(类)。

$$超标率 = \frac{超标数据个数}{总监数据个数} \times 100\% \tag{2-3}$$

4) 数据分析和归纳

原始数据经过检验、汇总和整编后，要进一步按照数据集的统计特征进行归纳。以下仅就几种描述数据集特征的方法加以介绍。

(1) 中心趋势。数据集的中心趋势反映在一定空间范围内或时间区间内环境污染总的状况。描述监测数据中心趋势常用的参数如表 2.1 所示。

表 2.1　常用参数

数据集分布	参数名称
正态分布	算术平均值
对数正态分布	几何平均值
其他分布	中值

(2) 分散性。分散性反映监测数据变化幅度的大小。有的污染物平均浓度虽然达标，但数据分散性大，则超标率可能较高。描述数据分散性的主要指标是方差和均方根差(标准差)。

（3）分布形状。表示分布形状的常见方法包括：直方图法或估算理论概率曲线、偏态系数、峭度。为了确定数据是否呈正态分布，常用检验方法有：χ 方检验法、柯尔莫哥洛夫-斯米尔诺夫检验法。

（4）时间变化。污染状况随着时间的变化可通过以下途径分析。

a. 从时间序列图可以看出时间变化的趋势。

b. 对于正态分布数据集是否存在趋势性和季节性，可以采用方差分析来检验所有季节平均值（或中间值）与交替变化值相等的零假设来确定。

c. 利用序列相关（自相关）分析可看出季节性趋势。正相关反映一个高值跟随一个高值或者一个低值跟随一个低值；负相关则反映一个高值跟随一个低值或者相反。

（5）空间变化。监测数据一般会随地理位置或者空间位置变化而变化。表示空间变化的常用方法有：等值线法、沿程浓度变化线法、空间分布图法。

（6）对照水文、气象等环境条件进行分析。将水质、气质监测数据与水文、气象条件的数据对照进行分析可以进一步了解环境要素自身的运动与水污染、空气污染状况变化的关系，并掌握环境要素的自净规律，为建立污染物迁移转化模型和环境预报创造条件。

2.1.3　环境信息系统的概念

1. 环境信息系统的定义

关于环境信息系统，还没有一个统一的定义。本书中，将环境信息系统定义为：对各种各样的环境信息及其相关信息加以系统化和科学化的信息体系。它是正确认识环境管理和加强环境管理的基础，是环境信息采集系统（environment information collection system，EICS）、环境信息监测系统（environment information monitoring system，EIMS）、环境信息处理系统（environment information processing system，EIPS）、环境资源信息系统（environment resources information system，ERIS）、环境管理信息系统（environment management information system，EMIS）等与环境相关的信息系统的总称。

这是一种广义的定义。在狭义上，前述任意一种信息系统都可以看作是环境信息系统。目前，应用最为广泛的是环境管理信息系统和资源环境信息系统。在后文中，除非特别说明，均指的是广义上的环境信息系统。

2. 环境信息系统的功能

环境信息系统的基本作用是为信息使用者提供环境信息的录入、修改、添加、删除、处理、传输、维护等数据管理功能，并提供查询、公布等多种途径的信息访问功能。概括来讲,环境信息系统建设可以实现以下两方面的目标。

1) 促进信息资源的有效利用

信息资源的有效利用体现在两个方面:一是提高信息利用的针对性,从而对特定管理决策问题提供相关的、全面的支持信息;二是充分利用计算机这种先进的工具和有关的数学模型、数据分析方法,提高信息利用的深度。

2) 实现国内、国际环境信息交流

通过发达的计算机网络,保证环境信息系统与国内其他部门信息系统的信息交流渠道畅通,为环境决策提供支持;同时,也需要建立与有关国际组织和国家的联系,以利于国际交往与合作。

概括而言,建立环境信息系统的根本目的是辅助环境管理。环境信息系统在环境监测、统计和保护等方面体现出来的都是环境管理的功能。此外,它也具有辅助环境业务管理、环境政务管理以及环境决策支持等方面的功能。

环境信息系统在环境管理方面的作用具体表现在:

(1) 为各种环境管理职能提供信息支持。通过集中的数据管理,为各种环境管理职能提供充足的基础数据支持,从而提高环境管理的科学性。

(2) 提高管理效率。通过高速度地完成环境管理过程中的数据处理,包括数据的汇总、统计、指标值计算等,可以大大提高环境管理的效率。

(3) 加强过程监督。通过对环境管理全过程的信息进行有效的管理,可以发现管理过程中存在的问题,从而达到强化监督措施,改善管理效果的目的。

(4) 促进有效控制。可以利用现代化的手段进行数据的对比分析、预测和评价,为管理的前馈控制和反馈控制提供信息支持,从而有助于提高控制的科学性、合理性和有效性。

(5) 有利于各级管理的协调。在环境管理的具体职能上,通过计算机网络,可以实现信息的高效传输,从而有利于各级管理机构和管理人员之间的协调。

3. 环境信息系统的分类

从前面的定义中可以发现,信息系统在与各种环境业务结合后会产生一系列各具特色的环境信息系统。为进一步加深对环境信息系统的理解,下面从不同的角度给出环境信息系统的分类方法。

按照其不同功能,环境信息系统可以分为:①环境资源信息系统;②环境监测与信息采集系统;③环境信息处理系统;④环境业务信息系统;⑤环境政务管理系统等。

从地域范围来看,又可将环境信息系统划分为:①全球环境信息系统;②国家环境信息系统;③区域环境信息系统(省级环境信息系统、地市级环境信息系统等)。

从具体的应用行业来看,还可分为:①大气环境信息系统;②水污染环境信息系统;③固体废弃物监测信息系统;④噪声污染信息系统等。

2.1.4　环境信息系统的特征

环境信息系统是一般信息系统在环境领域中的应用,因此它也具有一般信息系统的基本模式和特征,这里不再重复介绍。不过,由于环境本身涉及的领域十分广泛,使得不同的环境信息系统也存在其独特的地方。例如,不同的国家、地区,环境信息系统可能具有不同的特点。总体而言,环境信息系统与一般信息系统相比,具有分布性和集成性两大特征。

1. 分布性

环境信息系统的分布性(或开放性)是环境信息自身的要求,所以要求系统建设者着重强调其开放性,在开放系统的基础上集成各个部分,形成功能更加完整的系统。

首先,从与环境机构设置相适应的角度来考虑,环境信息系统一般是分级建立的,即不同环境管理部门有适合于自身工作需要的环境信息系统。以我国为例,目前建成的一套比较完整的环境管理体系可分成两个大的系统:一是从国家环保局、省(市)环保局、地(市)环保局到县级环保局的环境管理系统,二是部门环境管理系统。我国目前环境管理的最高领导机构是国务院环境保护委员会,以下分别是国家环保局、省及地方性环保机构、企业环保机构等,此外还有特殊地域的环保机构,如自然保护区、主要水系环保机构等。其中,国务院环境保护委员会是全国环境保护工作的领导机构,主要任务是研究、审定、组织贯彻国家环境保护的方针、政策和措施,组织协调、检查和推动我国的环境保护工作。国家环境保护局是国务院综合管理环境保护的职能部门和国务院环境保护委员会的办事机构,其主要机构有:政策法规、计划、污染管理、开发监督、自然保护、科技标准、宣传教育司和外事办公室。国家环保局还设立有直属单位,包括环境科学研究院、环境保护监测总站、环境保护学院和学校、环境报社和环境科学出版社等。省及各地方人民政府的环境保护机构是各级人民政府从事环境保护的综合、协调、执法、监督部门,一般受地方政府和上一级环保局的双重领导。而各部门及企业单位的环境管理机构则需要负责本系统、本单位的环境保护工作。许多其他国家的环境管理也具有类似的模式。基于这种不同的分工和责任,各级环境管理部门的环境信息系统应当是分级设立的。

其次,从环境信息系统的功能来看,它涉及许许多多不同的领域和专业,因此,相应的环境信息系统也应当是多种多样的。

最后,环境信息的获取途径非常广泛、涉及面大、内容丰富,这也决定了环境信息系统是一个分布式、开放性的系统。这一特点对于我国的环境信息系统而言,更为明显。

环境信息系统的分布性特点也存在其不利的一面,即由于应用需求的差异,各级环境信息系统从功能设置、人机界面、软硬件配置等方面都不尽相同,因而就存在各级系统之间的沟通障碍。

2. 集成性

系统集成就是把一个计算机应用部门或行业的应用软件,在该行业计算机总体设计的指导下,以数据库为核心,以网络为支撑,结合硬件平台、操作系统和开发工具,通过计算机接口技术把这些计算机应用软件连接成为一个有机的整体,互相支持、互相调用,可以发挥出单项软件应用系统所达不到的整体效益。

随着计算机应用的推广、普及、深入和提高,近年来我国一些行业纷纷开始进行系统集成工作,如计算机综合制造系统 CMS 实际上也是一种系统集成,土木建筑行业正在把建筑、结构、暖通、给排水等专业的 CAD 软件实现集成化。

同样,一个功能完善的环境信息系统也要求具有集成性特点。这是节省资源、避免重复设计,减少各级环境信息管理机构之间信息沟通障碍的要求。

正如上一节分析指出,环境信息系统在地域和模块功能上的分布性是系统建设过程中无法避免的现象,而系统的开放性也为集成性的形成提供了技术基础。

要建设一个具有集成性特征良好的环境信息系统,需要从功能模块互相支持、共享数据库、分布式计算三个方面来完成。决定系统集成成败的关键因素则包括总体设计、软件接口、软硬件平台的开放性等多个方面。此外,系统集成质量的高低在很大程度上也依赖于环境信息规范化编码和环境信息系统的规范化设计。在第 3 章中,还将进一步介绍如何集成环境信息系统方面的内容。

2.2　国外的环境信息系统

西方发达国家的环境信息系统建设始于 20 世纪 60 年代中期。此后,随着环境问题的日益严重和计算机技术的飞速发展,发达国家和许多发展中国家都纷纷建立各种类型的环境信息系统,为信息查询、公开和环境管理服务。并且随着环境问题的全球化,跨国的环境信息系统也开始出现。

1. 各国的环境信息系统概述

到 20 世纪 70 年代末,发达国家几乎都建成了为环境管理提供支持的环境信息系统。例如,在美国国家环境保护局(EPA)1992 年所列出的环境信息系统清单中,包含了 600 多个系统、数据库和模型。英国早在 60 年代就建成了水质档案系统,目前也已建成了资源和环境信息系统。加拿大从最早的国家水数据库(national water quality data bank,NAQUADAT)发展到现在的多种环境数据库,并提供了联机访问、批数据访问、光盘、磁带、软盘等多种信息共享形式。日本、芬兰、丹麦、荷兰等欧洲发达国家也建成了各种形式的环境信息系统。

2. 美国的环境信息系统

在上述国家中,美国的环境信息系统发展得较为完善,其显著特点是以数据为核心。即首先考虑数据的系统性和完整性,再由此规划数据的收集系统、传输系统和分析处理系统,并且公开数据库结构和数据,以便在此基础上进一步开发和利用这些数据。根据不完全统计,截止目前,美国的环境数据库有 20 多种,主要包括以下几种。

1) AIRS:大气监测信息检索系统

AIRS 系统是美国和国际卫生组织的某些成员国使用的基于计算机的气态污染物信息库,由美国 EPA 负责运转,数据库运行在北卡罗莱纳州的 EPA 国家计算机中心的 IBM 主机系统上。主要包括:

· AQS——大气污染物浓度及其相关气象数据;

· AFS——EPA 负责监测的 150000 个点污染源数据;

· GCS——AQS、AFS 和 AG 子系统的参考数据;

· AG——把多个 AIRS 子系统的数据集成到地图和统计图中,显示污染数据的模式、趋势和异常现象;

· AE——PC 机程序,包括从 AIRS 数据库中导出的数据子集,用于普通用户访问 AIRS 数据;

· TTN——电子布告板系统,用于公众交换大气污染技术和立法信息。

2) EPA 的数据仓库

主要包括:

· CERCLIS——存放了从 1983 年到现在危险废弃物堆放点的评价和维护信息;

· ESDLSS——EPA 空间数据库系统;

· LRT——记录了所有 EPA 管理的设备、场地、运行单元、环境监测和观察点的经纬度坐标;

· PCS——全国范围的 NPDES(国家污染排放削减系统)数据,可以跟踪许可证的发放、许可限制和监测数据;

· RCRIS——根据 RCRA(资源保护和恢复法令),记录危险废弃物产生者、运输者、处理者、存储者和处置者的信息。

3）ERNS：紧急响应通知系统

该系统主要针对诸如石油或有毒物品泄漏等突发事件。

总体来看，美国的环境信息系统具有以下特点：

（1）系统建设已具规模，数据库覆盖面大，不仅包括污染源和环境要素的信息，还包括地理、水文、气象、设备、技术方法、环境影响等多方面的信息，能为环境管理、污染治理提供全方位的信息支持。

（2）系统开放性好，各个系统内部数据设计比较完备，外部耦合松散，体现了自治和分布的原则。

（3）系统的用户接口较好，数据库对外公开，用户可以通过联机访问、批命令访问和随机查询等方式访问数据库。

（4）服务功能强，在建设数据库的同时，考虑了开发各个层次的应用系统，如预测分析、评价风险分析、突发时间响应，向国会提交综合报告、向公众提供环境状况信息、向学生和教师提供各个层次的环境教育信息。

3. 跨国环境信息系统

随着环境问题的全球化，跨国的环境信息系统开始出现，其目的是统一收集环境信息，保证信息的完整性和一致性，实现信息共享，以便解决区域性或全球性的环境问题。主要有欧盟和联合国环境规划署建设的有关系统。

其中，欧盟的环境信息系统包括：

· 环境化学品数据和情报网（environmental chemicals data and information network，ECDIN）；

· 欧洲环境和健康信息源超级数据库（environment and health information source database）；

· 欧盟自然和生态资源信息协调项目（coordination of information on the environment，CORINE）。

联合国环境规划署的环境信息系统包括：

· 国际环境资源查询系统（international referral system，IRS）；

· 国际潜在有毒化学品登记管理系统（international register of potentially toxic chemicals，IRPTC）；

· 全球环境监测系统（global environment monitoring system，GEMS）；

· 全球资源信息数据库（global resource information database，GRID）。

2.3　我国的环境信息系统

我国是发展中国家，要在经济高速发展，财力、物力有限的前提下，维持并改善环境质量,惟一的出路是强化管理、提高管理水平。环境信息系统是为环境管理服务的数据与信息的收集、传递、存储、加工和维护的工具和手段,是环境管理手段现代化的重要标志。

经过二十几年的努力,我国已形成了一套比较完善的环境管理制度,并在此基础上积累了大量的信息,在环境信息系统的研究上也做了大量的工作。在管理领域,国家环保局组织、开发、审查、推行了一系列应用软件,发挥了重要作用,为我国在全国范围内开展环境信息系统的建设奠定了良好的基础。但是,由于我国的环境管理实行分层管理,而数据的收集由各部门进行,规范化程度差,数据的冗余与不一致现象严重,目前的环境管理应用软件难以支持高层的宏观决策。同时,我国的环境信息管理相当复杂,具体体现在信息来源复杂,组织机构复杂和信息处理复杂三方面。另外,我国的政治、经济改革对环境管理的内容势必会有所影响,计算机技术的迅猛发展也是影响环境信息系统建设的重要因素。

为建设适合我国国情的环境信息系统,必须正确把握我国的环境管理体制和环境信息系统建设情况以及未来的发展趋势。

2.3.1　我国环境信息系统的结构和功能

中国的环境管理体制分为五个层次,即国家、省(市)、地(市)、县(市)和乡(镇)。国家级环境管理是我国最高级的管理层次,其任务是从宏观上协调环境保护与国民经济发展之间的关系。省(市)级环境管理的任务是根据本辖区的特点,制定地方标准和法规,宏观上指导辖区内的环境保护工作。省级环境管理不直接面向污染,其决策要通过地(市)级环境管理部门贯彻执行。地(市)级环境管理是目前我国环境管理的基础,直接负责环境质量和污染源的管理,执行环境保护政策和法规。县(市)和乡(镇)级环境管理由于其职能有限,不可能作为独立系统,可以看成是地(市)级管理的组成部分。除了国家和地方各级环境管理机构组成的纵向管理系统外,还存在各部门的各级环境管理机构,它们接受各级环保部门的监督,对本部门污染源实行有效的管理和控制。

与我国现有环境管理体制相适应,长期以来,我国环境信息系统的基本层次结构是三级系统,如图 2.1 所示。

国家级环境信息系统处于整个结构的顶端,主要为国家最高级的环境保护决策服务。通过向下级系统或部门系统发出指令获取经过加工的、高度概括和抽象的环境信息。省(市)级系统根据下级的信息进行环境管理决策,同时向国家级系统输出信息。地(市)级系统处在最基层,直接由污染源、环境机构下属的县(市)和乡(镇)环保单位获取信息,既为自身的环境管理服务,又向上级输出信息。

按照信息一致性的要求,各部门应该在基层(如厂矿、企业)将所拥有的环境信息(如污染源排放、企业发展计划等)输入地(市)级系统中,经过统一加工和处理,

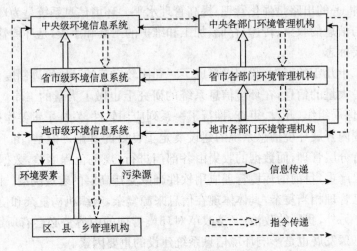

图 2.1　我国环境信息系统基本结构

提供应用。在省(市)级和国家级环境管理信息系统中,可以利用同级各部门的信息进行校验。

　　国家环境信息系统建设的重点在国家(中央)、省(市)和地(市)三级系统。部门环境信息系统通常是相应的经济信息系统的组成部分,它要接受相应的国家各级环境信息系统的指导,并向它们提供信息。

　　当前,这种三级系统正在逐步向包括区、县、乡级的四级系统发展。

2.3.2　我国环境信息系统的发展历史

　　我国环境信息系统方面的工作是从 20 世纪 80 年代开始起步的。近二十年来,我国在环境保护指导思想上发生了很大的变化,已经认识到在当前形势下,完全依靠高投入和采取先进的科学技术来控制和解决环境污染问题是不现实的,必须把工作重点转移到强化管理的轨道上来。1983 年召开的第二次全国环境保护会议将环境保护确定为我国的一项基本国策,制定了"同步发展"的战略方针,并形成了"强化管理为主体、预防为主及谁污染谁治理"的三大政策体系。环境管理的职能也从注重微观管理开始向注重宏观管理的方向转变。

　　回顾近二十年来环境信息工作的发展历史,大致可以将整个历程划分为四个阶段,不同阶段代表着信息技术发展的不同时期,也是我国环境信息系统研究工作逐步深化和进步的不同时期。

1. 环境信息标准化

　　从"七五"计划(1986～1990 年)开始,我国启动了环境信息标准化和环境数据库开发方面的研究。十几年来,在环境质量、污染源管理等领域,已经建立起了一套行之有效的环境信息标准。同时,由国家统一下发,在全国范围内推广了一批信息采集软件,特别是环境质量监测传输报表和环境统计软件。利用这些软件采集了大量的数据,为我国环境信息系统建设奠定了基础。

这个阶段的信息系统建设集中在数据规划和标准制定方面,开发的大多是基于 Foxbase 等数据库上的单机版软件,数据传输主要采用书面报表和软盘传递的方式,数据输出也主要采用报表格式。

2. 省级环境信息系统建设

利用世界银行贷款项目(B-1 项目)"中国省级环境信息系统建设"的实施,建成了 27 个省环境信息中心,在省级环保局建立起了承上启下的数据采集、传输、管理系统。

在这个阶段,首次引进了网络信息管理、大型关系型数据库管理系统、地理信息系统、决策支持系统等最新的信息技术研究成果,规划并初步实现了比较完整的环境信息解决方案,进行了有益的尝试和研究,为后期的环境信息系统建设打下了基础。

3. 城市级环境信息系统建设

继 B-1 项目后,国家环保总局继续在全国 23 个城市环保局推行城市级环境信息系统(B-1 扩展项目),围绕着市级环境信息系统建设展开调研和系统开发工作,推广了城市环保局办公自动化软件、环境监测站数据采集软件和环境数据中心软件。随后,中日两国政府合作项目——100 个城市环境信息网络建设的第一部分——也在此基础上,在全国范围内进行了推广。经过这几年的快速发展,全国所有的地级城市都可望建立起环境信息中心,它们将成为我国环境信息系统建设的主要力量。

在这个阶段,环境信息系统建设开始向实用、易用、通用方向转变,在系统设计方案上也更加精炼和可行。同时,充分利用最新的互联网技术和浏览器/服务器(B/S)结构,将大系统框架划分成若干具体的软件功能,采用软件销售和技术支持的方式在全国几十个城市开展环境信息系统建设工作。

4. 环境管理广域网建设

目前,国家将在全国范围内建设环境管理网络,将省级、城市级环境信息系统和国家环境信息中心连接成一个统一的整体。目前,已经完成了省级环境信息中心和国家环境信息中心的联网工作,并将逐步实现全国环境信息系统的联网架构。

随着全国环境信息网络的硬件设施建设完成,环境信息软件也将向网络化、标准化、服务化方向逐步演变，数据采集、传输、公开和共享等环节都将在全国一盘棋的高度予以综合全面的考虑，以使我国的环境信息系统通过网络形成一个有机的整体。

经过上述几个发展阶段的研究和建设，我国已成功开发出了一系列环境信息系统，大致可分为以下四类。

1) 环境和资源信息系统

"六五"到"八五"期间，我国在资源与环境信息系统的研究上作了大量的工作，完成了以下系统的研究和建设工作：

- 环境质量监测信息系统；
- 国家有毒化学品信息管理系统；
- 区域水环境管理模型系统；
- 水环境质量管理信息系统；
- 资源与环境信息系统的国家规范与标准化研究；
- 三北防护林资源与环境动态监测信息系统研究；
- 全国性资源与环境信息系统研究；
- 洞庭湖荆江地区资源与环境信息系统研究。

这期间，环境信息系统研究取得了一定的成果。但是，从总体上看，这些系统基本上属于研究范畴，侧重于现实世界向信息模型的转换和各项技术应用的探索，再加上时间、资金方面的限制，缺乏开发大型信息系统的经验，以及国家缺乏统一的规划、明确的需求，造成了这些系统的实用性比较差。

2) 国家环保局各司、处的管理软件

在管理领域，随着一系列环境管理制度的形成和逐步完善，国家环保局有关司、处组织开发、审查、推行了一系列应用软件，包括：

- 全国乡镇污染源调查数据库；
- 污染源调查数据库系统；
- 环境质量监测传输软件；
- 重点工业污染源动态数据库；
- 环境统计系统；
- 排污收费系统。

这些应用软件比较实用，为减少有关部门的数据处理工作量，提高管理水平起到了积极作用。但也存在很多问题，主要表现在：

(1) 信息源缺乏统一规划。由于这些软件由各个管理部门独立开发，只考虑了自己的管理需求，立足点较低，无法在宏观层次对环境信息源做出统一规划，导致部分数据在多个系统中重复收集，既造成了数据冗余，又缺乏一致性；而很多数据，尤其是一些基础数据都没有考虑到，这给系统的进一步开发和集成带来了不便。

（2）应用局限性大。首先，这些软件一般只用于向国家环保局进行数据传输，没有为基层用户服务的功能，不利于调动基层环保部门的积极性；其次，这些数据传到国家环保局后，没有得到充分利用，因为目前大多数模块一般只注重数据的收集和传输，而在分析和决策方面下的工夫不够；最后，这些软件大都为年底收集数据所用，很少考虑管理的全过程，因此除了上报数据外，对辅助管理所起的作用并不大。

（3）软件跟不上管理变化。由于目前多数管理制度还没有完全定型，如排污收费和排污许可证管理，经历了近十年的探索，也还没有确定下来。另外，环境管理的手段和内容都在不断发展，因此，要求这些应用软件也应该经常变化。

总的来说，国家环保局推广的管理软件中，大部分由于管理上的变化和系统设计时的考虑不足，没有达到预期效果。目前应用得比较好的是环境质量监测传输软件和环境统计软件。

3）地方环境管理信息系统

各地环境保护部门为了各自管理上的需要，自行开发研制了适合本地特点和管理需要的地方环境管理信息系统，如：吉林市环境管理信息系统；常州市环境管理信息系统；平顶山市环境多目标决策支持系统；石嘴山市环境管理信息系统；呼和浩特市城市环境综合规划系统。

这些市级环境信息系统针对各自的环境问题和管理特点，有较强的实用性。其中大部分系统在一定程度上实现了信息的共享，有的引入了预测决策模型，提供了一部分决策支持功能，有的应用了地理信息系统辅助规划。总的来说，这些系统对地方环境管理起到了一定的辅助和推动作用。

地方环境信息系统由于结合地方实际，针对具体目标开发，可以建设得比较实用，而且投资规模也不很大，应该加以推广。但需要考虑的是数据源收集应切合实际，最好向国家统一收集的数据靠拢。另外，设计上需要考虑各地环境问题的共性，以便于软件的推广。

我国的第一个省级环境信息系统是江苏环境信息系统（Jiangsu environment information system，JSEIS），它于 1991 年 7 月至 1994 年 10 月，由江苏省环保局和清华大学环境工程系合作开发完成。JSEIS 在以下几方面取得了突破性的进展：①采用了 20 世纪 90 年代流行的客户/服务器结构，具有很好的开放性和扩展性；②制定了新的环境管理信息收集报表，尤其在污染源数据收集上，通过统一的报表，提高了数据的系统性和一致性，同时减轻了企业的填报工作量；③利用分组交换网实现了省级系统和市级系统的通信；④建立了为各应用系统共享的基础数据库，包括环境质量监测数据、污染源数据、环境标准数据和环境背景数据，减少了重复存储量。

　　JSEIS 在指导思想和实现方法方面都迈上了新的台阶,但由于全国的总体规划并没有跟上,以至于 JSEIS 设计的集中、统一的数据收集与现行环境管理上以功能为核心、数据为附属的管理方法相互抵触,使 JSEIS 的成果推广遇到障碍。

　　4）环保局办公自动化系统

　　国家环保局在群件技术的基础上组织开发了公文管理系统,用于处理环保局所有的公文形式,如收文、发文、签报、机要、督办、会议以及接受新华社的内部通讯稿和当日信息摘要等,对公文的接受、起草、登记、批办、审核、办理、催办、办结、存档实现全过程管理。有些地方环保局也在其他平台(如数据库)上开发了办公管理系统。

　　总的来说,由于群件技术集成了文档数据库、工作流、电子邮件、计划调度等功能,在此基础上开发出的环保局办公自动化系统实用性很强。

2.3.3　我国环境信息系统的发展现状

　　我国政府十分重视环境信息工作,经过近二十年的努力,国家环境信息化发展较快,环境信息系统建设已初见成效。《国家环保局"九五"计划和 2010 年远景目标》已将环境信息化作为环境管理能力建设的重要内容之一,并提出了"九五"国家环境信息化的目标,指出实现环境信息化,提高环境管理和决策水平是一项战略任务。

1. 当前的环境信息系统建设状况

　　环境信息化建设离不开网络的建设,目前,我国环境信息网络已具备一定的规模。国家环保总局信息中心通过公共数据交换网与 30 个省联网,通过数据专线(DDN)与国家环保总局机关联网,通过微波与环境科学院联网,其他直属单位可通过拨号与国家环保总局信息中心连接。联合国环境署"信使"项目的卫星地球站已正式开通,为国家环保总局与全球环境绿色通道 UNEPnet 网络系统的联系建立了渠道。我国环境信息基础设施建设较快,为环境信息共享和深化利用打下了基础。

　　随着环境基础设施建设的逐步发展,环境信息的开发和利用得到了发展。目前,我国从国家到省、市、县,通过环境统计、监测、专业调查和科研等渠道,已经积累了大量环境信息。环境管理软件的应用比较普遍,涉及监测、统计、排污收费、污染源申报登记、乡镇污染等多种业务数据的收集、存储、处理和加工,在管理和决策中发挥着越来越重要的作用。数据库、地理信息系统、遥感、网络多媒体、Web 等新技术开始得到初步应用。

　　目前,全国环境保护系统初步形成了以国控网络监测站为骨干的环境地面监测网络体系,可以对水、大气、噪声和生态环境进行全面监测。同时,建立了以国家环境信息中心和 30 个省级信息中心为依托的信息网络系统,能进行环境信息的分析和处理,大大提高了我国环境信息处理的能力,促进了我国环境管理水平和科技水平的进步。

随着我国环境信息化快速发展,环境信息系统在我国环境保护管理和决策中发挥了越来越重要的作用。环境统计工作已进行了近二十年,环境统计软件运行多年,也已有多个版本。环境监测数据传输软件统一了环境质量监测的数据格式,经过了近十年的应用,积累了大量的数据,但对数据进行分析和加工处理还不够。排污申报是开展得比较好的工作之一,每次排污申报工作都可得到大量的数据。城市环境综合整治定量考核和排污收费管理是各级环保局急需利用计算机进行管理的工作。

环境管理涉及的大量环境信息,除具有时间性和动态性特点外,还具有空间分布的特点。这是近年来地理信息系统(GIS)在我国越来越受重视的原因。地理信息系统技术最大的特点是能够把社会生活中的各种信息与反映地理位置的图形信息有机地结合在一起,并可根据用户需要对这些信息进行分析,因而特别适用于空间信息的管理。现阶段基于 GIS 技术建立的环境信息系统包括:国家环境信息中心重点流域 GIS 系统、中国环境科学院省级环境决策支持系统、国家环保总局淮河流域水环境污染事故应急预警预报系统、城市污染源管理信息系统等,这些系统的开发和应用显示了 GIS 在环境保护和管理工作中的巨大优势和应用潜力。

2. 我国环境信息系统现存的问题

我国的环境信息系统和环境信息化工作都取得了较大的进展,但与国家信息化进程的要求和环境管理的实际需求还有很大的差距。

总体来看,我国环境信息获取和处理的技术水平还比较低,环境管理应用软件的开发和使用都缺乏统一管理和技术规范,应用软件开发缺乏理论指导,水平较低。目前,从国家到省、市、县通过环境统计、监测、专业调查和科研等渠道已经积累了大量的环境信息,这些信息对分析环境状况的变化、污染源的变迁和环境管理的变革具有非常重要的作用。这些数据的收集花了巨大的人力、物力和财力,但目前并未对这些历史信息进行综合分析,利用也非常不够。具体来讲,现阶段我国环境信息系统建设工作还存在以下几方面的问题。

(1) 环境信息获取技术手段有待发展。我国现阶段的环境监测技术手段基本还停留在常规阶段,对环境污染和生态还不能实现大面积、全天候、全天时的连续动态监测,也很难对国家急需的大气环境污染、水域污染、生态环境破坏、生物多样性状况、重大环境事故、全球环境变化等信息进行科学的分析、处理和评价。环境信息获取和处理的技术手段还远不能满足我国环境保护工作的实际需要。

(2) 环境信息并未得到有效利用。经过二十多年的发展,环境管理积累了大量的数据并建立了各种数据库,这些数据库的应用比较分散,而且大多仅仅具有查询检索和统计的功能。随着数据和数据库的急剧增长,迫切要求所存储的数据转化为能够为国家环保管理部门分析人员、管理人员所理解的有用信息。目前,我国的环境信息系统离这一目标还有较大的差距。

(3) 环境信息并未实现共享。虽然我国环境信息网络建设有一定的规模,实现了国家环保总局信息中心与总局机关、各个直属单位、30 个省级环境信息中心联网,但网上传输信息量还不太大。有些管理部门各自为政,出现条块分割、部门封锁、分头立项、重复建设、信息流通不畅、人力物力浪费等一系列问题。国家环保总局信息中心采集信息的渠道不顺,难以实现环境信息的完全共享,这是我国环境信息建设的重大障碍。目前,有些地区环保部门领导对环境信息工作的重要性认识还不足,也一定程度上影响了我国环境信息系统的发展。

(4) 环境信息标准化急需加快建设。为有效进行国家环境信息系统建设,还必须进一步重视数据标准与技术规范工作。要制定和完善环境信息分类与编码标准、环境信息系统集成标准(环境数据库标准、环境网络标准等)、环境信息采集与存储标准、环境数据精度标准、环境信息传输与交换标准等国家环境信息系统建设所急需的基本标准,要形成完整的具有权威性的国家环境信息系统标准与规范化体系,全面满足国家大规模环境信息系统建设对技术标准和规范的各种需要。

(5) 地理信息系统的应用有待进一步深化。虽然地理信息系统在环境保护工作中的应用有着巨大的优势和潜力,但是,现有研究和应用还仅限于个别专题和少数地区,无论应用水平、运行能力和应用规模都还不能满足国家环境保护事业发展和环境信息获取与处理工作的实际需要。因此,需要发展国家级环境地理信息系统,尽快在国家环境保护管理部门及有关机构形成环境地理信息系统的基本应用能力,并面向社会提供全方位的环境地理信息服务,以满足国家环境保护领导机关和公众掌握、利用和处理日益增长的空间环境信息的迫切需要,从整体上提高我国环境地理信息系统的应用能力。

综上所述,我国的环境信息系统建设虽然取得了一定的进展,但从总体看,进展较为缓慢,不能满足各级环境保护部门日益增长的信息需求。特别是在大力发展市场经济的新形势下,问题更加突出。信息标准化程度不高、信息技术手段落后和人员素质偏低等因素使得目前环境信息的及时性、可靠性与共享性远远不能满足要求。这些必然会成为制约我国环境保护事业向纵深发展的重要因素。要改变这一状况,必须加速全面建设现代化国家环境信息系统的进程。

2.3.4 我国环境信息系统的发展目标

目前,中国正在进行的经济体制改革和政治体制改革,要求各级政府加快机构改革和职能转变,把工作重点转到加强宏观调控上来。信息是各级政府决策和管理的重要资源和基础,"信息引导"是各级政府的主要职能之一。随着经济的发展和体制改革的深入,环境决策和管理所需的信息类型、信息来源、信息的质和量、信息的传递速度和加工深度都不是现有的信息系统能满足的。建立全国高效率、高质量的环境信息系统,对于各级环境保护部门转变职能、加强宏观调控能力和综合管理能力具有现实和深远的意义。

但是,我国环境信息系统的建设起步较晚,要建成一个结构完整、功能齐全、技术先进、适合我国环境管理特点、实用性好的信息系统,必须经过较长时间的努力。同时,环境信息系统的建设工作也必须与整个国民经济的发展相适应,有计划、有步骤地开展。因此,必须科学合理地确定系统建设的目标。

1. 确定环境信息系统建设目标的原则

(1) 针对性:以提高信息管理效率,提高信息质量,为决策者提供及时、准确、有效的信息为出发点。

(2) 阶段性:系统的建设要全面分析、总体规划、分期实施。

(3) 实用性:我国的环境管理业务复杂,难以在短期内建成一个完善的系统,要注重实用性,系统功能重点仍然应放在数据的存储、处理与查询上。

(4) 有效性:在众多的管理职能中,系统功能应面向可能由计算机管理的领域,即结构化管理内容。

(5) 预见性:要充分考虑国家对企业的管理政策、环境管理和信息技术的发展,在系统功能设置时留有发展余地和良好的接口。

长期以来,我国环境保护机构也基本遵循了上述原则,在不同的历史时期,确定了相应的建设目标。例如,在"八五"后三年,环境信息系统建设的主要目标为:

(1) 初步建立全国环境信息工作系统。包括建立国家、省、市三级(部分城市)环境信息中心,解决机构、编制,配备人员,构筑基本框架。

(2) 初步建立全国环境信息标准体系。从应用出发,围绕统一指标体系、统一文件格式、统一分类编码、统一信息交换格式和统一名词术语等共性问题,提出标准化的原则和具体要求,并逐步向国际标准化过渡。

(3) 完成国家和省级环境信息中心建设。重点是国家环境信息中心的完善、运行机制的建立和世界银行贷款项目——27 个省级信息中心的建设。

(4) 开发通用软件。由国家环保局统一组织,集中人力和财力,开发国家、省、市三级通用的基础数据库(环境质量监测、污染源、环境背景、环境标准等)和通用模块(八项管理制度、科技产业、统计等)以及部分省、市适用的决策支持系统 DSS(环境监测与统计分析、环境影响评价、污染削减分配方案、环境与经济协调发展支持系统等)。

(5) 有计划有步骤地培训人员。要制定国家、省、市三级环境信息管理和技术人员培训计划,充分利用国际援助项目,并发挥国内中央和地方两方面的积极性,分期分批地培训管理和技术人员,同时要考虑对信息工作主管领导的培训和提高。要在三年内步形成环境信息工作的骨干队伍(包括信息科研、管理和计算机技术人员),在此基础上再逐步扩大。

2. 系统建设总体目标

《国家环境信息化"九五"计划和 2010 年远景目标纲要》根据我国环境管理所采用的分层管理体制,确定我国环境信息系统建设分为国家级、省级、城市级、区县级四级系统。每一级环境信息系统运行过程包括数据采集、数据存储、数据分析、数据挖掘、数据传输、空间数据表现和数据输出几个部分。

国家级环境信息系统的建设要密切跟踪信息技术发展的潮流,建立一个开放式、分布式、使环境信息能够跨地区、跨行业自由流通的网络化信息系统。国家级环境信息系统建设要实现环境统计、环境监测等数据收集、处理、加工、传输的计算机网络化,充分利用信息系统的技术特点和优势提高国家环境信息获取和处理水平,为国家环境保护管理部门和有关机构提供基于信息系统的环境管理与决策支持手段,为社会提供全方位的环境信息服务。国家环境信息系统建设将集成地理信息系统、遥感技术、全球定位系统技术,逐渐形成国家级环境信息系统应用平台和应用体系。

3. 系统建设初期目标

我国环境信息系统建设的初期目标是建成一个以环境信息的规范化管理为基础,以信息的存储、处理与查询为基本功能,为我国各级环保部门的管理工作服务的计算机网络系统,实现环境信息的手工管理向计算机管理的转变。主要包括以下几个方面:

(1) 信息管理的规范化。包括制订环境信息指标体系,调整信息收集渠道和收集方式,进行规范化的数据处理,以消除目前大量存在的信息冗余与不一致现象。

(2) 计算机系统及通信网络建设。建成国家、省(市)、地(市)三级的计算机系统并根据各地区具体条件,采用合理的通信方式。

(3) 基础数据管理系统开发。基础数据管理系统是信息系统的基础,也是信息传输和共享的保证。

(4) 通用管理子系统的开发。开发适用于全国范围的、为结构化环境管理服务的应用软件。

(5) 实现信息管理由以往的手工系统向计算机管理系统的转化,使新开发的信息系统投入使用。

4. 系统建设的中远期目标

　　系统建设的中远期目标是采用先进的技术,进行更广泛、更快捷的信息采集,对环境信息资源进行深度利用,为规划与决策支持服务。

　　(1) 开发环境决策支持系统,提高宏观决策的速度和定量化水平。

　　(2) 开发为环境管理服务的地理信息系统,运用遥感技术,为管理者的规划、决策提供全面、快捷、直观的信息。

　　(3) 进一步开发环境信息应用处理软件包,进行环境信息资源的深度利用。

　　(4) 提高信息采集手段的现代化水平,进行大气、水环境质量自动连续监测,提高信息的实时性。

　　(5) 计算机网络的扩展与完善。纵向使市(县)级环保局和大型企业加入环境信息网,横向与各级其他有关部门的计算机系统互连,以达到良好的信息传输和信息共享。

　　以上目标需要与同一时期的经济建设工作紧密联系起来,使一定阶段的建设任务具体化。例如,在"九五"期间确立的具体目标包括:

　　(1) 完成 100 个城市环境信息中心建设。建议向亚洲开发银行申请 2000 万美元贷款,国内配套 1.1 亿元人民币,用于建设以 52 个环境保护重点城市为主、辐射其余 48 个城市的信息中心建设。100 个城市中包括辽宁、江苏、安徽、甘肃四省的全部地级市,目的是在这四个省建设省内联网示范工程,取得经验后再向其他省推广。

　　(2) 建成四级(国家、省、市、区县)环境信息网络(如图 2.2 所示),解决全国联网的行政和技术问题,实现国家、省及 52 个重点城市的联网,完成省内网络示范工程的建设。

　　目前,这些目标已基本实现。总体来看,"九五"期间的环境信息系统建设取得了显著的成效,特别是在全国环境信息的传递和共享方面已有了明显的进展。不过,距离建设现代化的环境信息系统的目标还有不小的差距,特别是面对我国经济的迅速发展和环境污染问题日益突出的现状,环境信息系统建设任务形势依然严峻,可谓任重而道远。

2.3.5　我国环境信息系统的发展方向

1. 发展方向

　　从国外的环境信息系统发展状况来看,我国的环境信息系统建设还处于发展阶段,在数据源规划、标准化建设、应用系统建设等方面都与国外有很大的差距。总的来说,今后我国的环境信息系统建设应该在以下几个方面予以加强。

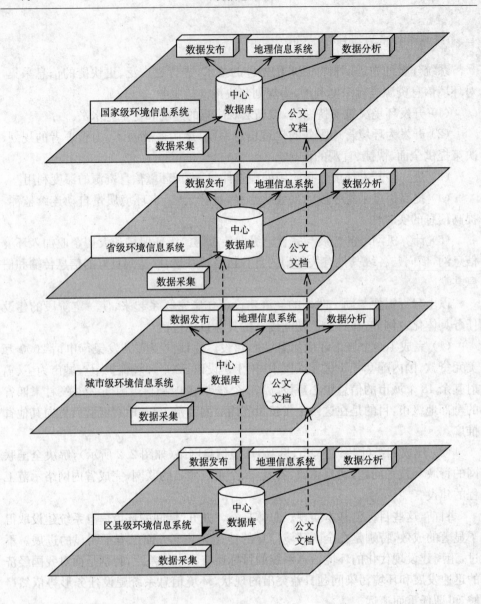

图 2.2　我国未来环境信息系统基本框架

1) 加强环境信息系统标准规范的建设

信息系统建设的成功与否,很大程度上取决于信息标准和规范的建设。环境信息标准和规范主要可以包括以下几点。

(1) 环境代码规范,包括国家已统一制定的代码,如地区代码和行业代码等,以及环保领域必需的代码,如污染物代码和治理设施代码。前者需要收集整理,而后者往往不是缺乏,而是重复和冲突,不同的系统采用不同的编码体系,会严重妨碍信息的交流和共享,需要尽早制定权威的、统一的代码。

(2) 环境信息分类规范,按照环境信息的内容、性质和使用要求,合理地组织环境信息,使之成为一个有条理的系统,便于信息的管理和共享。

(3) 环境信息收集规范,在环境信息分类规范的基础上,对环境信息的收集过程、数据收集的范围、频度,数据收集报表的审核等一系列的工作要加以规范,以保障环境信息系统的正常运行。

(4) 环境信息存储规范,通过在各级环境保护部门合理地存放信息,保证信息的可用性、共享性和安全性,在满足环境管理需求的同时提高效率、降低成本。

(5) 环境信息传输规范,通过确定各级环保部门间信息传输的内容和方式,以及部门间环境信息交换的有关约定,使环境信息的流动畅通,实现信息共享。

(6) 环境信息处理规范,确定环境信息处理的类别,以及有关信息处理的文件编制符号及约定。

(7) 信息系统的开发规范,从系统开发的方法学出发,结合我国已有的软件工程规范,根据环境信息系统的特殊性,制定我国环境信息系统的开发标准,从质量上保证环境信息系统的成功建设。

另外,目前我国建成的环境数据库也为数不少,有的已积累了几年,乃至十几年的数据,应该进一步公开这些数据库的数据和接口标准。对于将要建设的数据库,也应该首先考虑数据库和应用接口问题,并尽量在现有数据库基础上进一步开发应用系统,提高利用效率,并避免重复开发。

2) 从数据管理向决策分析发展

现在的环境信息系统,很容易被人理解为报表系统,即将手工填报的报表计算机化,至多对原始数据进行汇总和统计,而很少在此基础上做进一步的工作,包括如何充分利用这些数据,如何开发决策支持系统等问题。

决策支持可以分为日常决策分析和工程决策分析。前者实际上是管理工作的一部分,例如,帮助完成污染治理的环境管理工作,这种工作通常可以借助数据仓库和桌面 GIS 技术来实现;后者是针对某项具体工程,进行工程选址、环境规划评价等方面的工作,这主要依赖 GIS 的空间分析和计算能力,以及环境规划、分析、决策等模型和方法来完成系统模拟。

3) 提供宏观环境问题研究的手段

环境信息系统不仅可以辅助管理,而且可以支持决策分析,尤其是有利于宏观环境问题的研究,如全球气候变化、污染物的扩散迁移、泥沙造成海岸线的变迁等。这些问题的研究离不开遥感、地理信息系统和全球定位系统的结合使用,其中的关键因素包括遥感识别污染物技术和全国地图库的建设等。

全国地图库的建设主要取决于国家的重视与否,因为这项工作往往需要国家投资,并组织大批技术人员,或建立相应的市场激励机制。建立全国地图库,尤其是大比例尺地图库,有助于解决 GIS 应用的瓶颈问题——缺乏公用地图数据。

4) 发展信息种类,拓宽信息服务领域

环境数据一方面可以为环保部门使用,另一方面还要为其他部门和公众服务,因为环境问题关系到每一个人的生活质量,每个人都有权获取环境信息。Internet和 WWW 的出现为环境信息的发布提供了很好的条件。还可以通过其他形式向公众提供数据,如联机访问服务。这需要加强国家环境信息中心的建设,使其拥有巨大的存储量和计算能力,并且还依赖国家在信息高速公路基础设施上的投资。目前一些实际的做法是将环境数据及其阅读器一并发布,根据用户需要提供某一年或某地区的数据,而阅读器是通用的,只能读取数据。这种包装方法可以通过磁盘和光盘等脱机形式发布。

拓宽环境信息服务涉及一个新的理念,即环境信息公开,本书第 5 章中将专门对其进行讨论。

2. 环境信息系统新技术

新世纪已经到来,随着国家信息基础设施建设的发展,环境信息系统将发挥巨大的作用。结合实际、依靠科技,充分利用以下几方面的最新技术,将有望成功建立起数据采集准确、数据传输迅速、数据存储分布在不同结点、用户利用信息方便的环境信息系统。

1) 现代化环境监测技术

目前我国环境常规和应急监测以人工为主,地方利用邮寄软盘或拨号将监测数据报送给国家。随着"全国环境信息卫星通信网络建设"和"环境自动监测网建设"项目的启动,以及大批高科技智能化环境监测仪器的研制和投入使用,环境监测将逐步实现智能化、自动化,并将监测数据通过 VSAT 卫星通信网传输到国家和重点省、市。环境监测自动化将极大地充实国家环境信息系统的数据库,为建立数据仓库,进行数据分析和数据挖掘打下坚实的基础。

智能化环境信息监测新技术主要包括:①智能化环境监测仪器与仪表技术;②"3S"技术,即地理信息系统(GIS)、遥感(RS)和全球定位系统(GPS)技术及它们的结合应用技术。

2) 环境信息处理新技术

随着计算机技术的不断更新和发展,以下技术将对于处理数量庞大、种类繁多的环境信息起到重要作用,它们是:①数据仓库技术(data warehouse);②联机分析处理技术(OLAP);③数据挖掘(data mining)技术;④群件技术(groupware)。

3) 环境信息传播新技术

经过处理的环境信息必须经过不同的途径向不同的信息使用者(上级主管或

一般用户)传递,如何快速、准确地传递信息对于信息应用功能的实现起着很关键的作用。随着现代通信技术的不断发展,以下技术将在信息传播过程中发挥重要作用,包括:①网络多媒体技术;②计算机通信技术。

以上各种技术的具体含义、原理和在环境信息系统中的应用将在本书第 5 章中详细介绍。

习　题

一、选择题

1. "九五"阶段我国建设的环境信息网络分为几级(　　)。
   A. 3 　　　　　　 B. 4 　　　　　　 C. 5 　　　　　　 D. 6
2. 从计算机管理的角度出发,环境信息可分为(　　)。
   A. 数值信息 　　　 B. 文档信息 　　　 C. 多媒体信息 　　 D. 空间信息
3. 我国采集污染源数据的常用方法有(　　)。
   A. 原始记录收集法 　　　　　　　 B. 台账收集法
   C. 快报收集法 　　　　　　　　　 D. 年报收集法
4. 大气中的二氧化硫转化成酸雨后,可同时污染农作物、土壤、地面水等,这反映的是环境信息的(　　)。
   A. 随机性 　　　　 B. 动态性 　　　　 C. 综合多样性 　　 D. 相关性
5. 从认识论的层次看,环境信息是(　　)。
   A. 环境系统客观存在的标志 　　　 B. 环境数据的内在含义
   C. 环境因素彼此作用的表征 　　　 D. 认识环境问题和现象的识别信号

二、简答题

1. 举例说明什么是环境信息系统。
2. 简要比较国内外环境信息系统的发展情况。
3. 我国环境信息系统建设的中远期目标和总体目标分别是什么?

三、叙述题

1. 列举 5 种以上日常生活中存在的环境信息,并分析它们对人类的影响。
2. 简述我国环境信息系统建设现存的主要问题及解决方法。

第 3 章　环境信息系统开发方法

本章目标

- 了解数据库的概念和发展状况
- 掌握规范化的数据库设计流程
- 掌握环境信息系统的分析、设计过程和系统集成方法
- 学习软件测试知识,掌握环境信息系统的测试过程
- 掌握环境信息系统的维护方法
- 了解环境信息系统的评价方法

　　环境信息系统作为信息系统的一种,其设计方法与一般信息系统的设计方法有着许多相似之处,但由于环境信息的特殊性,其开发设计也有独特的地方。

　　开发环境信息系统就是要以现代信息技术为手段,对各种各样的环境数据进行收集、加工、管理和利用,以提高管理的效率,增强决策的科学性。所以,数据库技术是环境信息系统建设中的核心技术。为此,本章将首先介绍一般数据库的分析设计方法,然后详细介绍环境信息系统的分析、设计、测试和维护等过程。

3.1　数据库基础

3.1.1　数据库概述

1. 基本概念

　　研究和应用数据库都离不开以下几个基本概念:数据管理、数据库系统、数据库管理系统、数据库技术、数据库理论。

　　数据管理是指对数据的组织、编目、定位、存储、检索和维护等,它是数据处理的中心问题,也是数据库技术得以产生和发展的动力。

　　数据库(database,DB)是通用化的、综合性的、相互关联的数据的集合,是数据管理的一种科学方法。具体而言,是指长期保存在计算机的存储设备上,并按照某种模型组织起来,可以被各种特定的用户或应用所共享的数据的集合。

　　数据库系统(database system,DBS)指的是在计算机中引入数据库后构成的系统。它由数据库、数据库管理系统及开发工具、应用系统、管理员和用户构成。

　　数据库管理系统(database management system,DBMS)是指提供各种数据管

理服务功能的计算机软件系统。这种服务功能包括：数据对象定义、数据存储与备份、数据访问与更新、数据统计与分析、数据安全保护、数据库运行管理、数据库建立和维护等。

2. 数据库研究的范畴

数据库技术是建立在数据库基础之上，研究如何科学地组织和存储数据，如何高效地检索和处理数据的一门学科。它是现代信息系统技术的基础。

目前，数据库研究领域主要有：①数据模型研究——在传统的数据模型基础上提出面向对象数据模型，研究面向对象数据库、对象关系数据库。②与新技术结合的研究——数据库与网络（分布处理）技术的结合，产生了分布式数据与并行处理技术的结合，出现了知识库、演绎数据库、主动数据库和模糊数据库；与多媒体技术结合，出现了多媒体数据库等。③与应用领域结合的研究——数据库技术应用在特定的领域中出现了工程数据库、地理数据库、图像与视频数据库、科学与统计数据库、空间与时态数据库等。④对 Web 数据库的研究——随着 Internet/Web 的出现及应用日益广泛，Web 数据库将成为数据库新技术中的热点。

3.1.2　数据库的发展分析

1. 数据库的发展简史

数据库技术产生于 20 世纪 60 年代，目前已发展成为一个数据模型丰富，新技术内容层出不穷，应用领域日益广泛的庞大体系。数据库技术和数据库系统的应用已经遍及工业生产和社会生活的各个领域，奠定了数据库系统作为当今社会信息基础设施核心技术的地位。对数据库的发展历史进行深刻的回顾和展望，有利于把握数据库发展的客观规律，从而更好地指导其应用实践。数据库的发展经历了以下三个阶段。

第一阶段：1969 年 IBM 公司研制了基于层次模型数据库管理系统（information management system，IMS），并作为商品化软件投入市场。IMS 作为层次型数据库管理系统的代表，标志着数据库及相关技术的诞生，具有重要意义。在数据库系统出现以前，各个应用拥有自己的专用数据，通常存放在专用文件中，这些数据与其他文件中的数据有大量的重复。数据库的重要贡献就是将应用系统中的所有数据独立于各个应用，而由 DBMS 统一管理，实现数据资源的整体管理。IMS 系统的推出，使得数据库概念得到了普及，也使人们认识到数据的价值和统一管理的必要性。

第二阶段：20 世纪 60 年代到 70 年代初，网状数据模型逐渐替代层次数据模型。由于 IMS 是将数据组织成层次的形式来管理，有很大的局限性。为了试图克服这种局限性,美国数据库系统语言协会(conference on data system language, CODASYL)下属的数据库任务组(database task group, DBTG)对数据库的方法和技术进行了系统研究,并提出了著名的 DBTG 报告。该报告确定并建立了数据库系统的许多基本概念、方法和技术,成为网状数据模型的典型技术代表,奠定了数据库发展的基础,并有着深远影响。网状模型是基于图来组织数据的,对数据的访问和操纵需要遍历数据链来完成。这种有效的实现方式对系统使用者提出了很高的要求,在一定程度上阻碍了系统的推广应用。

第三阶段,1970 年 IBM 公司的 Codd E F 发表了著名的基于关系模型的数据库技术论文——"大型共享数据库数据的关系模型",并获得 1981 年 ACM 图灵奖,标志着关系数据库模型的诞生。由于关系模型的简单、易理解及其所具有的坚实理论基础,20 世纪 70 年代和 80 年代的前半期,数据库界集中围绕关系数据库进行了大量的研究和开发工作,对关系数据库概念的实用化投入了大量的精力。

关系模型提出后,由于其优点突出,迅速被商用数据库系统所采用。据统计,20 世纪 90 年代以来新发展的 DBMS 产品中,近 90% 采用的是关系模型,其中涌现出了许多性能良好的商品化关系数据库管理信息系统,如 Oracle、DB2、Sybase、Informix、SQL Server 等。近年来,面向对象数据库的研究和对象关系数据库的应用又掀起了一个新的高潮。

回顾数据库的发展历史,所取得的成就主要体现在关系数据库、事务管理和查询优化等方面。事务管理是 DBMS 支持数据共享和多用户操作的关键,是 DBMS 保持数据正确性及简化应用编程人员工作的基本措施。查询优化是数据库系统性能提高的基础,尤其是在关系数据库系统中,由于系统性能主要由系统自身负责(这是关系系统之所以简单易用的原因),查询优化显得更为重要。从某种意义上说,关系数据库得以取代层次和网状型数据库而成为市场主宰,查询优化技术上的突破是一个重要因素。

2. 数据库研究的现状分析

1) 数据模型的研究

数据模型的研究在数据库理论研究中占据重要地位。自 20 世纪 80 年代以来,关系系统逐渐代替网状系统和层次系统而占领了市场。由于关系模型具有严格的数学基础,概念清晰简单,非过程化程度高,数据独立性强,对数据库的理论和实践产生了很大的影响,成为最为流行的数据库模型,在很多应用领域发挥着巨大的作用。

然而,关系模型不能用一个模型表示出复杂对象的语义,不适用于数据类型较多、较复杂的领域。随着科学技术的进步和数据技术的发展,数据库应用领域不断扩大,已从传统的商务数据处理扩展到许许多多新的应用领域,从而对数据库技术提出了新的要求。在这种情形下,数据库技术以及关系数据库技术如何发展就成为数据库界关注的最大热点。

与此同时,面向对象中的封装、继承、对象标识等概念备受人们的重视。用对象可以自然、直观地表达工程领域的复杂结构对象,用封装操作可增强数据处理能力。于是,人们开始尝试以面向对象概念为基本出发点来研究和建立数据库系统,导致了在数据库系统中全面引入对象的概念,从而产生了面向对象数据库(OODB)。

面向对象数据库可以定义为:面向对象＋数据库功能。面向对象的数据模型标准正在拟订中,1989 年在日本东京举行的关于推理和面向对象数据库的国际会议上发表了"面向对象数据库的声明",第一次定义了面向对象数据库管理系统所应实现的功能,包括:支持复杂对象;支持对象标识;允许对象封装;支持类型或类;支持继承;避免过早绑定;计算性完整;可扩充;能记住数据位置;能管理非常大型的数据库;接收并发用户;能从软硬件失效中恢复;用简单的方法支持数据查询。其中,前 8 条是 OODB 的主要特征,后 5 条是传统 DBMS 的主要特征。

总体来看,面向对象的数据库技术还不够成熟。由于它是一种新方法,缺少具有坚实理论基础的通用数据模型,而且对开发人员素质要求比较高,所以成功实例也较少。现在,面向对象的数据库已经受到挑战,对手是一种经过扩展的关系数据库模型,它支持大多数 OODB 所支持的功能。由于关系数据库在大多数信息开发活动中仍占有主导地位,因此它很可能在同 OODB 的竞争中处于有利地位。

2) 数据库标准的研究

数据库语言(structured query language,SQL)是数据库与应用的重要接口,是操作数据库的重要工具,它的研究与标准化对数据库软件产品技术的发展和数据库的应用具有很大的推动作用。早在 20 世纪 80 年代中期,Oracle 和 Sybase 公司就发布了第一个基于 DOS 平台的以 SQL 为查询引擎的商品化关系数据库管理系统,而 Microsoft 公司则迅速地以该技术作为其数据库产品 SQL Server 的基石。由于该类型产品功能强大,简单易用,不仅支持客户端,而且支持局域网主机数据库开发,具有极大的伸缩性,所以得到迅速推广。

1989 年 4 月,提出了具有完整性增强特征的 SQL,被称为 SQL89。1992 年 11 月又公布了 SQL 的新标准,即 SQL92。同时公布了开放数据接口(open database connectivity,ODBC)。ODBC 提供了一个公共的应用程序接口,应用程序通过它可以连接到任何数据库系统。几年后,一个相似的数据接口(Java database connectivity,JDBC)问世,通过该接口,SQL 语句可以被嵌套到 Java 程序中去。

在完成 SQL92 标准后,ANSI 和 ISO 开始合作开发 SQL3 标准(SQL99)。SQL3 的主要特点在于抽象数据类型的支持,为新一代对象关系数据库提供了标准。SQL3 标准将能够处理对象数据库中的复杂对象,包含综合、细化的等级、多重继承性、用户定义数据类型、触发器、支持知识系统、周期查询表示等方面。此外，它还支持面向对象编程，抽象数据类型和方法，以及继承性、多态性、封装性等。数据库语言 SQL 的完善和标准化，标志着数据库技术的进步和成熟。

　　3）数据库工具及设计方法的研究

　　数据库技术是指建立在数据库基础之上的软件开发与系统设计方法、手段等。早期的数据库软件开发由专门的数据库语言如 dBase、Foxbase 等支持，功能单一、界面粗糙。随着可视化语言的出现与迅速发展，数据库操纵功能已融入各种高级语言之中，是否提供强大、方便、快捷的数据库开发和管理功能已成为衡量程序设计语言是否功能完善的重要指标之一。这些功能包括支持数据库设计和应用系统开发，也包括数据库系统运行、维护等。其特点可归纳为：支持特定数据库管理系统的应用程序开发；提供统一界面的应用程序接口；支持可视化图形用户界面；支持面向对象的程序设计；支持系统的开放性；支持汉化；支持多种数据库链接等。

　　数据库设计的主要任务是在 DBMS 的支持下，按照应用的要求，为某一部门或组织设计一个结构合理、使用方便、效率较高的数据库及其应用系统。数据库设计在数据库技术的研究中占据重要地位，设计的成功与否直接关系到整个数据库系统的开发。其中，主要的研究方向是数据库设计方法学和设计工具，包括数据库设计方法、设计工具和设计理论的研究，数据模型和数据建模的研究，计算机辅助数据库设计方法及其软件系统的研究，数据库设计规范和标准的研究等。

　　关系模型有严格的数学理论基础，并且可以向别的数据模型转换，关系数据库的规范化理论已经成为数据库设计的坚实基石。同时，由于数据库的概念已经由简单独立的数据表扩展到若干个数据表、规则、视图、存储过程、触发器等组成的一个有机相关的系统，数据库服务器也实现了分布式操作，可以实现复制、订阅、发布等一系列复杂操作，所以数据库系统的设计已发展成为一个复杂完整的体系。

3. 数据库研究的发展趋势

1）数据库研究领域不断拓展

　　随着计算机技术和相应技术的发展以及计算机应用需求的推广，20 世纪 80 年代以来，数据库研究领域得到了极大的拓展，具体表现在：各种学科技术内容与数据库交叉结合，从而使数据库领域中的新内容、新应用、新技术层出不穷，形成了当今的数据库系列。

　　由于相关技术的发展和应用需求的驱动而出现了面向对象数据库、分布式数据库、工程数据库、演绎数据库、知识库、模糊数据库、时态数据库、统计数据库、空间数据库、科学数据库、文献数据库、并行数据库、多媒体数据库等数据库新领域。它们都继承了传统数据库的理论和技术，但又不是传统的数据库。与传统数据库的概念和技术相比，当今数据库的整体概念、技术内容、应用领域，甚至基本原理都有了重大的发展和变化,从而使传统的数据库,即面向商业与事务处理的数据库仅仅成为当今数据库系列中的一个成员。当然,也是在理论和技术上发展得最为成熟、应用效果最好、应用面最广泛的成员,其核心技术、基本原理、设计方法和应用经验等仍然是整个数据库技术发展和应用开发的指导和基础应用领域。

2)面向对象数据库

面向对象数据库系统是数据库技术与面向对象技术相结合的产物。它同传统的关系数据库系统相比具有处理多媒体数据、复杂对象的能力,因而更适用于涉及多媒体数据、时态数据、空间数据、复杂对象的数据库等新的应用领域。由于关系数据库在传统数据库应用领域仍占据主导地位,因而将二者结合,发展一种分布式对象关系数据库是未来的趋势。

3)智能数据库

尽管"智能数据库"(intelligent database,IDB)是刚发展起来的新兴领域,许多相关问题仍未解决,但人工智能(AI)和数据库技术相结合应该是数据技术未来发展的方向。目前,有关专家认为,一个智能数据库至少应同时具备演绎能力和主动能力,即把演绎数据库和主动数据库的基本特征集成在一个系统之中。它具备的特点有:提供表达各种形式应用知识的手段;像专家系统一样为用户提供解释;恰当地为快速变化作出反应;更普遍,更灵活地实现完整性控制、安全性控制、导出数据处理、报警等。

4)数据仓库、数据挖掘及支持智能决策

随着计算机网络技术及 Internet 应用的日趋普及,势必要求数据库系统的应用平台向 Web 平台迁移,最终达到全球数据信息共享的目的。如何实现数据库平台与 Web 平台的无缝对接,即对 Web 数据库技术的研究,已成为近期研究的热点。

数据挖掘是目前发展极为迅速的一个研究领域,它综合了机器学习、统计分析和数据库技术,是为数据库中数据的决策型使用服务的。知识发现包括关联规则生成、分类、聚类、序列分析等。知识发现任务也可看作是数据库上的分析查询,涉及在大型数据库上运行归纳机器学习算法或者统计算法。如何扩充数据库系统的功能,使之包括数据挖掘能力,也是当前数据库界的一个热点,具体说来,就是研究简单的查询原语和新一代查询优化技术。

5)建立在 Web 平台之上的海量空间数据库的统一体——数字地球解决方案

随着计算机应用水平的不断提高和网络技术的发展,数据库中的数据量剧增,信息处理全球化趋势加强,要求有更高的数据分布和管理模式。数据库的联邦技术应运而生,它能够提供异构数据的统一接口。与之相对应而发展起来的联邦数据库(FDBMS)方案将有望实现对已有的、分布的、异构的多个数据库系统的集成,其系统结构既支持节点内外的数据共享,又支持节点内的高度自治。这种数据库在物理上和逻辑上都是分散的,适用于不同领域之间的异构系统(如医院信息系统、军事指挥系统等)的集成。

更进一步,有"数字地球"、"数字城市"解决方案。其中,"数字地球"是一种可以嵌入海量空间数据的、多分辨率的、三维地球的表达方式,是对真实地球及其相关现象统一性的数字化重现和认识,包括构成体系数字形式的所有空间数据和与此相关的所有文本数据,及其涉及的把数据转换成可理解的信息并可方便地获得的一切相关的理论和技术。"数字地球"实际上是建立在 Web 平台之上的海量(10^{15}字节)空间数据库的统一体。空间数据库数据的获取和更新成为实现该方案的首要问题。除此之外,还涉及科学计算、海量存储、卫星影像、宽带网络、互操作和元数据等关键技术。数字地球方案的实施将最终实现人类把地球装进数据库的梦想。

概括而言,未来数据库应该具备的特点可归纳为"四高":高可靠性、高性能、高可伸缩性和高安全性。

首先,由于数据库是各类信息系统的核心和基础,其可靠性和性能是决策者非常关心的问题。因为一旦宕机就会造成巨大的经济损失,甚至会引起法律的纠纷。例如,对于证券交易系统,如果在一个新的行情来临时,可能出现交易量猛增的情况,从而造成数据库系统的处理能力不足,导致数据库系统崩溃,这将会给证券公司和股民造成巨大的损失。在我国计算机应用的早期,由于计算机系统还不是企业运营的必要成分,人们对数据库的重要性认识不足,而且为了节约经费,常常采用一些层次较低的数据管理软件(如 dBase 等)。但是,随着信息化进程的深化,计算机系统越来越成为环境管理机构运营不可缺少的部分,这时,数据库系统的稳定性和高效性就是必要的条件。在互联网环境下,还要考虑支持几千或上万个用户同时存取和 24 小时不间断运行的要求,以及提供联机数据备份、容错、容灾和信息安全措施等。

其次,从环境信息系统发展的角度看,系统的可扩展能力也非常重要。由于环境业务不断扩大,原来的系统规模和能力可能无法满足需求,这时就需要进行更新。如果数据库系统的可扩展能力强,就可以不必无休止地增加新的设备(处理器、存储器等),也能达到分散负载的目的。

此外,数据的安全性是另一个重要课题,普通的基于授权的机制已经不能满足许多应用的要求,新的基于角色的授权机制以及一些安全功能要素,如存储隐通道分析、标记、加密、推理控制等,在环境信息系统的某些应用中已成为切切实实的需要。

3.2　规范化数据库设计

3.2.1　数据库管理系统的选型

1. 数据库的三种数据模型

数据库的数据模型,即通过数据对象的抽象化来掌握对象,通常有三类:层次模型(hierarchical model)、网状模型(network model)和关系模型(relational model)。

1) 层次(树型)模型

它的结构呈树状。由图 3.1 可见,层次模型描述了数据之间的层次关系,其图形特点是:①有且仅有一个结点无双亲(如图中的"国家环保总局"),这个结点称为根结点;②其他结点有且仅有一个双亲结点。

图 3.1　层次模型

不难发现,层次模型只能描述数据之间一对一或一对多的关系,难以描述多对多的关系,因此,目前应用得相对较少。

2) 网状模型

其结构是以数据类型为结点的网状形式,特点是:①两层网状数据结构;②数据集分两类:主集和细目集,主集和细目集之间是一对多的关系,而一个细目集可以与多个主集建立联系,如图 3.2 所示;③一个数据集是同类记录的集合;④记录是数据项值的集合。

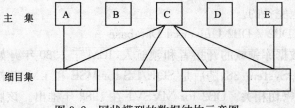

图 3.2　网状模型的数据结构示意图

网状模型的图形特点是：①有一个以上的结点无双亲（如图 3.2 中的"A"、"B"等）；②结点可以有多个双亲结点。

网状模型的最大特点是可以描述多对多的关系，而且比关系模型查询路径短、效率高，系统易于实现，但它的操作语言是过程化的，用户需了解子模式的数据结构和当前记录值，使用不方便。

3）关系模型

关系数据库是用数学方法处理数据库的组织结构。可以把关系模型理解为一张二维表（如表 3.1 所示），表格中的每一行代表一个实体，称为记录；每一列代表实体的一个属性，称为数据项。记录的集合称为关系，它具有如下性质：①数据项不可再分（即不可表中套表）；②关系中的列是同性质的，称为属性，属性之间不能重名；③关系中不能出现相同的记录，记录的顺序无所谓；④每个关系都有一个主键，它能惟一地标识关系中的一个记录；⑤关系中列的顺序不重要。

表 3.1　关系模型二维表

编号	姓名	性别	单位
X10008	张三	男	西北工业大学
⋮	⋮	⋮	⋮

关系模型具有如下特色：①不仅具有查询、更新等数据操纵功能，还具有数据定义和控制功能；②控制语言非过程化：只要求系统做什么，而不要求怎么做；③面向集合的存取方式；④简明的数据模型和灵活的用户视图；⑤具备良好用户性能的关系数据语言；⑥较高的数据独立性；⑦具有严密的理论基础。

关系模型是目前最具有发展前途的数据模型。因此，环境信息系统的开发首先考虑选用关系型数据库管理系统（relational database management system，RDBMS）。

2. 主流 RDBMS 介绍

Codd 的关系数据库理论把关系系统分为表式系统、（最小）关系系统、关系上完备的系统、完全关系系统 4 个级别。目前尚没有一个数据库系统是完全关系系统。真正称为关系系统的应该至少是关系上完备的系统。现代的主流关系数据库产品都是关系上完备的。

1）IBM 的 DB2 / DB2 Universal Database

作为关系数据库领域的开拓者和领航人，IBM 于 1980 年开始提供集成的数据库服务器——System/38，随后是 SQL/DS for VSE 和 VM，其初始版本与 SystemR 研究原型密切相关。DB2 for MVSV1 在 1983 年推出。该版本的目标是提供这一新方案所承诺的简单性、数据不相关性和用户生产率。DB2 以后的版本的

重点是改进其性能、可靠性和容量，以满足广泛的关键业务的行业需求。1988年
DB2 for MVS 提供了强大的在线事务处理支持，1989年和1993年分别以远程工
作单元和分布式工作单元实现了分布式数据库支持。最近推出的 DB2 Universal
Database6.1 则是通用数据库的典范，是第一个具备网上功能的多媒体关系数据
库管理系统，支持包括 Linux 在内的一系列平台。其主要的新功能包括：

（1）提供了 Java Stored Procedure Builder 支持服务器端的存储过程快速开
发；

（2）支持与目录服务器通信的标准 LDAP；

（3）增强的转换及迁移工具；

（4）扩展的 DB2 通用数据库控制中心，可在更多的平台下采用相同的图形工
具完成管理工作；

（5）提高了电子商务性能，提供多种电子商务整合方案；

（6）具有强大的 XML 支持能力。

2）Informix 的历史/Informix IDS2000

Informix 公司在 1980 年成立，目的是为 Unix 等开放操作系统提供专业的关
系型数据库产品。公司的名称 Informix 便是取自 Information 和 Unix 的结合。

Informix 第一个真正支持 SQL 语言的关系数据库产品是 Informix SE
(Standard Engine)。Informix SE 的特点是简单、轻便、适应性强。它的装机量非
常之大，尤其是在当时的微机 Unix 环境下，成为主要的数据库产品。它也是第一
个被移植到 Linux 上的商业数据库产品。

在 20 世纪 90 年代初，联机事务处理成为关系数据库越来越主要的应用，同
时，Client/Server 结构日渐兴起。为了满足基于 Client/Server 环境下联机事务处
理的需要，Informix 在其数据库产品中引入了 Client/Server 的概念，将应用对数
据库的请求与数据库对请求的处理分割开来，推出了 Informix-OnLine，其特点之
一是数据管理的重大改变，即数据表不再是单个的文件，而是数据库空间和逻辑设
备。逻辑设备不仅可以建立在文件系统之上，还可以是硬盘的分区和裸设备，由此
提高了数据的安全性。

1993 年，为了克服多进程系统性能的局限性，Informix 使用多线程机制重新
改写数据库核心。1994 年初，Informix 推出了被称为"动态可伸缩结构"(DSA)的
Informix Dynamic Server。除了应用线程机制以外，Informix 在数据库核心中引
入了虚处理器的概念，每个虚处理器就是一个 Informix 数据库服务器进程。在
Dynamic Server 中，多条线程可以在虚处理器缓冲池中并行执行，而每个虚处理机
又被实际的多处理机调度执行。更重要的是：为了执行高效性和多功能的调谐，
Informix 根据不同的处理任务将虚处理器进行了分类，每一类被优化以完成一种
特定的功能。

　　到 20 世纪 90 年代后期,随着 Internet 的兴起,电子文档、图片、视频、空间信息、Internet/Web 等应用潮水般涌入 IT 行业,而关系数据库所管理的数据类型仍停留在数字、字符串、日期等六七十年代的水平上,其处理能力便显得力不从心了。1992 年,著名的数据库学者、Ingres 的创始人加州大学伯克利分校的 Stonebraker M 教授提出对象关系数据库模型,从而找到了一条解决问题的有效途径。

　　1995 年,Stonebraker 及其研发组织加入了 Informix,使之在数据库发展方向上有了一个新的突破:1996 年 Informix 推出了通用数据选件(universal data option)。这是一个对象关系模型的数据库服务器;它与其他厂商中间件的解决方案不同,从关系数据库服务器内部的各个环节对数据库进行面向对象的扩充;将关系数据库的各种机制抽象化、通用化。通用数据选件采用了 Dynamic Server 的所有底层技术,如 DSA 结构和并行处理,同时允许用户在数据库中建立复杂的数据类型及用户自定义的数据类型,同时可对这些数据类型定义各种操作和运算以实现对象的封装。在定义操作和运算时可以采用数据库过程语言、C 语言,它们经注册后成为服务器的一部分。

　　1999 年,Informix 进一步将通用数据选件进行了优化,为用户自定义数据类型和操作过程提供了完整的工具环境。同时,在传统事务处理的性能超过了以往的 Dynamic Server。新的数据库核心便被命名为 IDS2000。它的目标定位于 21 世纪基于 Internet 的复杂数据库应用。

　　事实上,Internet 的普及从 Web 开始。Web 应用以简便和图文并茂见长。但充斥整个系统的 HTML 文件又将人们不知不觉地带回了文件系统的时代。采用数据库管理 Internet 信息遇到的第一个挑战就是复杂信息的管理问题,Internet 的出现将“数据”的概念在实际应用中扩大了。为此,自 1995 年起,Informix 便着手进行新一代数据库系统的设计。作为专业的数据库厂商,Informix 首先针对 Internet 应用中数据类型的多样化,采用对象技术对关系数据库体系进行了扩展。与众不同之处在于,Informix 并非将新的数据类型写死在数据库核心中,而是将数据库系统中各个环节充分地抽象化,使用户有能力定义和描述自己需要管理的数据类型,将可管理的数据类型扩展到无限,同时适应了未来应用发展的需要。这就是 Informix 新推出的数据库服务器——Informix Dynamic Server2000。

　　在 IDS2000 中,Informix 的另一重大贡献在于抽象化数据库的访问方法(索引机制和查询优化),并将其中接口开放。这样,用户便可以自己定义对复杂对象的全新的索引机制,并融入整个数据库服务器。在 IDS2000 中,所有用户自定义的数据类型、操作、索引机制都将被系统与其内置的类型、操作和索引机制同等对待。IDS2000 将所有数据库操作纳入标准数据库 SQL 的范畴,在形式上与传统关系数据库完全兼容,但适应了“数据”概念拓展的需求,成为真正的通用数据库。Informix 在 IDS2000 之上增加了一系列核心扩展模块,构成了面向 Internet 的多功能数据库服务器 Informix Internet Foundation2000。

Informix 主要产品分为三大部分：数据库服务器（数据库核心）、应用开发工具、网络数据库互联产品。

（1）数据库服务器。分为两种，它们的作用都是提供数据操作和管理，即：SE：完全基于 UNIX 操作系统，主要针对非多媒体的较少用户数的应用；OnLine：针对大量用户的联机事务处理和多媒体应用环境。

（2）应用开发工具。指的是开发应用程序必要的环境和工具，可分为两个系列，即：4GL：Informix 传统的基于字符界面的开发工具，该系列的主要产品有五个，它们是 I-SQL、4GL RDS、4GL C COMPILER、4GL ID 和 ESQL/C；NewEra：Informix 最新提供的具有事件驱动能力，面向对象的基于各种图形界面的开发工具。

（3）Informix 的网络数据库互联产品。能够提供给用户基于多种工业标准的应用程序接口，通过它可以和其他遵守这些工业标准的数据库联结。

3）Sybase 的历史/Sybase ASE

Sybase 公司成立于 1984 年，公司名称"Sybase"取自"system"和"database"相结合的含义。Sybase 公司的创始人之一 Bob Epstein 是 Ingres 大学版（与 System/R 同时期的关系数据库模型产品）的主要设计人员。公司的第一个关系数据库产品是 1987 年 5 月推出的 Sybase SQL Server1.0。

Sybase 首先提出了 Client/Server 数据库体系结构的思想，并率先在自己的 Sybase SQL Server 中实现。在此之前，计算机信息一般都存储在单一的主机计算机中，最终用户一般都通过字符终端管理和访问主机，绝大多数的处理都由主机完成，终端主要完成输入和简单的显示功能。这种主机/终端模式的软硬件费用相当高，中小型企业一般都无法实施。在 20 世纪 70 年代末和 80 年代初，IT 业发生了两件产生深远影响的事件：PC 机和局域网络的迅速普及。PC 机比终端的功能要强得多，局域网的速度也比主机终端之间的连接速度快得多，而且与主机系统相比，它们的费用也低得多。与此同时，工作站和小型机也飞速发展，在许多方面可以取代主机的功能，这些为实施 Client/Server 体系结构提供了硬件基础。

在 Client/Server 体系结构中，服务器提供数据的存储和管理等功能，客户端运行相应的应用，通过网络可获得服务器的服务，使用服务器上的数据库资源。客户机和服务器通过网络联结成为一个互相协作的系统。Client/Server 体系结构将原来运行在主机系统上的大型数据库系统进行适当的划分，在客户机和服务器之间进行合理的分配，在 Sybase SQL Server 中，将数据库和应用划分为以下几个逻辑功能：用户接口（user interface）、表示逻辑（presentation logic）、事务逻辑（transaction logic）、数据存取（data access）。Sybase 的设计思想是将事务逻辑和数据存取放在服务器一侧处理，而把用户接口、表示逻辑放在客户机上处理。

Client/Server 体系结构对于硬件和软件合理的配置和设计，极大地推动了当时联机企业信息系统的实现。与主机/终端模式相比,Client/Server 体系结构可以更好地实现数据服务和应用程序的共享,并且系统容易扩充,更加灵活,简化了企业信息系统的开发。当信息系统的规模扩大或需求改变时,不必重新设计而可以在原有的基础上进行扩充和调整,从而保护了企业在硬件和软件上已有的投资。"Client/Server 体系结构"很快成为企业信息系统建设的主要模式,对数据库乃至 IT 业的发展产生了深远的影响。

1989 年,Sybase 发布了 Open Client/Open Server,这一产品为不同数据源和几百种工具及应用提供了一致的开放接口,为实现异构环境下系统的可互操作提供了非常有效的手段。

1992 年 11 月,Sybase 发布了 SQL Server10.0 和一系列的新产品(此前,SQL Server 相继推出了 2.0、4.2、4.8、4.9 等版本),将 SQL Server 从一个 Client/Server 系统推进到支持企业级的计算环境。Sybase 将此产品系列叫做 System10。它是根据能支持企业级数据库(运行 Sybase 和其他厂商的数据库系统)来设计的。

Sybase SQL Server10.0 是 System10 的核心。与 4.9 版相比,增加了许多新的特点和功能:修改过的 Transact-SQL 完全符合 ANSI-89 SQL 标准以及 ANSI-92 入口级 SQL 标准,此外还增强了对游标的控制,允许应用程序按行取数据,也允许整个数据双向滚动。此外,还引入了阀值管理器。

1995 年,Sybase 推出了 Sybase SQL Server11.0。除了继续对联机事务提供强有力的支持之外,Sybase 在 11.0 中增加了不少新功能以支持联机分析处理和决策支持系统。

为了适应现在和未来不断变化的应用需求,Sybase 在 1997 年 4 月发布了适应性体系结构(adaptive component architecture,ACA)。ACA 是一种三层结构:包括客户端、中间层和服务器。每一层都提供了组件的运行环境,ACA 结构可以按照应用需求方便地对系统的每一层进行配置,适应未来的发展要求。与 ACA 体系结构相适应,Sybase 将 SQL Server 重新命名为 Adaptive Server Enterprise,版本号为 11.5。在 ACA 结构中,提出了两种组件的概念:逻辑组件和数据组件。逻辑组件是实现应用逻辑的组件,可以用 Java、C/C++、Power Builder 等语言来开发,可遵循目前流行的组件标准,如 Corba、ActiveX 和 JavaBean 等。而数据组件可实现对不同类型数据的存储和访问。数据组件由 Adaptive Server Enterprise11.5(简称 ASE11.5)提供。这些数据组件不仅可以完成传统的关系型数据的存储,而且可以支持各种复杂数据类型,用户可以根据需要存储的数据类型安装相应的数据存储组件,例如地理空间、时间序列、多媒体/图像、文本数据等。它代表了 Sybase 在解决复杂数据类型、多维数据类型和对象数据类型等方面的技术策略。ASE11.5 显著增强了对数据仓库和 OLAP 的支持,引入了逻辑进程管理器允许用户选择对象的运行优先级。

　　Sybase 在 1998 年推出了 ASE11.9.2。这一版本最大的特点是引入了两种新型的锁机制来保证系统的并发性和性能:数据页锁和数据行锁,提供了更精细的粒度控制。另外,在查询优化方面也得到了改进。

　　进入 1999 年,随着 Internet 的广泛使用,为了帮助企业建立企业门户应用,Sybase 提出了"Open Door"计划,其中一个重要的组成部分就是推出了最新的面向企业门户的 ASE12.0。为了满足企业门户的要求,ASE12.0 在生产率、可用性和集成性方面做了显著的增强。

　　ASE12.0 提供了对 Java 和 XML 良好的支持,通过完全支持分布事务处理的业界标准 X/Open 的 XA 接口标准和微软的 DTC 标准保证分布事务的完整性,内置高效的事务管理器(transaction manager)可以支持分布事务的高吞吐量;ASE12.0 采用了群集技术减少意外停机时间,不但支持两个服务器之间的失败转移,还可支持自动的客户端的失败转移;ASE12.0 提供了对 ACE 和 Kerberos 安全模式的支持,用户可以通过 ACE 和 Kerberos 提供更加安全和加密的网络通信;ASE12.0 还提供了联机索引重建功能,在索引重建时,表中的数据仍可被访问。

　　在查询优化方面,ASE12.0 引入了一种新的称为"Merge Join"的算法,可以显著提高多表连接查询的速度;通过"execute immediate"语句可以执行动态 SQL 语句;用户可以定义永久和完整的查询方案,从而可以进行更有效的性能优化。此外,ASE12.0 与其他 Sybase 产品(如 Sybase Enterprise Application Server 和 Sybase Enterprise Event Broker)一起提供对一个完整的标准 Internet 接口的支持。

3. RDBMS 的选型原则

　　由于关系模式的广阔的发展前景,目前的数据库管理系统大多数是关系数据库管理系统。近几年,RDBMS 的发展非常迅速,提供的性能及各种应用工具也越来越优秀和丰富。同时,由于多种先进的 RDBMS 的出现,也为用户提供了多种可能的选择机会。

　　RDBMS 的选型工作比较复杂,特别是对国内用户掌握国外资料比较少或比较慢的情况下更是如此。因此,在选型时,应尽量遵守以下原则。

　　(1) 环境信息系统的最终用户是各级环境管理部门,在使用 RDBMS 时,一般都需要在引进 RDBMS 的基础上进行二次开发,因此,开发工具是非常重要的,比如对汉字的支持,工具是否易学、易用等,所以在选型时一定要注意其编程能力的优劣。

　　(2) 根据国外的发展趋势,选用的 RDBMS 应当基于 SQL 语言,非 SQL 语言的 RDBMS 不要轻易选择。

　　(3) 开发大型数据库时,特别是实现用户联机事务处理时,一定要选择高性能(主要是联机处理能力强)的 RDBMS,否则会因为响应时间慢而不能真正投入实际应用。

（4）在网络环境下开发数据库时，要注意选择具有分布式处理能力、体系结构能支持客户/服务器的 RDBMS。特别需要提出的是，如果有异种机共用数据库，应该注意 RDBMS 能否支持 TCP/IP 协议，如果不支持，将给网络环境下应用 RDBMS 造成很大的困难。

（5）如果需要开发图形数据库或与图形相关的数据库时，一定要注意选择能支持可变元的二进制存取的 RDBMS，同时还要求这种 RDBMS 能支持几百个 G 的大型数据库和快速的联机处理，否则无法实现图形数据库。

（6）大型实用的数据库项目一定要选择可靠性最好的，并能满足其他需要的 RDBMS。

（7）在选择 RDBMS 时，不一定要买随机附带的产品，在第三方选择也许会得到更好的性能价格比，同时所选的数据库应能支持更多的机型。

（8）是否具有良好的售后服务及用户支持也是选择 RDBMS 的一个关键因素，这需要在选择时从对现有用户的调查做起。

（9）要有国内单位依靠和支持，使其在技术上不完全依赖于外国公司，保证数据库能独立运行，以便减少维护和更新的费用。

3.2.2　规范化数据库设计原则及流程

数据库的开发设计往往是一项较大的工程，应在一定原则的指导下，按照规范化的流程和方法来进行。只有这样，开发出的数据库才可能具有前面提到的"四高"特点。

1. 数据库设计的原则

（1）环境信息系统的数据库要在总体规划和设计方案的指导下进行。

（2）各个数据库要为其所有用户的应用目标服务，即必须满足各级环境管理的需求。

（3）数据应分类存储，即较为静态的数据与较为动态的数据分开；必测数据与选测数据分开；原始数据与结果数据分开；来自环保部门的数据与来自其他部门的数据分开；环境管理部门内部的数据与环境数据分开；基础数据与应用数据分开等。

（4）数据库开发的基础是统一的环境信息分类指标体系和编码方式。

（5）数据库开发应做到既有利于数据资源的共享，又满足环境管理部门的保密要求。

（6）数据库开发要分析危害数据安全的因素，保证对灾害和故障的预防能力、保护能力和恢复能力。

(7) 保证数据库的正确性和完整性,同时尽量降低数据冗余。

(8) 数据库的开发应注意经济性,尽量降低采集、传输、存储和应用费用。

(9) 数据库开发要受计算机系统资源条件的约束。

2. 数据库设计流程

数据库设计的一般流程如图 3.3 所示,共分六个阶段:需求和约束分析;概念模式设计;逻辑模式设计;物理数据库设计;测试、加载和运行;数据库维护。其中第 2、3、4 三个阶段为数据库设计过程,这是一个反复迭代直至达到设计目标的过程。

下面详细介绍在每一阶段需要完成的主要工作。

1) 需求和约束分析

(1) 调查用户要求。调查的内容应包括:现行环境管理业务处理流程、数据的来源、去向、性质和取值范围、数据之间的关联、数据的使用方式和使用频率、数据的用户、数据的保密要求等。

(2) 分析数据的现状。包括数据的有效性、完整性、冗余性、数据的类型和表示、数据的标准化、数据的总量、数据密级划分等。

(3) 分析数据的使用。分析各类用户的应用方式、应用目的(查询、图表生成、统计分析、模型参数、决策因子),汇总各类数据查询与更新的频率,确定响应时间和平均事务处理时间,确定用户存取权及通行证等。

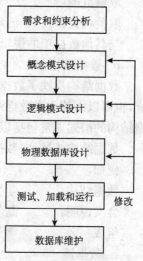

图 3.3　数据库设计流程

(4) 确定环境约束条件。包括计算机速度、内存与外存的现有容量和可扩充规模、数据输入、输出设备的性能、通信条件、系统软件功能、数据库管理系统的功能、汉字处理能力、开发速度、人力和投资等。

(5) 选择数据库管理系统或研究现有数据库管理系统的功能与性能。

(6) 提出需求和约束分析报告、数据字典。所谓数据字典(data dictionary, DD),是一种对数据的统一归档方式,是各类数据描述的集合,用于对数据流程图上各元素作出详细定义与说明。内容包括数据项、数据结构、数据流、数据存储和处理过程五个部分。

a. 数据项

数据项是不可再分的数据单位。对数据项的描述通常包括以下内容:

数据项描述＝｛数据项名,数据项含义说明,别名,数据类型,长度,取值范围,
　　　　　取值含义,与其他数据项的逻辑关系｝

其中取值范围、与其他数据项的逻辑关系定义了数据的完整性约束条件,是设

计数据检验功能的依据。

例如，

数据项：	学号
含义说明：	惟一标识每个学生
别名：	学生编号
类型：	字符型
长度：	8
取值范围：	00000000 至 99999999
取值含义：	前两位表示学生所在年级，后六位按顺序编号

与其他数据项的逻辑关系：……

b. 数据结构

数据结构反映了数据之间的组合关系。一个数据结构可以由若干个数据项组成，也可以由若干个数据结构组成，或由若干个数据项和数据结构混合组成。对数据结构的描述通常包括以下内容：

数据结构描述＝{数据结构名，含义说明，组成：{数据项或数据结构}}

例如，

数据结构：	学生
含义说明：	是学籍管理子系统的主体数据结构，定义了学生的有关信息
组成：	学号、姓名、性别、年龄、所在系、年级

c. 数据流

数据流是数据结构在系统内传输的路径。对数据流的描述通常包括以下内容：

数据流描述＝{数据流名，说明，数据流来源，数据流去向，组成：{数据结构}，平均流量，高峰期流量}

其中，数据流来源是说明该数据流来自哪个过程；数据流去向是说明该数据流将到哪个过程去；平均流量是指在单位时间（每天、每周、每月等）里的传输次数；高峰期流量则是指在高峰时期的数据流量。

例如，

数据流：	体检结果
说明：	学生参加体检的最终结果
数据流来源：	体检
数据流去向：	批准
组成：	……
平均流量：	……
高峰期流量：	……

d. 数据存储

数据存储是数据结构停留或保存的地方,也是数据流的来源和去向之一。对数据存储的描述通常包括以下内容:

数据存储描述＝{数据存储名,说明,编号,流入的数据流,流出的数据流,组成:{数据结构},数据量,存取方式}

其中,数据量是指每次存取多少数据,每天(或每小时、每周等)存取几次等方面的信息。存取方法包括批处理、联机处理、检索、更新、顺序检索、随机检索等。另外,流入的数据流要指出其来源,流出的数据流要指出其去向。

例如,

数据存储:	学生登记表
说明:	记录学生的基本情况
流入数据流:	……
流出数据流:	……
组成:	……
数据量:	每年 3000 张
存取方式:	随机存取

e. 处理过程

数据字典中只需要描述处理过程的说明性信息,通常包括以下内容:

处理过程描述＝{处理过程名,说明,输入:{数据流},输出:{数据流},处理:{简要说明}}

其中,简要说明中主要说明该处理过程的功能及处理要求。功能是指该处理过程用来做什么(而不是怎么做),处理要求包括处理频度要求,如单位时间里处理多少事务,多少数据量、响应时间要求等。这些处理要求是后面物理设计的输入及性能评价的标准。

例如,

处理过程:	分配宿舍
说明:	为所有新学生分配宿舍
输入:	学生,宿舍
输出:	宿舍安排
处理:	在新生报到后,为所有新生分配学生宿舍。要求同一间宿舍只能安排同一性别的学生,同一个学生只能安排在一个宿舍中。每个学生的居住面积不小于 3 平方米。安排新生宿舍的处理时间不超过 15 分钟。

对数据库设计来讲,数据字典是进行数据收集和数据分析所获得的主要成果。数据字典是关于数据库中数据的描述,即元数据,而不是数据本身。数据本身将存

放在物理数据库中,由数据库管理系统管理。数据字典有助于对这些数据的管理和控制,为设计人员和数据库管理员在数据库设计、实现和运行阶段提供依据。

2) 概念模式设计

(1) 概念模式设计的依据是需求和约束分析报告,数据字典。

(2) 概念模式设计的目标是保证数据共享、消除结构冗余、实现数据的逻辑独立性。

(3) 概念模式设计的内容包括实体集合、实体结构的键、实体的属性、域集合等。

(4) 概念模式设计的步骤包括:构造并核实各用户的局部概念模式;合成并验证整体概念模式;分析整体概念模式中的依赖性,运用规范化理论将数据规范化;提出概念模式设计报告和整体概念模式的实体关联图(E-R 图)。

所谓实体关联图,是现实世界到数据模型的中间工具。用矩形表示实体,用椭圆表示属性,用棱形表示实体间的联系,属性和实体间、实体和联系间用线段连接。实体之间的关系有一对一、一对多、多对多三种。

对于每一个局部应用,都可以设计相应的分 E-R 图。设计分 E-R 图的第一步,就是要根据系统的具体情况,在多层的数据流图中选择一个适当层次的数据流图,让这组图中每一部分对应一个局部应用,即可从这一层次的数据流图出发,设计出分 E-R 图。一般而言,中层的数据流图能较好地反映系统中各局部应用的子系统组成,因此,往往以中层数据流图作为设计分 E-R 图的依据。

每个局部应用都对应了一组数据流图,局部应用涉的数据都已经收集在数据字典中。这时,需要将这些数据从数据字典中抽取出来,参照数据流图,标定局部应用中的实体、实体的属性、标识实体的码,确定实体之间的联系及其类型(1∶1、1∶n、m∶n)。因此,这里有必要先了解实体、属性等概念。

现实世界中一组具有某些共同特性和行为的对象就可以抽象为一个实体。对象和实体之间是"is member of"的关系。如在学校,可把张三、李四等抽象为学生实体。对象类型的组成成分可抽象为实体的属性。组成成分与对象类型之间是"is part of"的关系。如学号、姓名、专业、年级等可以抽象为学生实体的属性。其中,学号是标识学生实体的码。实际上实体与属性是相对而言的,很难有截然划分的界限。同一事物,在一种应用环境中作为"属性",在另一种应用环境中就可能作为"实体"。一般来看,在给定的应用环境中,属性和实体具有以下特点:① 属性不能再具有需要描述的性质,即属性必须是不可分的数据项。② 属性不能与其他实体具有联系,即联系只发生在实体之间。

图 3.4 是一个 E-R 图的例子。

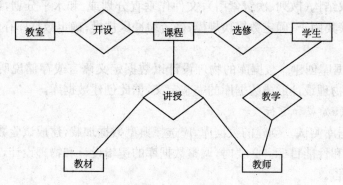

图 3.4　E-R 图示例

图 3.4 中,各实体的属性分别为

学生:{姓名,学号,性别,年龄,所在系,年级,平均成绩}

课程:{课程号,课程名,学分}

教师:{职工号,姓名,性别,职称}

教科书:{书号,书名,价钱}

教室:{教室编号,地址,容量}

3) 逻辑模式设计

(1) 逻辑设计的依据是需求和约束分析报告、概念模式设计报告、整体概念模式的实体关联图和数据库管理系统的数据模型。

(2) 逻辑设计的目标是保证数据共享,消除结构冗余,实现数据的逻辑独立性、易懂易用性,有利于数据的完整性及安全保密,尽量降低数据库开销。

(3) 逻辑模式设计的任务是依照数据库管理系统提供的数据模型转换整体概念模式。在关系型数据库管理系统中,实体关联图被转换为用数据定义语言书写的关系模式及视图。模式描述整个数据库结构,对数据管理员开放,视图描述用户或应用程序涉及的局部数据库结构,对有存取权的用户或应用程序开放。

(4) 逻辑模式设计的主要内容包括:关系(表格)的集合、关系的属性、主键、次键、外键、域集合、索引及链路等。

4) 物理数据库设计

(1) 物理数据库设计的依据是需求和约束分析报告、数据库逻辑模式。

(2) 物理数据库设计的目标是节约存储空间,使存储冗余度极小化,实现数据的物理独立性,保证响应时间,有利于数据的保密和安全,节省存储和运行费用,留有扩展余地。

(3) 物理数据库设计的任务包括:确定文件的存储结构(顺序结构、随机结构、索引顺序结构、表结构、树结构);选取存取路径结构(系结构、链路结构),存取算法,次级存取结构(散列、次级索引);文件作垂直分划或/和水平分划,确定存储设备,位置和簇集因子;确定数据块规模;确定缓冲区规模;确定数据库存储空间的总规模。

(4)数据库创建。数据库的物理设计以数据定义语言或存储说明语言编写。逻辑设计和物理设计形成数据库的完整定义,据此创建数据库。

5)测试、加载和运行

(1)数据库测试。创建的数据库,应选择典型数据加载,建成试验数据库,考核设计的功能和性能目标。必要时,调整数据库的逻辑设计和物理设计,最后提交数据库测试报告。

(2)数据库加载。数据加载前,应检查其内容和形成的正确性;批量数据的加载应使用加载工具;创建的数据库加载后成为可运行数据库。

(3)数据库运行。数据库运行前和运行中应培训用户,向用户提供数据库使用说明书;应向数据库管理员提供需求和约束分析报告、数据库概念模式设计报告、数据库逻辑和物理设计报告、数据库试验报告等;此外,还应制定数据库的维护规程。

6)数据库维护

(1)数据库的维护按照维护规程实施。

(2)数据库维护规程应规定维护项目、维护操作、维护时间、周期或条件、维护人员等。

(3)数据库维护的任务包括:管理数据库运行日志及数据库副本;制定安全计划,确定安全点;执行恢复和再启动;制定安全矩阵,分配并更新口令,实施存取控制;制定数据密级和用户通行证,实施流向控制;管理审评文件,协助分析非法存取,向第三者复制保密数据和推导统计数据库的征兆;管理数据库统计分析文件;执行重整、调整数据库性能;接受数据库模式修改计划,执行数据库重构。

3. 数据库规范化理论

1)规范化理论

数据存储设计需要理论作为指导。由 Codd E F 于 1971 年开始提出,以后有了很大发展的关系数据库规范化理论就是数据存储设计的一种指南。规范化理论研究的是关系模式中各属性之间的依赖关系及其对模式性能的影响,探讨"好"的关系模式应该具备的性质,以及达到"好"的关系模式的设计算法。规范化理论提供了判断关系模式优劣的理论标准,帮助预测可能出现的问题。

为了解决数据存储设计中不规范的关系,1971~1972 年 Codd E F 系统地提出了第一范式(1NF)、第二范式(2NF)、第三范式(3NF)的概念;1974 年 Codd 和 Boyee 共同提出了 BCNF;1976 年 Fagin 又提出第五范式(5NF)。

2) 规范化的好处

(1) 使用方便,关系中每一个数据项是一个简单的数或符号串,不是一组数或一个重复组。

(2) 关系的检索操作简化,规范化的关系才有可能表示数据库中的任何关系,才可以更方便地检索数据。

(3) 可消除对数据进行插入、修改和删除时的相互牵扯,即保持了数据的一致性。

(4) 对数据库引入新型数据时,可以减少对原有关系结构的改变。

(5) 提高了存储空间的利用率,避免重复存储,降低了数据的冗余度。

(6) 具有可联性。

3.2.3　数据库设计方法

IDEF 的概念是在 20 世纪 70 年代提出的结构化分析方法的基础上发展起来的。1981 年美国空军公布的 ICAM(integrated computer aided manufacturing)工程中用了名为“IDEF”的方法。IDEF 是 ICAM Definition Method 的缩写。此方法最初分为三部分:

(1) IDEF0 用于产生“功能模型”,描述所研究系统的活动和处理进程;

(2) IDEF1 用于开发“信息模型”,表述制造系统环境结构和语义;

(3) IDEF3 用于开发“动态模型”,表述环境或系统时变行为的特征。

后来,随着信息系统的相继开发,又开发出下列 IDEF 族方法:数据建模、过程描述获取方法(IDEF3)、面向对象的设计(OO 设计)方法(IDEF4)、使用 C++语言的 OO 设计方法(IDEF4 C++)、实体描述获取方法(IDEF5)、设计理论获取方法(IDEF6)、人—系统交互设计方法(IDEF8)、业务约束发现方法(IDEF9)、网络设计方法(IDEF14)等。根据用途,可以把这些 IDEF 族方法分成两类:

第一类 IDEF 方法的作用是沟通系统集成人员之间的信息交流。主要有:IDEF0、IDEF1、IDEF3、IDEF5。IDEF0 通过对功能的分解、功能之间关系的分类(如按照输入、输出、控制和机制分类)来描述系统功能;IDEF1 用来描述企业运作过程中的重要信息;IDEF3 支持系统用户视图的结构化描述;IDEF5 用来采集事实和获取知识。

第二类 IDEF 方法的重点是系统开发过程中的设计部分。目前有两种 IDEF 设计方法:IDEF1X 和 IDEF4。IDEF1X 可以辅助语义数据模型的设计;IDEF4 可以产生面向对象实现方法所需的高质量的设计产品。

下面简单介绍几种主要的 IDEF 族方法。

1. IDEF1

IDEF1 方法的作用是在需求分析时对所建系统的信息资源进行分析和交流。IDEF1 通常用来：

(1) 确定组织中当前管理的是什么信息；

(2) 对需求分析过程中发现的问题，确定哪些是由于缺乏合适的信息引起的；

(3) 指定在实施过程中，哪些信息需要管理。

从 IDEF1 的角度看信息系统，它不但包括自动化系统的成分，也包括非自动化的成分，如人员、文件柜、电话等。与数据库设计方法不同，IDEF1 是分析以下问题的一种方法：企业信息的采集、存储和管理；信息的管理规则；企业内信息之间的逻辑关系；缺乏良好的信息管理导致的问题。

IDEF1 使用简单的图形约定来表达复杂的规则集合。这些规则有助于建模者区分：① 现实世界的对象；② 现实世界对象之间的物理或抽象的联系；③ 现实世界对象的信息管理；④ 用来表示信息的需求、应用和管理的数据结构。

IDEF1 的目标之一就是为信息分析提供一个结构化的、规程化的方法。IDEF1 可以减少建模过程中的不完整性、不精确性、不一致性和不准确性。

IDEF1 是描述信息需求的有效方法。IDEF1 建模奠定了数据库设计基础，给出了信息结构定义，提供了反映基本信息需求的需求说明。IDEF1 使用规程化的、结构化的技术以找出一个组织所使用的信息和业务规则。IDEF1 要求信息用户积极参与，使用户认真思考信息如何使用和管理。

2. IDEF3

IDEF3 为收集和记录过程提供了一种机制。IDEF3 以自然的方式记录状态和事件之间的优先和因果关系，办法是为表达一个系统、过程或组织如何工作的知识提供一种结构化的方法。IDEF3 可以实现以下功能：记录在调研过程中产生的原始数据；确定信息资源在企业的主要业务流程中的作用；记录决策过程，特别是关于制造、工程和维修的产品定义数据的决策过程；管理数据配置和更改控制策略定义；进行系统设计和分析；提供模拟模型。

IDEF3 描述现有系统或建议系统的行为方面内容。IDEF3 作为描述系统直觉知识的工具，获取的过程知识是结构化的。IDEF3 还记录了所有时间性的信息，包括与企业处理过程相关的优先和因果关系。IDEF3 描述的结果是为分析和设计模型提供一个结构化的知识库。与构造预测性的数据模型的模拟语言（如 SIMAN，SLAM，GPSS，WITNESS）不同，IDEF3 构造一个结构化的描述。这些描述获取系统实际运作什么或将要做什么，同时提供该系统的不同用户的视图表示。

IDEF3 有两种描述方式：过程流和对象状态转变网络。IDEF3 过程流描述过程以及过程之间的关系网络,描述"如何做"的知识,如描述一个部位在制造过程中发生的情况。这些过程间的关系是在整个业务流程中产生的,描述的目的是说明事物是如何运作的。

3. IDEF4

在美国空军 Armstrong 实验室倡导下开发的 IDEF4 方法可用于面向对象技术的应用中。IDEF4 是由专业的面向对象的设计人员和编程人员开发的,选择IDEF4 方法的最重要的原因是它把面向对象的设计看作是大系统开发框架的一部分,而不是把面向对象的设计和分析相隔离。IDEF4 强调在面向对象的设计过程中的图形化语法,使用图形化语法和图示有助于对重要的设计事件进行集中和交流。

IDEF4 与其他对象设计方法有明显的区别,主要在于支持"最小委托"(least commitment)策略,支持类继承、对象组成、功能分解和多态方面的设计评估。

IDEF4 把面向对象的设计活动划分成离散的、可管理的大块。每个子活动由一个强调设计决策的图形化语法支持。IDEF4 方法很容易让设计者在设计类继承、类组成、功能分解和多态之间作平衡。IDEF4 更是一个图形化的语法,为运用和发展面向对象的设计提供了一个一致的框架,而这一设计最终是由类不变数据清单和方法集约定描述的。

4. IDEF5

IDEF5 方法是一种具有扎实的理论和实践基础的方法,用于实现实体的建立、修改和维护。该方法所提供的标准化的过程、直观自然的表现能力、高质量的结果,有助于降低开发的成本。

实体分析由三个过程来实现,即用于描述某领域特定对象和过程的词汇集,开发该词汇集中基本术语的定义,刻画术语间的逻辑联系。

实体由三部分组成,即某一领域使用的术语集、术语使用规则、推论。在每个领域有很多自然现象,人们用对象(概念的或物理的)、状态和联系加以区别,不同的语言对这些现象有不同的表达方式。在实体论中,"关系"是对客观世界中的联系进行确定的描述,"术语"是对客观世界对象或状态进行确定的描述。

在构造实体时,试图将这些描述进行归类,建立某特定领域的表达模型(如数据字典)。构造一个实体需要以下三步工作:①将术语分类;②寻找术语的约束关系;③建立模型,该模型能将给定的描述语句变成"恰当"的表达。所谓"恰当"具有两方面的含义,首先,在通常情况下输入一种描述语句可能会产生大量的输出语句,而实体模型只生成在上下文中有用的子集;其次,生成的描述语句表达实际的情况。由此看来,实体与数据字典非常相似,所不同的是实体同时包括了语法和领域的行为模型。

3.3 数据库开发中的可视化技术

为了更好地发挥数据库的优势,方便、美观和可操作性强的界面是开发数据库软件的必然要求。目前有许多可用于数据库设计的软件,如 C++ Builder,Visual Basic,Visual C++,Power Builder 等。其中,Microsoft Visual C++可以说是现在最为通用的可视化开发平台之一,它提供了相当齐备的类库和友好的编程界面。虽然在提起数据库开发的时候,人们通常想到的会是 Delphi、Visual Basic、Power Builder 等,但 Visual C++从 4.0 版本开始也对数据库开发提供了比较好的开发环境。随着版本的升高,Visual C++对数据库的访问技术更加成熟,功能也更加强大。借助于 Visual C++,可以轻松地开发出功能强、速度快、应用广,并且占用资源少的应用程序。

本节先从总体上介绍 Visual C++数据库开发的特点和几种常用开发技术的比较,然后介绍基于 VC++开发数据基本程序的主要步骤。值得说明的是,要想真正掌握利用 VC++开发数据的技术,还需要进一步学习 VC++,SQL Server 等相关语言,并通过大量的上机实践来实现。这里限于篇幅,只介绍一些入门知识。

1. Visual C++开发数据库的优势

Visual C++系列是 Microsoft 公司推出的支持可视化编程的开发环境,主要用于支持 Win32 平台应用程序、服务和控件的开发。在 Visual C++5.0 中,可以使用向导(wizards)、MFC 类库(microsoft foundation class library)和模板库(active template library,ATL)来开发 Windows 应用程序。VC++6.0 与 5.0 的重要区别在于前者支持中文环境,因此更有利于在我国环境信息系统设计中的使用。VC++的基本语法与 C++相同,有兴趣的读者可以查阅有关书籍。

Visual C++ 提供了多种数据库访问技术——ODBC API、MFC ODBC、DAO、OLE DB、ADO 等。这些技术各有自己的特点,它们提供了简单、灵活、访问速度快、可扩展性强的开发技术,而这些正是 Visual C++和其他开发工具相比的优势所在。归纳起来可以概括为以下几个方面。

(1) 简单。首先,Visual C++提供的 MFC 类具有强大的功能,如果能够掌握,将会达到事半功倍的效果;开发向导可以简化应用程序的开发;另外 MFC ODBC 和 ADO 数据库接口已经将一些底层的操作都封装在类中,用户可以方便地使用这些接口,而无需编写操作数据库的底层代码。

(2) 可扩展性强。Visual C++提供的 OLE 技术和 ActiveX 技术可以让开发者利用 Visual C++中提供的各种组件、控件以及第三方开发者提供的组件来创建自己的程序,从而实现应用程序的组件化,而组件化的应用程序则会具有良好的可扩展性。

（3）访问速度快。Visual C++为了解决利用 ODBC 开发的数据库应用程序访问数据库速度慢的问题,提供了新的访问技术,即 OLE DB 和它的高层接口 ADO,它们是基于 COM 接口的技术,因此使用这种技术可以直接对数据库的驱动程序进行访问,从而提高访问速度。

（4）数据源友好。传统的 ODBC 技术只能访问关系型数据库,而在 Visual C++中,通过 OLE DB 访问技术不仅可以访问关系型数据库,还可以访问非关系型数据库。

2. 基本数据库处理程序的设计

在 VC 中,应用程序分为两类:MFC 类程序和 Win32 类程序。MFC 类程序是 VC 中高级的开发方法,Win32 则是早期 SDK 工具的新的版本,在很多应用中也非常有用。本小节介绍如何使用 MFC AppWizard(exe)向导建立应用程序。

Visual C++安装完毕后可以自动运行,出现的第一个界面是操作说明屏幕,如图 3.5 所示。在这个屏幕中,我们可以浏览一下大致的使用方法。如果想查看

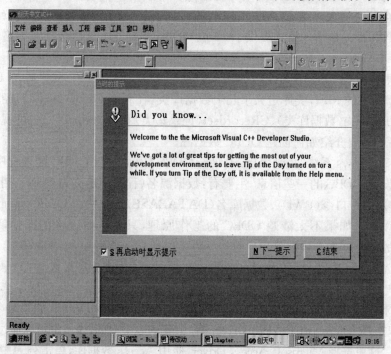

图 3.5　VC6.0 启动界面

使用方法的提示信息,单击 Next Tip 文件,则可以看到有关各种操作的提示;如果不选中 Show this at startup,则以后运行 VC 时,不再出现提示。在提示框中,单击 Close,关闭此提示窗口,进入正式开发环境。如果单击工具栏上的小房子图标,则可以进入帮助信息的第一页(但需要安装帮助文件或安装光盘在 CD-ROM 驱动器中),帮助信息是以 WWW 浏览器形式出现的,操作也和 WWW 浏览器相似。

从 File 菜单中选择 New,会出现程序类型对话框,单击 Projects 选项卡,并选择 MFC AppWizard(exe),输入工程文件名和保存程序的文件目录。选择"确定"后,在接下来弹出的对话框中选择"单文档"选项。然后选择 Database view with file support,表示要处理数据库中的数据;单击 Data Source 按钮,选择一个数据库的来源。

这里涉及一个常用的技术,即 ODBC,在许多数据库开发工具中都使用它,因此先对其进行简单介绍。

ODBC 是一种使用 SQL 的程序设计接口,对不同的数据库,ODBC 提供了一套统一的 API,使应用程序可以应用所提供的 API 访问任何提供了 ODBC 驱动程序的数据库。实际上,几乎所有的关系型数据库都提供了这种驱动程序。

使用 ODBC 让应用程序的编写者避免了与数据源相联的复杂性。这项技术目前已经得到了大多数 DBMS 厂商们的广泛支持。Microsoft Developer Studio 为大多数标准的数据库格式提供了 32 位 ODBC 驱动器。这些标准数据格式包括 SQL Server、Access、Paradox、dBase、FoxPro、Excel、Oracle 以及 Microsoft Text。

如果用户希望使用其他数据格式,则需要相应的 ODBC 驱动器及 DBMS。Visual C++的 MFC 类库定义了几个数据库类,在利用 ODBC 编程时,经常要使用到 CDatabase(数据库类)、CRecordset(记录集类)和 CRecordView(可视记录集类)。下面简要介绍如何创建 ODBC 数据源。

在 Windows 系统"控制面板"中双击 ODBC 图标,进入 ODBC 配置程序,在这里可以设置 ODBC 的一些信息,主要有:数据源名(程序中定义为 DSN)、用户标识号(UID)、用户口令(PWD)、数据库名(DATABASE)。这些在 ODBC 界面中都能够进行设置。如果不太清楚 ODBC 的工作原理,只要按照正确的操作,设置好 ODBC 的以上基本参数即可。

首先运行 ODBC 配置程序,如图 3.6 所示;接下来,需要设置第一个参数 DSN,单击"添加"按钮,表示要增加一个数据源,则出现数据源驱动程序选择对话框。如果数据库是 Access 的,可以选择 Microsoft Access Driver,如果是 FoxPro 的,可以选择 Microsoft FoxPro Driver 等,只要列表中有的,表示都可以通过 ODBC 来操作。这里选择 Microsoft Access Driver,使用 Access 数据库,单击列表中的此驱动程序名称,然后单击"完成"按钮,则出现基本参数输入界面,如图 3.7 所示。

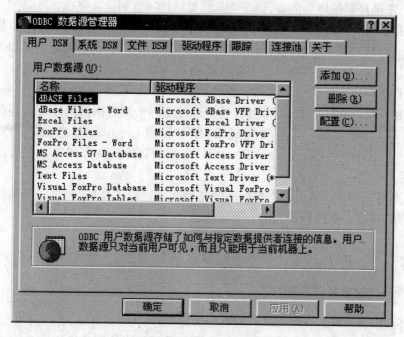

图 3.6　ODBC 启动画面

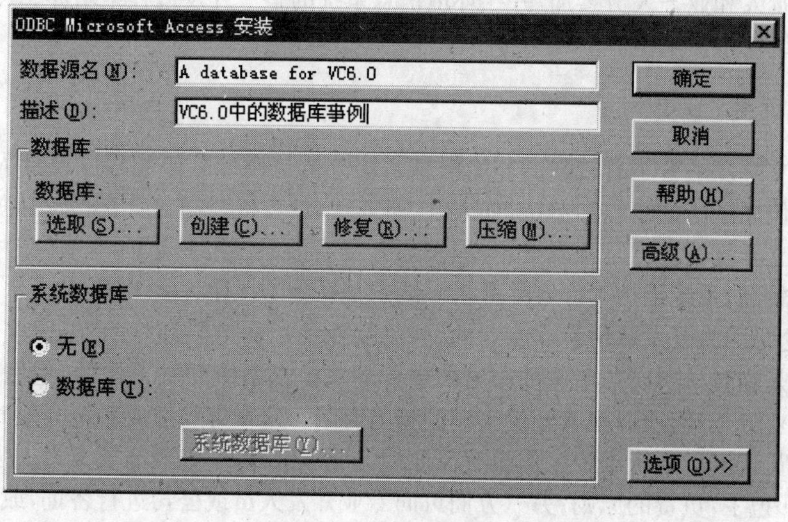

图 3.7　定义数据源

　　输入基本信息后,单击 OK 按钮,此数据源信息就出现在"用户数据源"列表中了。配置完成后再回到 VC 开发环境的向导界面,接着前面的步骤选择一个数据源,接下来选择数据库中的表,以下均选择默认选项直到设置完成。

运行该程序就得到一个数据库处理的基本框架程序,它提供了程序和数据库记录之间的映射关系,但没有操作的完整界面。如果要增加操作,还需要加入必要的代码。例如,为了能够在界面上显示记录,需要在上面的设计基础上设计一个界面来操作数据库中的记录。这与一般的 Visual C++程序设计是类似的。

在使用前面建立的数据源之前,还必须建立一个到数据源的连接。这种连接封装在 CDatabase 类中。连接完成后,即可利用 CrecordSet 类中的成员函数 AddNew()、Open()、Requery()、Delete()来添加、修改、查询和删除有效的记录集。

以上对利用 VC++建立数据库的初始步骤进行了介绍,为进一步掌握开发设计方法,还有必要进行相关的上机实践。

3.4　环境信息系统开发设计

3.4.1　环境信息系统开发方式

环境信息系统的开发方式一般可分为独立开发、委托开发、合作开发、购买现成软件等 4 种。这 4 种方式各有优点和不足,需要根据使用单位的技术力量、资金情况、外部环境等各种因素进行综合考虑和选择。无论哪种开发方式,都需要有单位的负责人和业务人员参加,并在环境信息系统的整个开发过程中培养、锻炼和壮大该系统的维护队伍。

1. 独立开发

独立开发适合于有较强的环境信息系统分析与设计队伍和程序设计人员、系统维护使用队伍的组织和单位,如大学、研究所、计算机公司、高科技公司等单位。

独立开发的优点是开发费用少,实现开发后的系统能够适应本单位的需求且满意度较高,系统维护工作容易进行。缺点是系统的优化程度不够,开发水平相对较低,这是因为开发队伍是非专业的,容易受业务工作的限制。此外,这些开发人员往往是临时从所属各单位抽调出来进行环境信息系统开发工作的,他们在原部门还有业务工作,所以投入开发工作的精力有限。这很容易造成系统开发时间长、开发人员调动后系统维护工作没有保证的情况。因此,一方面需要大力加强领导,实行"一把手"负责的原则;另一方面可向专业开发人员或公司进行咨询,或聘请他们作为开发顾问。

2. 委托开发

委托开发方式适合于使用单位无环境信息系统分析、设计及软件开发人员或开发队伍力量较弱、但资金较为充足的单位。这种情况下，必须与被委托方签订环境信息系统开发项目协议，明确新系统的目标、功能、开发时间与费用、系统标准与验收方式、人员培训方式等内容。

委托开发方式的优点是省时、省事、开发出的系统技术水平较高。缺点是费用高，而且系统维护需要被委托单位的长期支持。这类环境信息系统的开发过程中，需要开发单位和使用单位及时地进行沟通、协调和检查。

3. 合作开发

合作开发方式适合于使用单位有一定的环境信息系统分析、设计及软件开发人员，但开发队伍力量较弱，希望通过与专业公司的合作来完成环境信息系统的开发工作，达到完善和提高自己的技术队伍的目的。

这实际上是一种半委托性质的开发工作，其优点是相对于委托开发方式而言节约了资金，并可以培养、增强使用单位的技术力量，便于系统维护工作，系统技术水平也较高。缺点是双方在合作中易出现沟通问题，需要双方及时达成共识，进行协调和检查。

4. 购买现成软件

目前，环境信息系统的开发正在向专业化和产业化的方向发展。一批专门从事环境信息系统开发的公司已经开发出一批使用方便、功能强大的专项业务信息系统软件。为了避免重复劳动，提高系统开发的经济效益，也可以购买环境信息系统的成套软件或开发平台。

这种方式的优点是节省时间和费用、技术水平较高。缺点是通用软件的专用性较差，需要有一定的技术力量，能够根据用户的要求完成软件改良、接口增加等二次开发工作。

总之，这些开发方式各有优缺点，需要根据使用单位的实际情况进行选择，也可综合利用各种开发方式。

以上是从使用单位的角度来考虑环境信息系统的开发方式。对于专业的环境信息系统开发设计人员而言，必须掌握各种环境信息系统的分析、设计和维护方法，并能独立地完成环境信息系统的设计工作。为此，本书以下着重介绍环境信息系统设计的基本流程，首先介绍设计过程中的基本原则，然后依次介绍各个具体的设计步骤，并就数据结构分析、功能需求分析以及环境信息系统的集成、测试、维护和评价等作进一步的介绍。

3.4.2 环境信息系统开发原则

在环境信息系统的开发过程中，应当遵循以下原则。

（1）系统性。环境信息系统的核心内容是信息，在某种意义上也可以说就是数据。这些数据涉及面广、种类繁杂、数量巨大，因此，在开发设计过程中，应当充分考虑系统性。

（2）科学性。与其他信息系统的设计类似，科学性原则要求开发设计过程必须按照科学的方法进行。即应当在深入调查环境信息资源、深入进行需求分析的基础上，选择合理的设计平台和设计步骤来完成环境信息系统的开发设计工作。

（3）实用性。环境信息系统的最终目的是服务于环境管理。因此，任何一种环境信息系统都应该充分体现其实用价值，特别是与传统方法相比较而言，在这方面更应当具有明显的优势。全面的功能、快捷的系统响应以及人性化的界面都是保证实用性的必要条件。

（4）预见性。环境信息系统的开发往往是一项大工程，因此，在设计的过程中，应当充分考虑该系统的可改造性，这就需要对未来的环境问题具有一定的预见性。应当避免出现一个系统只能用于某一时期或局限于某一领域（特殊环境信息系统除外）。"千年虫"的教训是深刻的，必须尽量避免环境领域出现类似的事件。

要想全面保证上述基本原则，必须从两个方面着手：一是要做到环境信息系统开发设计的规范化，包括开发设计流程的规范化、环境信息分类编码设计的规范化和数据库设计的规范化；二是必须在理论方法的指导下，以事实为依据，在实践中不断发展和完善新设计出的系统。其中，前者可控性强，易于实现；后者则需要以熟练的技巧和丰富的经验作为基础。本书着重介绍前一个方面的内容。

为实现规范化的环境信息系统开发，本书将环境信息系统的设计过程分为六大步骤，即

（1）环境信息系统总体规划；

（2）环境信息系统分析；

（3）环境信息系统设计；

（4）环境信息系统实施；

（5）环境信息系统测试；

（6）环境信息系统运行、评价和维护。

在实施上述六个阶段的过程中，必须始终考虑到环境信息系统的组成，即人、计算机和数据。

人是指企业领导者、管理人员、技术人员，以及 EIS 建设的领导机构和实施机构，他们在系统开发和管理中起主导作用。EIS 开发是一项系统工程，不是只靠一些计算机开发人员就可以完成的，必须有环境领域的专业技术人员，尤其是负责领导的积极参与。

计算机技术是建设 EIS 的主要技术之一，其中，软件开发技术是 EIS 开发的重点。

第三个因素也不能忽视。环保单位的管理数据是 EIS 正常运行的基础。广义地说,各项管理制度是 EIS 建设成功的基础。例如,要分析计算一台机床的噪声情况,就需要按时输入每个部件、每个零件甚至每个螺钉螺帽的具体情况,也涉及工厂的生产车间、采购、工艺设计等多个部门,必须有一整套管理制度做保证。

在下面几节中,将依次详细介绍前述环境信息系统开发的六个步骤。

3.4.3　环境信息系统总体规划

总体规划是环境信息系统设计的第一步,也是至关重要的一步。总体规划阶段应当根据需求和现有条件,在完成详尽准确的调查之后,提出一个与本组织发展相适应的先进而实用的,以计算机系统为基础的信息系统总体规划方案。本阶段主要内容包括:必备条件的准备与落实、详细的调查和系统目标的确定、可行性分析。

1. 落实必备条件

环境信息系统的开发经验表明,系统要开发成功,必须具备以下几个条件:领导重视、管理基础好(结构性好)、有专业技术队伍、管理人员积极参与、必要的软硬件条件。这五条缺一不可,在准备工作阶段可检查这几方面工作的落实程度。

2. 确定系统目标

系统目标的确定是本阶段的工作重点,信息系统建成后运行效果好不好,关键在于系统目标确定得好不好。所谓效果,就是趋向目标的行动和达到目标的程度。在可行的基础上确定的高目标,其结果必然是高效果;低目标的结果必然是低效果;无目标即盲目性很大,就毫无效果可言。以前很多信息系统开发不成功,重要原因之一就是系统目标制定得不合适。

系统目标的确定在很大程度上取决于调查研究工作,系统调查的主要内容应该包括:

(1) 现行系统概况。组织的发展历史、目前组织的规模、工作状况、管理水平、与外界的主要联系等。调查该项内容的目的主要是为了划分系统界限、系统与外界的输入、输出接口等。

(2) 组织机构。画出组织的结构图,弄清组织的行政关系、人员编制、工作范围、地理位置等,发现不合理问题及新系统启动后可能对现有组织的影响。

(3) 业务流程。按照业务种类的不同和处理时间的先后顺序,深入了解现行系统的业务流程,画出现行系统业务流程图,并与业务人员反复讨论,得到认可。调查中要注意定性与定量相结合,注意人、财、物、信息的流向、规格、频率、要求以及需要解决的问题等。

(4) 报表、数据处理。了解各种统计报表、数据的格式、内容、处理时间及上报时间、频率、规律、存在的问题、对新系统的要求、希望等,并收集各种报表。

(5) 问题。现行系统中存在的主要问题和薄弱环节,可以按照严重程度分成不同的等级。新系统的建立应能解决大部分问题,并改善薄弱环节。

(6) 新系统的功能和目标。了解各级领导和各类业务工作人员对新系统功能的要求,为进一步准确定位新系统的目标做准备。

(7) 其他。包括对新系统的各种约束条件,需要说明的其他问题等。

3. 可行性研究

1) 可行性研究的任务

可行性研究阶段的任务是:在对现行系统进行调查分析的基础上,对开发研制环境信息系统的需求作出预测和分析,研究系统开发的需要和可能,制定出几套方案,并对技术可行性、经济可行性、运行可行性等方面进行分析,然后对几个方案进行比较,得出结论性建议,编制出可行性研究报告。

可行性研究又称为可行性分析、可行性论证,是环境信息系统开发最初的重要环节,关系到系统开发使用的成败。事实上,任何大型项目在正式建设之前都必须进行可行性分析,不能盲目启动,否则必然会造成巨大的浪费,也可能半途而废。

对于环境信息系统开发而言,可行性研究的目的是解决"是否可能"和"有无必要"的问题,其基本含义是根据组织当前的实际情况和环境条件,从各方面来判断这个信息系统的建立是否必要以及是否具备开发所需的资源条件。可行性研究阶段所编制的可行性研究报告一般作为"立项"和申请经费、设备、人员等资源的主要依据,也是上级管理人员进行科学决策的主要依据。

然而,由于社会经济系统的复杂性,到目前为止,还没有形成一套完整的、通用的可行性研究方法。因此,只要能够完成可行性研究这项工作任务,能够回答"是否可行"和"何者最优"这两个问题的一切科学方法和传统方法(经验)都是可用的。

2) 可行性研究的过程

可行性研究工作从接受任务开始,一直到通过可行性研究报告为止,大致可以分为明确任务、环境调查、提出方案、可行性分析等步骤。

(1) 明确任务

提出开发环境信息系统要求的可能是环保机构的领导,也可能是环境机构的高层管理人员,或者是上级机关。他们提出开发要求的原因可能如下:①信息处理的能力不能适应管理工作的需要,不能及时向管理决策提供必要的信息;②数据重复收集和存储,增加了管理工作量和出错的可能性;③难以满足随机的和突发性的查询统计要求;④信息利用率不高,分析综合工作不足;⑤乏味、重复、繁琐的手工处理方式。

可行性研究要确定系统的目标、要求、任务、功能等。用户提出的原始要求很重要，值得特别重视。但是，往往由于他们对计算机能做什么并没有确切的概念，更没有定量的标准。因此，一般说来是含糊的、不具体的和不确切的，有时主次不分，只罗列问题和要求。所以，一般说来，用户的最初陈述只提供了形成系统目标的素材，而不是明确的系统目标和功能，不能作为判断信息系统开发是否可行的依据。这种情况的出现是必然的，不能要求相关的领导人和管理人员都通晓计算机信息处理的细节。将他们的要求明确化、量化、分清主次，形成科学的项目目标，这些工作必须由系统开发人员来完成。

在明确要求的过程中，系统开发人员要在调查研究的基础上，根据实际情况，认真分析用户所提出的一系列要求和解决问题之间的关系，这些要求之间可能存在某些因果关系，也可能存在互相矛盾需要加以权衡的关系，有的还需要确定主次顺序。只有把这些关系分析清楚，才能抓住实质，明确地表达出项目的主要目标和要求。最后，系统开发人员应该使用非技术性语言，以书面的形式描述系统的目标、新系统的功能范围、要求的时间进度、可能投入的人力、物力、财力资源以及其他关键性问题。

（2）环境调查

环境调查的目的是对相关单位的环境给出一个概括性的描述，以便提出候选方案和进行可行性分析。调查的重点是企业组织与原信息系统的总的情况、企业的外部联系、企业的能力和发展规划以及企业的各种资源条件和受到哪些外界条件的限制，因为这些因素是系统开发人员所不能左右的，而必须在工作中服从的因素，它们对可行性研究的影响最大。同时，还应在调查中重点了解现行信息系统存在的问题和要求，作为新系统开发的出发点。

单位环境调查主要包括以下几个方面的内容：单位概况、组织结构与外部联系、主要业务流程、当前系统的现状、主要问题、设备能力、库存能力、财务成本等。

在环境调查时所采用的方法常常是阅读资料以及同企业领导和有关部门的领导进行面谈或座谈，也可根据情况设计各种调查表辅助调查。环境调查所投入的人力不必太多，但要求具有相当的工作经验。

（3）提出方案

在环境调查的基础上，根据用户提出的要求，对建设新系统的要求作出分析和预测。同时，考虑新系统所受到的各种制约因素，给出几种拟建系统的候选规模和方案。

（4）可行性分析

可行性分析应注意两点：一是必要性，二是现实性。后者尤其需要考虑以下几个方面：

a. 技术可行性分析。技术可行性分析是指根据用户提出的系统功能、性能及实现系统的各项约束条件,从技术的角度研究实现系统的可能性。技术可行性研究往往是系统开发过程中难度最大的工作。技术可行性研究包括:风险分析、资源分析和技术分析。风险分析的任务是,在给定的约束条件下,判断能否设计并实现系统所需功能和性能。资源分析的任务是,论证是否具备系统开发所需的各类人员(管理人员和专业技术人员)、软件、硬件和工作环境等。技术分析的任务是,当前的科学技术是否支持系统开发的全过程。在技术可行性分析过程中,系统分析人员应采集系统性能、可靠性、可维护性和可生产性方面的信息。分析实现系统功能和性能所需要的各种设备、技术、方法和过程,分析项目开发在技术方面可能担负的风险,以及技术问题对开发成本的影响等。数学建模、原型建造和模拟是信息系统技术分析活动的有效工具。

b. 经济可行性分析。经济可行性分析的任务是分析经济效益是否超过其研制和维护所需的费用,判断进行该项目是否合算。主要包括估计费用及估计收益两个方面。

c. 法律可行性分析。法律可行性分析研究在系统开发过程中可能涉及的各种合同、侵权、责任以及各种与法律相抵触的问题。

d. 社会可行性分析。社会可行性分析是分析人和社会因素对系统开发可能性的影响。某些时候,开发与实现一个新的信息系统时,所受的最大阻力就是来自人为的因素。

3.4.4　环境信息系统分析

系统分析(又称逻辑设计)是环境信息系统建设的第二阶段,这个阶段的主要工作包括:功能需求分析、数据分析、建立系统逻辑模型、系统分析报告编制。

系统分析阶段最终要提出一个新系统的逻辑模型,即根据本部门实际情况,确定所设计的新系统应该干什么,应该具备怎样的功能。新系统的功能是在对现行信息系统进行深入详细调查研究的基础上,针对现有信息系统的缺陷,依据系统的目标提出来的。

系统的需求分析是系统分析的重要内容。通过需求分析要确定下列内容:系统的功能需求、系统的软硬件需求、系统的性能要求等。

系统分析阶段的一个重要任务是建立软件质量保证小组,该小组应包括:总体组代表、用户代表、专职的软件质量保证人员、专职的软件配置人员、子系统软件质量保证人员。该小组的职责应以书面形式明确规定,而且要明确小组各成员应负的职责和相互关系。

系统需求说明书是这一阶段要完成的主要文档之一,它为开发者和客户之间在软件产品完成目标方面建立共同协议,应由双方联合起草,经双方反复协商,达成一致意见后共同会签认可,最后完成系统分析报告(系统逻辑设计说明书)。

1. 功能需求分析

环境信息系统建设的目标是配合各级环境保护部门进行科学管理,辅助环境管理决策,其功能设置应满足各级环境管理的要求。

(1) 功能设置原则。①合理性:应基本符合国家现行法规对环境管理职能的要求,同时兼顾各地方的特点。②可能性:应在能有效实施目前人工管理方案的基础上,同时从硬件环境(技术与投资)方面考虑设置计算机信息系统功能实施的可能性。③综合性:要求在系统内各系统间既有明确的功能划分,又做到基础数据共享,以数据库支持管理和功能,各子系统的功能相互补充,为环境管理业务和决策服务。④预见性:要充分预计环境管理的发展及信息技术的发展前景,在统一规范的基础上进行系统设置时,应留有发展余地和良好的接口。⑤阶段性:应遵循全面分析、分期实施的原则,无需在系统建立初期求大、求全。

(2) 功能需求的特点。①环境信息系统要求较高的分布处理能力。②由于环境管理具有明显的层次性,形成一个功能的阶梯结构;同时,各地环境管理除具有共性外还有一定的特殊性,因此,各级环境信息系统的节点都要求有一定的独立工作能力。③环境信息系统的属性是逐级上报数据,同一层次横向联系较少。④环境信息面广量大,要求有较大的信息存储能力,为保证跨省、市、县的宏观调控分析的进行,为综合分析决策支持功能、宏观上决策支持的遥感信息图形分析功能提供信息,国家和省级系统应保存必要的原始信息,具有较强的分析功能。⑤除污染事故处理分析外,环境信息系统一般对实时性要求不高。⑥环境信息系统要求具有较强的信息汇总、统计和进行一般评价综合分析功能。⑦环境信息系统应有模型应用功能。进行结构化设计和建立一系列环境污染总量宏观控制模型、中长期经济计量模型和图形结构模型等。

(3) 功能需求分析。在进行环境管理部门的机构及职能的详尽调查分析的基础上,打破组织机构行政隶属关系的限制,对其业务过程进行分解或合并,按照功能分析原则进行功能分析,得出环境信息系统功能需求分析报告。

2. 软、硬件需求分析

基于计算机的环境信息系统应由硬件设备和软件支持两大部分组成。硬件主要包括计算机及其外部设备、网络、数据通信设备、图形设备等。软件部分则由操作系统、数据库管理程序、图形界面和应用程序以及各种语言及工具等组成。为了使这些硬件设备之间及其软件支持能够组成一个有机的整体,并使之适合环境信息系统的需求,以下几点可作为软硬件配置选型的主要因素。

(1) 任务需求,即工作负荷分析。这是指配置的计算机系统应能够满足环境信息系统全部功能和数据的要求。

（2）性能价格比较（性能价格比是当今购置计算机系统的一个非常重要的指标）。根据资金落实情况，在确保性能指标的前提下，尽可能地购买价格便宜的产品。

（3）使用方便，汉化程度高。环境信息系统的使用对象是环境管理工作者和研究者，面对的是大量的中文信息和资料，因此，要求有友好的用户界面及汉化程度较高的各种软件。

（4）网络功能强。当今的计算机系统已进入了网络时代，各种型号、各种档次的计算机通过某种连接形式组成一个强有力的、实用的网络系统是一个十分有效的方法。环境信息系统的构成，应该建立在一个强有力的网络功能基础之上。

（5）兼容性要好，易于同现有设备相连。

（6）先进的设计思想与软、硬件的升级能力。近年来计算机的发展日新月异。因此，在系统的选择上，包括机型、操作系统、图形界面、数据库 DBMS 等方面都应考虑其设计思想的先进性及软硬件的升级能力，以便今后用很少的投入实现升级换代。

（7）可靠性与可维护性。硬件的稳定性要好，设备的故障能在很短的时间内修复，整个系统要易于维护及保养。

（8）售后服务能力强。

基于以上原则，在完成负荷量计算之后，就可以按照需求进行软硬件配置，包括工具软件和网络体系等方面的分析工作。

1）负荷量计算

系统负荷量计算时应包括以下几个方面：

（1）基本信息总量估算；

（2）用户数；

（3）图形图像的存储量；

（4）数据库系统 DBMS（包括数据库软件及其支撑软件）占用的空间；

（5）系统和图形系统及各种语言、工具占用的空间；

（6）应用系统，即环境信息系统软件以及其他各种软件，如地理信息系统、排版软件以及各种数据库；

（7）还应考虑某些中间结果和不可预见的存储量。

2）软硬件环境的需求分析

（1）操作系统。操作系统一般是随硬件系统而产生的。十多年前，世界上各大计算机公司都有着各自独立、不相兼容的操作系统。随着大多数用户对开放式系统的呼声越来越高，以及 RISC 技术的新起，UNIX 操作系统被推上了历史舞台。UNIX 系统具有支持多用户、设计简洁、可移植性与开发性好、可用性强、连接性好的特点，以良好的用户界面、安全保护与抗病毒机制、强大的联网能力以及不受单方面集团控制的特点,深受全球计算机界的重视,尤其在工作站领域中有着得天独厚的优越性。近年来,也出现了一些其他可供选择的操作系统,如 Windows NT 等。

(2) 数据库管理系统。数据库系统有两个重要组成部分:数据库和数据库管理系统。数据库是指按某一特定规范进行数据存放的场所;管理程序则是数据库与用户之间的接口软件,其主要任务是接受和完成用户对数据库的请求与操作,完成用户对数据库中数据的检索与存放。在当今的数据库领域中,以 Oracle 和 Sybase 两种分布式关系型数据库较为流行。Sybase 数据库系统是近年来涌现出的一个新军,除了具有 Oracle 的特点之外,采用了先进的客户/服务器结构。这种结构使得用户界面应用同数据管理及事务处理功能完全独立,不必使每个客户都对应一个服务器。Sybase 实现了真正的异种机、异种操作系统的共享资源能力。目前,许多已成功开发的环境信息系统都是在此基础上开发的,例如国家环保总局、江苏省环保局的信息系统以及南通市环境信息系统都选用的是 Sybase。

(3) 应用系统。应用系统是环境管理、研究、决策支持的核心部分,是环境信息系统是否具有生命力的最重要体现。环境信息系统应具有评价预测功能,所以必须配置环境评价预测模型。在系统开发中应当根据实际情况选择适当的模型。一般需要以下几类模型:①水、气、噪声等环境质量评价模型;②水、气、噪声污染源评价模型;③环境-经济预测模型;④大气环境质量预测模型;⑤水环境质量预测模型;⑥噪声污染预测模型;⑦大气污染物总量控制模型;⑧水质污染物总量控制模型。

在研制环境信息系统时,可根据实际情况选择适当的模型,选取原则是:①根据当地的环境管理水平选择模型;②根据当地的特点选择模型;③根据数据支持程度选择模型。

(4) 网络体系结构。20 世纪 80 年代后期,计算机在我国已达到迅速普及的阶段,随着应用水平的不断深入,已由单机向联网发展过渡,特别是对信息系统的建设更是建立在管理具有强大联网能力和标准之上的。进入 21 世纪以来,网络已成为了各种信息传播的主要工具之一。以图形工作站作为主机和服务器,通过联网的方式把各职能科室、监测中心站等单位用微机与服务器相连,可以实现环保局领导下的一体化的设想。对于网络类型的选择,可以采用以太网形式,即通过细线以太同轴电缆把微机、终端与工作站服务器连接起来,形成一个计算机局域网络。以太网作为大、中、小微机之间的一个桥梁,是目前国际上较流行的一种网络,已成为我国计算机局域网的主流标准。以太网的产品和技术受到多方面长期的考验,得到国际上大多数软硬件厂家的支持。作为以太网基础的 TCP/IP 协议即传输控制协议与网际协议得到了国际工业界的认可,具有强大的联网能力与对多种应用环境的适应能力,是环境信息系统建设中一种比较理想的网络体系。

3. 其他需求分析

除了上述需求分析外,还应当考虑系统建设中的其他需求,包括人员、资金等方面。

1) 人员编制

为确保环境信息系统建设的顺利进行,以及今后的正常运行和维护,应成立类似于"环境信息中心"的专门单位,隶属各级环保局领导。从系统正常工作的最低要求出发,工作人员组成应包括:负责人、系统分析人员、硬件人员、系统软件人员、数据库管理人员、应用软件人员、环境专业人员、数据录入员等。

2) 资金需求

环境信息系统的建设是一项一劳永逸的工程。它的建成将产生巨大的社会效益及环境效益,但在建设初期,必要的投入应该得到充分的保证。

4. 数据结构分析

1) 数据来源分析及规范化分类

(1) 环境信息的主要来源分析。环境信息是一个涉及许多领域的综合信息,大致可分为环境质量、污染源状况、环境管理、环境科研、情报资料、环保系统网络基本情况及其他有关经济、社会、自然基本情况等七大部分,其主要内容和来源列于表 3.2。由表可知,环境信息的内容极为丰富,来源也十分广泛。环境监测部门所产生的环境监测数据在环境信息中占主要部分,与环境管理密切相关,环境质量、污染源状况、气象、水文、社会经济状况及环保科技水平、环保标准和法规是环境管理过程中必不可少的依托。环境管理各职能部门在管理工作过程中也将产生各自的管理信息。

表 3.2　环境信息主要内容、来源一览表

序号	信息种类	主要信息内容	信息主要来源
1	环境质量监测	地面水、地下水、海洋、大气、酸雨、噪声、放射性、电磁辐射、生物等监测点(断面)分布、监测时间、监测方法、监测数据	国家环境监测总站及地方各级环境监测站各大水系、海洋、大气
2	污染源调查监督、监测	污染源基本情况、工业用水、燃料、原辅材料消耗、工业废水、废气、固体废弃物及有害废物排放、治理设施、处理、利用及排放去向等情况	各级环境监测站、有关工业部门、企业
3	环境管理	环境法规、标准、环境规划、环境统计、排污收费、建设项目、污染防治、污染事故、自然生态、动植物保护、排污许可登记、有毒有害品登记	国家环保局及地方各级环保部门

序号	信息种类	主要信息内容	信息主要来源
4	环境科研	各类环境科研成果、模式、评价、新技术、新方法、环境容量、环境背景值	国家环保局、各环境科研院所、高等院校、各环境监测站
5	环保情报资料	国内外图书资料、新技术、新方法、新设备仪器、新成果、重要会议、活动	情报所、各环境科研院所、各环境监测站
6	环境系统网络基本情况	机构设置、人员组成、基本建设、仪器装备、投资经费	各级环保部门
7	其他有关经济、社会、自然的基本情况	工业、交通运输、气象、水文、海洋、社会生活、人口、资源等社会经济情况	各有关部门

(2) 环境信息的规范化分类。数据库是环境信息系统的核心与基础,其设计质量直接影响系统的运行和维护,要建立良好的数据库系统,就必须对环境数据本身的规律、特性进行研究,进行合理分类,并以此作为数据分类存储的依据。环境信息的分类主要应遵循下列原则:①应包括环境管理所涉及的全部数据;②数据类型的划分应面向数据所反映的环境特征,而不是面向主要应用数据的单位和部门;③数据类型的划分应以其自身的内在规律为基础,适当考虑数据来源和采集渠道等;④环境数据的划分还应为今后环境管理发展留有余地,如今后规划和决策支持等的数据要求;⑤就具体某一数据来说,其类型划分是惟一的。

按照不同的分类基础,环境信息大致有以下几类:

(1) 以环境信息来源与产生为基础进行分类,可分为环境监测信息、环境统计信息、环境科研信息、环境普查信息(工业污染源调查、环境背景值调查)、环境法规与标准信息、环境管理机构信息、有毒化学品信息、自然保护信息、非环保部门产生的信息等。

(2) 以环境信息的表现形式为基础,将环境信息分为数值型环境信息、文字型环境信息。

(3) 以时间的关系为基础,将环境信息分为不随时间变化的环境信息、随时间变化的环境信息(又可分为定期更新和不定期更新的环境信息)。

(4) 以与空间的关系为基础,将环境信息分为因地区而异的环境信息、不随位置变化的环境信息。

(5) 以环境介质为分类基础,将环境信息分为水环境信息、大气环境信息、土壤环境信息、噪声环境信息、生物环境信息。

(6) 以学科分类为基础,将环境信息分为环境数学信息、环境化学信息、环境物理信息、环境生物信息。

（7）以信息处理程度为基础，将环境信息分为原始环境信息、非原始环境信息（经过加工、处理的环境信息）。

（8）以环境信息的使用为基础进行分类，将环境信息分为经济社会环境信息、政策法规信息、环境建设（工程）信息。

（9）目前，环境管理信息主要来自四个方面：一是排污的企（事）业单位填报的污染源基本信息；二是由各级环境监测部门采集的环境质量、污染源等有关信息；三是由各级环境管理部门收集的用于环境管理业务的信息；四是来自各级相关部门，如城建、交通等部门的信息。根据信息分类的基本原则，在环境信息系统的开发应用中，环境信息的分类如图3.8所示。

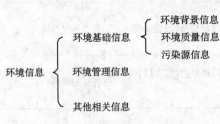

图3.8 环境信息的分类图

2）数据结构分析

（1）数据分析的原则：①全部功能都要有数据项支持，不能出现多余的数据项；②将所有数据项按照功能划分的情况进行组合，应尽可能减少冗余；③数据集的划分应保证实现功能时调用数据方便。

（2）数据字典。数据字典存储方式有两种：一种是人工方式，将每个数据字典元素记录在一张卡片上，整个系统数据字典元素汇成数据字典，其中整理、修改与保存等操作都以人工方式进行。另一种是在计算机的存储器上建立数据字典，并能自动修改、补充以及查询。

3.4.5 环境信息系统设计

系统设计是环境信息系统研制过程的第三阶段。这个阶段的主要任务是根据系统分析的逻辑模型提出一个物理模型，即解决"如何做"的问题。系统设计阶段的工作内容包括信息分类的编码设计、系统分解、确定功能模块及连接方式、人机界面设计（输入、输出设计）、数据库设计及模块功能说明等。数据库的设计是这一阶段的关键，全过程包括概念设计、逻辑设计、物理设计、实施、维护。这一部分内容已在前面专门介绍，这里不再重复。以下着重介绍本阶段的其他工作。

1. 系统设计的评价标准

评价系统设计优劣的标准可以分为以下四个方面。

（1）系统运行的效率。系统运行的效率从三个方面反映：运行能力，即单位时间内处理的业务量；运行时间，即具有同样工作量的作业运行所用的时间；响应时间，即在终端按下"进入"键，提出要求，直到计算机在终端上回答信息的时间。

（2）系统的工作质量。系统的工作质量主要指系统所提供信息的数据精度及信息的及时性。

（3）系统的可靠性。系统的可靠性是系统受到外界干扰时系统的抵御能力和恢复能力，如系统的保密性、容错能力等。

（4）系统的可修改性。环境信息系统应该能随着新情况的出现不断改进，它要求系统所设计的软件易读、易改，并且局部修改不会牵动全局。系统的可修改性很大程度上决定了系统的质量。

2. 系统功能分解

1）系统功能分解的方法

目前，国内外广泛采用结构化方法进行系统设计，这是一种规范化的设计方法。

结构化系统设计就是把一个系统按不同层次进行逐级模块分解，首先把整个系统看成一个模块，然后按功能分解成第一层模块，它们各负担一定的局部功能，互相配合，共同完成整体功能，然后将第一层每个模块进一步分解，分解成为更简单一些的第二层，按此方法逐步分解，直至每个模块功能不可再分解为止。这样就形成了系统的多层次功能模块图。越上层的模块，其功能越笼统，越抽象；越下层的模块，其功能就越简单，越具体。

2）模块的定义

这里所说的模块是指具有输出、输入、逻辑功能、运行程序与内部数据四种属性的一组程序语句。一个模块的规模大小，可以是一个程序也可以是一个程序段或者一个子程序。

3）模块的划分和联结

（1）模块的凝聚程度。模块凝聚程度表示一个模块本身的内在联系是否紧密，是否比外部联系少。一般分为功能凝聚、数据凝聚、过程凝聚、暂时凝聚、逻辑相似凝聚、偶然凝聚等六种。其中以功能凝聚程度最高。

（2）模块的耦合。模块的耦合是指模块之间的信息交换关系。设计时应减少模块之间耦合程度，提高每个模块的独立性。模块之间的耦合有三种，即数据耦合、控制耦合、非法耦合。模块联结时尽量采取数据耦合，少用控制耦合，不用非法耦合。

4）结构图的画法

结构图的出发点是数据流图，先把整个系统当作一个模块，然后逐层划分模块。划分时一方面要实现数据流图中所列举的各项任务及处理顺序，另一方面要保证系统结构尽量合理。也就是在每一层上尽量使模块具有较高的聚合度，使模块之间只保留必要的数据耦合和极少数的控制耦合，一定不要出现非法耦合。同时合理安排判断的位置,避免出现影响范围和控制范围不一致的情况。在画出每一层时应及时标明信息传输的情况,与此同时,逐步考虑每一模块的具体实施方法,最后根据系统的具体情况确定分解到什么程度为止。这就是结构图绘制的基本方法,也就是物理设计的基本思路。

3. 编码设计

编码是将事物或概念赋予一定规律性的、易于人或计算机识别和处理的符号、图形、颜色、缩简的文字等,是人们统一认识、统一观点和交换信息的一种技术手段。编码作为信息的一种表现形式早已为人们所利用和发展,其形式是多种多样的。例如,国际工业协会(EIA)认定的电阻色环码,以不同颜色的色环来区别不同电阻阻值;盲人字母码,是一种为盲人设计的文字符号系统,这种符号系统包括63个字母和符号,分别用一组突起的大点子与小点子来表示;国际摩尔斯电报码则是用小点和短横的组合来表示英文字母和某些符号。还有缩简的文字、旗语等都是编码的表示形式。

要将信息进行编码,必须首先分类,即按照选定的属性(或特征)区分分类对象,将具有某种共同属性(或特征)的分类对象集合在一起。因此,环境信息代码的编制也是在规范化环境信息分类的基础上进行的。环境信息的编码可分为五类:

(1) 国家级代码,指通用的、适用于国家各行业、各部门的代码;

(2) 行业内部代码,指专门用于环保系统内部的、通用的编码,又可分为污染物类代码、污染处理类代码、环境监测类代码和环境管理类代码;

(3) 企业内部代码,指企业内部使用的与环境管理有关的代码;

(4) 状态类代码,指污染物的排放、处理、处置等所处状态的代码;

(5) 计算机子系统内部代码,指各个子系统为计算机处理的需要而设置的代码。

编码设计的对象是数据字典中的数据元素。编码的方法必须标准化,在系统开发时应首先采用国标编码,需要补充时再自己编码。在编码时应当遵循以下原则:

(1) 惟一性,即保证每一个描述的实体都有确定的代码表示,反之,每一个代码都代表一个确定的实体;

(2) 可扩展性,即应该为今后系统的发展变化留有余地,当有新实体加入系统时,应该很容易编码,而不改动整个代码系统;

(3) 短小,在条件允许下尽量使代码短小;

(4) 长度、格式统一;

(5) 尽量使代码顺序具有一定的意义;

(6) 尽量使代码从字面就能反映某些属性;

（7）代码系统要有一定的稳定性,能够适应环境变化。

4. 数据流程图设计

1) 数据流程图

数据流程图(data flow diagram)表达了系统的处理过程,用图形符号表达了输入、输出与处理操作之间的关系,也包括文件建立与使用的过程。系统流程图表达了数据的流向,特别是指出数据传输所通过的存储介质和处理过程,是一张程序流程的粗框图,通过它可以顺序地画出模块处理框图,并且可以指导程序的设计工作。

数据流图有四种基本符号:外部项(数据来源及去处)、数据流、处理过程和数据存储,如图 3.9 所示。

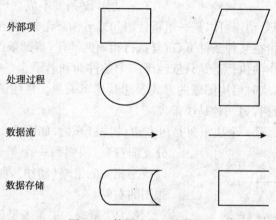

图 3.9　数据流图基本符号

在绘制数据流图时,也采用结构化层次分析方法,基本思想是自顶向下逐层分解。绘制数据流图时,先把系统当作一个功能看待,有输入、输出,把该功能当作一个黑箱,画出数据流程图,然后继续分解成更小的功能块,画出反映这些功能的输入输出图,以此类推,逐层画下去,直到满足所需的详尽程度为止。

2) 处理逻辑说明

目前较为流行的表达处理逻辑说明的工具有三种:结构式语言(structured language)、决策树(decision tree)与决策表(decision table)。

（1）结构式语言。结构式语言是一种书写"处理逻辑说明"的语言,专门用于描述一个功能单元的逻辑要求。它不同于自然语言,用自然语言表达一个逻辑功能需要很长的篇幅才能解释清楚。它也不同于程序设计语言,程序设计语言有一套严格的语法规定,往往使用户很难读懂。结构式语言介于这两种语言之间,同程序设计语言结构上类似,只允许三种基本结构,即顺序结构、判断结构和循环结构。结构式语言的词汇主要有以下三类:①祈使句中的动词;②数据字典上的名词;③某些逻辑表达式中的保留字。结构式语言使用的词句只允许有以下四类:①简单的祈使语句;②判断语句;③循环语句;④上述三种语句的复合句。其中,祈使语句指要做什么事情,包括一个动词,明确指出要求行使的功能,后面跟一个名词宾语,表达动作的对象,这些名词在数据字典中定义。祈使语句的句子比较简短,没有形容词、副词等修饰词,例如"计算排放量"、"浓度乘以流量"等。判断句指类似程序设计的判断结构,其一般形式如下:

如果　　　　条件
　　　则　　　　动作 A(条件成立)
　　否则
　　　　　　　动作 B(条件不成立)

在判断语句中,每个动作可以是一组祈使语句或者循环语句,甚至是另外一个判断语句。循环语句指在某种条件下,重复执行相同的动作,直到条件不成立为止。

如果某个动作的执行不是只依赖于一个条件而和若干个条件有关,那么这项策略就比较复杂,这时可用图表的方式表达其逻辑关系。常用的图表表达方式有两种:一种是决策树,另一种是决策表。

(2) 决策树。看一个决策树是由左边(树根)开始,如图 3.10 所示,沿着各个分支向右看,根据每一个条件的取值状态,可以找出相应的策略(动作),所有的动作都在这张图的右侧。

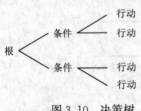

图 3.10　决策树

(3) 决策表。决策表是显示条件和行动的一个行列矩阵。表中包括决策规则,说明当某条件成立时,紧跟的行动是什么,见表 3.3。

表 3.3　决策表

	条件	决策规则
条件语句	(1)	Y or N
	(2)	Y or N
	(3)	Y or N
行动语句	A	是否选择
	B	是否选择
	C	是否选择

(4) 三种工具的比较。可从以下几方面对上述三种工具加以比较,见表 3.4。因此,对于不太复杂的逻辑判断,最好选用决策树;对于十分复杂的逻辑判断,最好

选用决策表;而当既包含顺序结构,又包含判断和循环逻辑的时候,最好选用结构式语言。

表 3.4　三种工具的比较

工具	可理解性	可验证性	直观性	易设计性	可修改性	自动生成性
决策树	好	较差	好	较差	较好	较差
决策表	较差	好	较差	好	较差	好
结构式语言	较好	较好	较好	好	好	好

5. 人机界面设计

在计算机软件技术中,人机界面已经发展成为一个重要的分支。人机界面设计也是环境信息系统设计中的一项重要内容,过去往往不受重视。实际上,人机界面设计不仅有助于提升系统的竞争力,对于系统功能的实现也是十分有利的。

1) 人机界面设计原则

在环境信息系统的人机界面设计中应遵循以下基本原则。

(1) 以通信功能作为界面设计的核心。人机界面设计的关键是使人与计算机之间能够准确地交流信息。一方面,人向计算机输入信息时应当尽量采取自然的方式;另一方面,计算机向人传递的信息必须准确,不致引起误解或混乱。另外,不要把内部的处理、加工与人机界面混在一起,以免互相干扰,影响速度。设计 EIS时,针对每一个功能,都要按照模块化思想,使输入、处理与输出"泾渭分明",充分体现人机界面的通信功能,这样设计出来的程序不易出错,而且易于维护。报表打印是 EIS 必备的功能之一,而且打印之前常常需要计算。计算与打印分开设计,虽然消耗时间,但易于实现整个系统的维护。

(2) 界面必须始终一致。统一的人机界面不会增加用户的负担,且可以让用户始终用同一种方式思考与操作。例如,在整个系统中可以用问号图标表示帮助,以磁盘图标表示存盘,以打印机图标表示打印等。最忌讳的是每换一个屏幕用户就要换一套操作命令与操作方法。

(3) 界面必须使用户随时掌握任务的进展情况。人机界面应该能够告诉用户软件运行的进度。特别是在需要较长时间的等待时,必须让用户了解工作进展情况,如可以设计已经完成了百分之几的任务进度条等。目前,Windows 下的应用软件无论大小,其安装程序几乎均做到了这一点。开发 EIS 软件时,这一点很值得借鉴。

(4) 界面必须能够提供帮助。一个优秀的 EIS 软件应该能够提供在线帮助功能,或者提供使用向导。这将给用户带来极大的方便。在多媒体环境下,以语音提示作为操作向导,不会干扰屏幕信息,是一个极佳的选择。

（5）界面友好,使用方便。多数 EIS 软件的数据输入量较大。对于一些相对固定的数据,不应让用户频频输入（特别是汉字）,而应让用户用鼠标轻松选择。例如,对于环境噪声信息系统,按倍频程划分噪声级时,从 125Hz,250Hz…… 到 8kHz,这些值都是比较固定的,录入这类数据之前,软件系统应在相应位置弹出一个列表框,待用户以鼠标点击选择,而不应让用户每次都重复输入这些数字。另外,开发者应编写实时错误记录程序,自动记录何日、何时、何程序出了何种错误。总之,所开发的 EIS 在使用过程中,应使用户的数据输入量降至最低限度,同时也要减少用户的干预量。实践证明,用户干预愈少,EIS 系统的满意程度愈高。

（6）输入画面尽可能接近实际。这样可以增加系统的人机亲和力。

（7）具有较强的容错功能。误操作、按键连击等均有可能导致数据误录,巧妙地进行程序设计,可以避免此类因素造成的错误。例如,录入噪声大小时,可以对其范围进行限定,使用户无法输入 0～200dB 以外的数据。

2）输入输出设计

界面设计中的主要内容是输入输出设计。

（1）输入设计的内容：①输入信息的名称及功能；②输入周期；③输入限制；④输入媒体；⑤输入方式；⑥输入信息收集方式、原始记录如何收集；⑦输入原始信息的名称；⑧输入数据项名称、位数与使用文字或符号输入格式。

（2）输出设计的内容：①输出信息名称及功能；②输出周期；③输出限期；④输出媒体；⑤输出的方式；⑥保密要求；⑦输出数据项名称、位数、输出的符号或文字、输出格式设计。输出的数据或表格应符合国家有关规定,并满足用户的要求。

3.4.6　环境信息系统实施

本阶段将新系统的物理模型转化为用所要求的程序设计语言或数据库语言书写的源程序系统。在系统实施阶段要成立系统实施工作组,组织各专业小组组长和有关部门的领导共同编制系统实施计划。

系统实施阶段的主要工作包括：系统硬件的购置与安装、程序的编写（购买）与调试、系统操作人员的培训、系统有关数据的准备和录入、系统调试和转换、文件资料归档等。

1. 硬件购置

硬件的购置和安装包括计算机硬件、外设、网络、电源、机房、环境等有关设备的购买、验收、安装与调试工作等。这些工作主要由专业技术人员完成。

2. 程序编制

1) 程序设计要求

(1) 各级菜单、提示、结果输出要求全部汉化，而且直观、形象，使所有管理人员都可以看懂。

(2) 操作方法尽可能简单、方便，力争每次仅按一键就可控制系统工作方向，使完全不懂程序设计和汉字录入的管理人员也能上机操作。

(3) 要求编程严谨、逻辑性强、模块化编程，并具有一定的"容错"能力，以防止因偶然的误操作而使系统运行中断。还应具有保险、保密措施，防止数据丢失、变化，防止程序被篡改。

(4) 程序可读性好，便于修改、完善、功能扩展和系统移植。

2) 程序设计方法

目前，一般采用结构化程序设计方法。结构化设计有以下五种基本形式。

(1) 顺序结构形式。它是按语句在程序中出现的顺序进行的。

(2) 选择结构形式。在判断"真"、"假"的基础上，选择程序中的一条为程序执行的通路。

(3) 先"判断"后"做"的循环结构。利用 DO WHILE 语句首先对条件进行判断，条件为真，则反复执行某一功能，一直到条件不成立退出循环。

(4) 先"做"后"判断"的循环结构。同样利用 DO WHILE 语句，执行某一功能，然后再对条件进行判断，若条件不成立，一直不执行某一功能，直到条件成立为止。

(5) 分情况判断结构。程序要按不同情况，分别执行不同功能，因此，要首先判断目的情况，然后走不同路径，执行不同的功能。

用结构化程序设计方法编写程序，使程序结构趋向标准化，都有一个入口和一个出口，而且限制使用 GOTO 语句，这样，编写的程序呈线性，可以从头到尾顺序阅读，提高了程序的编制效率，改进了程序的清晰度，缩短了程序的测试时间。另外，以程序的模块为单位开展设计，使程序可读性、可修改性、可维护性都得到了提高。

3) 编写程序

程序编写工作要在系统设计和程序设计要求的范围内进行，并力争给用户创造一个新颖、舒适、可靠的业务处理环境。这是一项十分具体而具有技巧性的工作，必须由专业的程序设计人员或有经验的软件工程人员完成，必要时可对整个程序按模块进行分解，由多人共同完成。

3. 数据的准备与录入

环境信息系统一般都拥有大量数据,在向系统录入数据时,需要收集、校对、整理、修改,工作量非常大,实施前必须做好准备。

具体的做法是由业务部门抽调人员和课题组人员共同合作,先录入一部分数据,作为程序调试、测试之用,待系统正式交付使用后再由业务人员自行录入数据。准备及时地录入数据是保证系统正常工作的前提。

4. 人员培训

在进行以上各个环节的同时可以开展人员培训工作,包括环境信息系统知识的普及教育、新制度的学习、计算机操作训练等,使所有人员了解新系统的基本功能、新系统对使用人员的要求、建立环境信息系统的目的、环境信息系统的建立可以为组织和个人带来的帮助和便利、个人在新系统中应该承担的工作等,使用户关心和支持新系统的实现。

此外,在一般的信息系统设计中,系统测试也可以归类为系统实施阶段的工作内容,但考虑到对于环境信息系统这类大型复杂的系统,测试工作量很大,而且其重要性显得尤为突出,直接关系环境信息系统的实用性,本书将其单独作为开发过程中的一个重要阶段,并在下一节详细介绍。

3.4.7　环境信息系统测试

系统测试是保证环境信息系统质量的关键步骤,是对系统规格说明、设计、编码和集成的最后复审。无论怎样强调系统测试的重要性和它对系统可靠性的影响都不过分。在开发环境信息系统这类大型应用系统的漫长过程中,面对着极其错综复杂的问题,人的主观认识不可能完全符合客观现实,与工程密切相关的各类人员之间的沟通和配合也不可能完美无缺。因此,在系统生存周期的每个阶段都不可避免地会产生差错。应当力求在每个阶段结束之前通过严格的技术审查,尽可能早地发现并纠正差错,但是经验表明,审查并不能发现所有差错。此外,在编码过程中还不可避免地会引入新的错误。如果在系统投入生产性运行之前,没有发现并纠正系统中的大部分差错,则这些差错迟早会在生产过程中暴露出来,那时,不仅改正这些错误的成本更高,而且往往会造成很恶劣的后果。测试的目的就是在系统投入生产性运行之前,尽可能多地发现系统中的错误。

环境信息系统测试在系统生存周期中横跨两个阶段。通常在完成每个模块之后,就对其做必要的测试(称为单元测试),模块的完成者和测试者是同一个人,模块实现和单元测试用于系统生存周期的同一个阶段。在这个阶段结束之后,对系统还应该进行各种综合测试,这是系统生存周期中的另一个独立的阶段,通常由专门的测试人员承担这项工作。

　　大量资料表明,系统测试的工作量往往占系统开发总工作量的 40% 以上,在极端情况下,测试至关重要的系统所花费的成本,可能相当于系统开发中其他步骤总成本的 3～5 倍。因此,必须高度重视系统测试工作,绝不要认为写出程序之后系统开发工作就完成了,实际上,还有同样多的开发工作需要完成。

　　就测试而言,目标是发现系统中的错误,但是发现错误并不是最终目的。环境信息系统开发的根本目标是开发出高质量的完全符合用户需要的系统。因此,通过测试发现错误之后还必须诊断并改正错误,这就是调试的目的。调试是测试阶段最困难的工作,对系统进行测试的结果也是分析系统可靠性的重要依据。

　　系统测试包括应用软件测试、通信网络测试、中心设施测试等几个关键部分。下面着重讨论软件测试问题,同时,也简单讨论其他几个方面的测试问题。

1. 软件测试概念

　　表面看来,软件测试的目的与软件开发所有其他阶段的目的都相反。软件开发的其他阶段都是"建设性"的,软件工程师力图从抽象的概念出发,逐步设计出具体的软件系统,直到用一种适当的程序设计语言写出可以执行的程序代码。但是,在测试阶段,测试人员努力设计出一系列测试方案,目的却是为了"破坏"已经建造好的软件系统,竭力证明程序中有错误,不能按照预定的要求正确工作。

　　当然,这种反常仅仅是表面的,或者说是心理上的。暴露问题并不是软件测试的最终目的,发现问题是为了解决问题。测试阶段的根本目标是尽可能多地发现并排除软件系统中潜藏的错误,最终把一个高质量的软件系统交给用户使用。但是,仅就测试本身而言,其目标可能和许多人原来的设想大不相同。

1) 测试的目标

　　什么是测试? 它的目标是什么? Myers G 给出了关于测试的一些基本规则,这些规则也可以看成是测试的目标或定义:

　　(1) 测试是为了发现程序中的错误而执行程序的过程;

　　(2) 好的测试方案是极可能发现尚未发现的错误的测试方案;

　　(3) 成功的测试是发现了尚未发现的错误的测试。

　　从上述规则可以看出,测试的正确定义是"为了发现程序中的错误而执行程序的过程"。这和一部分人通常认为的"测试是为了表明程序是正确的"、"成功的测试是没有发现错误的测试"等观点是完全相反的。正确认识测试的目标是十分重要的,测试目标决定了测试方案的设计。如果为了表明程序是正确的而进行测试,就会设计出一些不易暴露错误的测试方案;相反,如果测试是为了发现程序中的错误,就会力求设计出最能暴露错误的测试方案。由于测试的目标是暴露程序中的错误,从心理学角度看,由程序设计者自己进行测试是不恰当的。因此,在综合测试阶段,通常由其他人员组成测试小组来完成测试工作。

此外,应该认识到测试决不能证明程序是正确的,即使经过了最严格的测试之后,仍然可能还有没被发现的错误潜藏在程序中。测试只能查找出程序中的错误,不能证明程序中没有错误。

2) 黑盒测试和白盒测试

怎样对程序进行测试呢?测试任何软件系统都可以利用以下两种方法:

黑盒测试——如果已知道了系统应该具有的功能,可通过测试来检验是否每个功能都能正常使用;

白盒测试——如果知道系统内部的工作过程,可通过测试来检验产品内部动作是否按照规格说明书的规定正常进行。

对于软件测试而言,黑盒测试法把整个程序系统看成一个黑盒子,完全不考虑程序的内部结构和处理过程。也就是说,黑盒测试是在程序接口进行的测试,只检查程序功能是否能按照规格说明书的规定正常使用,程序是否能适当地接收输入数据,产生正确的输出信息,并且保持外部信息(如数据库或文件)的完整性。因此,黑盒测试又称为功能测试。

与黑盒测试法相反,白盒测试法的前提是把程序看成装在一个透明的白盒子里,也就是完全了解程序的结构和处理过程。这种方法按照程序内部的逻辑测试程序,检验程序中的每条通路是否都能按预定要求正确工作。白盒测试又称为结构测试。

粗看起来,不论采用上述哪种测试方法,只要对每一种可能的情况都进行测试,就可以得到完全正确的程序,这种包含所有可能情况的测试称为穷尽测试。对于实际程序而言,穷尽测试通常是不可能做到的。

在使用黑盒测试法时,为了做到穷尽测试,至少必须对所有输入数据各种可能值的排列组合都进行测试,但是,由此得到的应测试的情况数可能大到实际上根本无法测试的程度。然而,严格地说这还不能算穷尽测试。为了保证测试能发现程序中的所有错误,不仅应该使用有效的输入数据,还必须使用一切可能的输入数据(如不合法的整数、实数、字符等)。实践表明,用无效的输入数据比用有效的输入数据进行测试往往能发现更多的错误。

在使用白盒测试法时,为了做到穷尽测试,对于程序中每条可能的通路,至少应该执行一次(严格地说每条通路都应该在每种可能的输入数据下执行一次)。即使测试很小的程序,通常也不可能做到上述这一点。

由于无法做到穷尽测试,软件测试也就不可能发现程序中的所有错误。也就是说,通过测试并不能证明程序是正确的。但是,根本目的是要通过测试保证软件的可靠性。因此,必须仔细设计测试方案,力争用尽可能少的测试发现尽可能多的错误。

3) 软件测试的步骤

除非是测试一个小程序，否则，一开始就把整个系统作为一个单独的实体来测试是不现实的。与开发过程类似，测试过程也必须分步骤进行，每个步骤在逻辑上是前一个步骤的继续。大型软件系统通常由若干个子系统组成，每个子系统又由许多模块组成，因此，大型软件系统的测试基本上由下述五个步骤组成。

（1）模块测试。在设计良好的软件系统中，每个模块完成一个清晰定义的子功能，而且，这个子功能和同级其他模块的功能之间没有相互依赖的关系。因此，有可能把每个模块作为一个单独的实体来测试，而且通常比较容易设计检验模块正确性的测试方案。模块测试的目的是保证每个模块作为一个单元能正确运行，所以模块测试通常又称为单元测试。在这个测试步骤中所发现的往往是编码和详细设计的错误，通常利用以下几种数据来进行测试：①正常数据测试，主要检查程序完成各种功能的情况，记录是否准确，检验总数是否正确，数据输出是否准确，打印表格标题、栏目名称、页数是否正确，数据输出结束时有无结束信息；②异常数据测试，采用空数据文件去检查程序运行是否正常；③非法数据测试，测试程序对错误的处理能力包括显示错误信息，以及允许修改错误的能力。检查内容包括输入键号错误时能否及时检查出并发出信息及允许修改操作，输入数据错误时能否及时查出或发出错误信息并允许修改操作，操作错误时能否及时检查出或发出警告信息并允许修改操作。

（2）子系统测试。子系统测试是把经过单元测试的模块放在一起形成一个子系统来测试。模块相互间的协调和通信是这个测试过程中的主要问题，因此这个步骤着重测试模块的接口。

（3）系统测试。系统测试是把经过测试的子系统装配成一个完整的系统来测试。在这个过程中，不仅应该发现设计和编码的错误，还应该验证系统是否确实能提供需求说明书中指定的功能，而且系统的动态特性也应符合预定要求。在这个测试步骤中发现的往往是软件设计中的错误，也可能发现需求说明中的错误。不论是子系统测试还是系统测试，都兼有检测和组装两重含义，通常称为集成测试。

（4）验收测试。验收测试把软件系统作为单一的实体进行测试，测试内容与系统测试基本类似。但是，它是在用户积极参与下进行的，而且可能主要使用实际数据（系统将来要处理的信息）进行测试。验收测试的目的是验证系统确实能够满足用户的需要，在这个测试步骤中发现的往往是系统需求说明书中的错误。

（5）平行运行。所谓平行运行就是同时运行新开发出来的系统和被它取代的旧系统，以便比较新旧两个系统的处理结果。这样做的具体目的如下：①可以在准生产环境中运行新系统而又不冒风险；②用户能有一段熟悉新系统的时间；③可以验证用户指南和使用手册之类的文档；④能够以准生产模式对新系统进行全负荷测试，可以用测试结果验证性能指标。

2. 单元测试

单元测试集中检验软件设计的最小单元,即模块。正式测试之前,必须先通过编译程序检查错误,并且改正所有的语法错误。然后,用系统设计描述作指南,对重要的执行通路进行测试,以便发现模块内部的错误。单元测试可以使用白盒测试法,而且对多个模块的测试可以并行地进行。

一般认为单元测试和编码属于软件工程的同一个阶段,在编写出源程序代码并通过了编译程序的语法检查以后,通常经过人工测试和计算机测试两种类型的测试。这两种类型的测试各有长处,互相补充。人工测试源程序可以由编写者本人非正式地进行,也可以由审查小组正式进行,后者称为代码审查,它是一种非常有效的程序验证技术。对于典型的程序,可以查出 30%~70% 的逻辑设计错误和编码错误。审查小组最好由下述人员组成:①组长,应该是一个很有能力的程序员,而且没有直接参与这项工程;②程序的设计者;③程序的编写者;④程序的测试者。如果一个人既是程序的设计者又是编写者,或既是编写者又是测试者,则审查小组中应该再增加一个程序员。

审查之前,小组成员应该先研究设计说明书,力求理解这个设计。为了帮助理解,可以先由设计者扼要地介绍其设计,在审查会上由程序的编写者解释怎样用程序代码实现这个设计的,通常是逐条语句地讲述程序的逻辑设计,小组其他成员仔细倾听讲解,并力图发现其中的错误。审查会上进行的另外一项工作,是对照类似于上一小节中介绍的程序设计常见错误清单,分析审查这个程序,当发现错误时由组长记录下来,审查会继续进行。审查小组的任务是发现错误而不是改正错误。

审查会还有另外一种常见的进行方法,称为预排,由一个人扮演"测试者",其他人扮演"计算机"。会前,测试者准备好测试方案,会上由扮演计算机的成员模拟计算机执行被测试的程序。当然,由于人执行程序速度极慢,测试数据必须简单,测试方案的数目也不能过多。但是,测试方案本身并不十分关键,它只起促进思考引起讨论的作用。在大多数情况下,通过向程序员提出关于程序的逻辑和假设的疑问,可能发现的错误比测试方案直接发现的错误还多。

代码审查比计算机测试优越的是,一次审查会上可以发现许多错误。用计算机测试的方法发现错误之后,通常需要先改正这个错误才能继续测试,因此,错误是一个一个地发现并改正的。也就是说,采用代码审查的方法可以减少系统验证的总工作量。

实践表明,对于查找某些类型的错误来说,人工测试比计算机测试更有效。对于其他类型的错误来说则刚好相反,因此人工测试和计算机测试是互相补充、相辅相成的,缺少其中任何一种方法都会使查找错误的效率降低。

模块并不是一个独立的程序,因此必须为每个单元测试开发驱动软件和(或)

存根软件。通常驱动程序也就是一个"主程序",接收测试数据,把这些数据传送给被测试的模块,并且打印出有关的结果。存根程序用于代替被测试的模块所调用的模块,因此存根程序也可以称为"虚拟子程序",使用被它代替的模块的接口,可能做最少量的数据操作,打印出对入口的检验或操作结果,并且把控制权归还给调用它的模块。

3. 集成测试

集成测试是组装软件的系统技术。例如,子系统测试是在把模块按照设计要求组装起来的同时进行测试,主要目标是发现与接口有关的问题(系统测试与此类似)。例如,数据穿过接口时可能丢失,一个模块对另一个模块可能由于疏忽而造成了有害影响。把子功能组合起来可能不产生预期的主功能,个别看来是可以接受的误差可能积累到不能接受的程度,全程数据结构可能有问题等。遗憾的是,可能发生的接口问题多得不胜枚举。

由模块组装成程序有两种方法。一种方法是先分别测试每个模块,再把所有模块按设计要求放在一起结合成所要的程序,这种方法称为非渐增式测试方法;另一种方法是把下一个要测试的模块同已经测试好的那些模块结合起来进行测试,测试完后再把下一个应该测试的模块结合进来测试。这种每次增加一个模块的方法称为渐增式测试方法,实际上同时完成单元测试和集成测试,下面对比它们的主要优缺点。

(1)非渐增式测试方法分别测试每个模块,需要编写的测试软件通常比较多,所以需要的工作量比较大。渐增式测试方法利用已测试过的模块作为部分测试软件,因而开销比较小。

(2)渐增式测试可以较早发现模块间的接口错误,非渐增式测试最后才把模块组装在一起,因而接口错误发现得晚。

(3)非渐增式测试一次把所有模块组合在一起,如果发现错误则较难准确定位;反之,使用渐增式测试方法时,如果发生错误则往往和最近加进来的那个模块有关。

(4)渐增式测试方法把已经测试好的模块和新加进来的那个模块一起测试,已测试好的模块可以在新的条件下受到新的检验,因此,这种方法对程序的测试更彻底。

(5)渐增式测试需要较多的机器时间,这是因为测试每个模块时所有已经测试完的模块也都要跟着一起运行,当程序规模较大时增加的机器时间是相当明显的。当然,使用渐增式测试方法时需要开发的测试软件较少,因此,也能节省一些用于开发测试软件的机器时间。但是,总的说来,增加时间是主要的。

(6)使用非渐增式测试方法可以并行测试所有模块,因而能充分利用人力,加快工程进度。

上述前四条是渐增式测试方法的优点,后两条是其缺点。考虑到硬件费用逐年下降,人工费用却在上升,软件出错的后果严重,而且发现错误越早纠正错误的代价越低等因素,前四条的重要性增大,因此,总的来说,渐增式测试方法比较好。

当然,在实际测试软件系统的时候,并没有必要机械地按照上述某一种方法进行。如果大部分模块可以用简单的测试软件充分地完成测试,则可以先测试好这些模块,再用渐增的(或接近渐增的)方式把它们逐渐结合到软件系统中。当把一个已经充分测试过的模块结合进来时,可以只着重测试模块之间的接口;当一个没有充分测试过的模块结合进来时,则需要利用已测试过的模块充分测试它。这种混合方式如果使用得当,可能兼有渐增式和非渐增式两种方法的优点。

使用渐增方式把模块结合到软件系统中去时,有自顶向下和自底向上两种方法。

1) 自顶向下结合

自顶向下的结合方法是一个日益被广泛采用的组装软件的途径。从主控制模块(主程序)开始,沿着软件的控制层次向下移动,从而逐渐把各个模块结合起来。在把附属于(以及最终附属于)主控制模块的那些模块组装到软件结构中时,或者使用深度优先的策略,或者使用宽度优先的策略。

把模块结合进软件结构的具体过程由下述四个步骤完成:

(1) 对主控制模块进行测试,测试时用存根程序代替所有直接附属于主控制模块的模块;

(2) 根据选定的结合策略(深度优先或宽度优先),每次用一个实际模块代换一个存根程序(新结合进来的模块往往又需要新的存根程序);

(3) 在结合进一个模块的同时进行测试;

(4) 为了保证加入模块没有引进新的错误,可能需要进行回归测试(即全部或部分地重复以前做过的测试)。

从第(2)步开始不断地重复进行上述过程,直到构造起完整的软件结构为止。

自顶向下的结合策略能够在测试的早期对主要的控制或关键的抉择进行检验。在一个分解得好的软件结构中,关键的抉择位于层次系统的较上层,因而首先碰到。如果主要控制确实有问题,早期认识到这类问题是很有好处的,可以及早想办法解决。如果选择深度优先的结合方法,可以在早期实现软件的一个完整的功能并验证这个功能。早期证实软件的一个完整的功能,可以增强开发人员和用户双方的信心。

自顶向下的方法看起来比较简单,但实际使用时可能遇到逻辑上的问题。这类问题中最常见的是,为了充分地测试软件系统的较高层次,需要在较低层次上的处理。然而在自顶向下测试的初期,存根程序代替了低层次的模块,因此,在软件结构中没有重要的数据自下往上流。为了解决这个问题,测试人员有两种选择:第一,把许多测试推迟到用真实模块代替存根程序以后再进行;第二,从层次系统的底部向上组装软件。第一种方法失去了在特定的测试和组装特定的模块之间的精确对应关系,这可能导致在确定错误的位置和原因时发生困难。后一种方法称为自底向上的测试,下面予以讨论。

2)自底向上结合

自底向上测试从"原子"模块(在软件结构最低层的模块)开始组装和测试。因为是从底部向上结合模块,总能得到需要的下层模块处理功能,所以不需要存根程序。用下述步骤可以实现自底向上的结合策略:

(1)把低层模块组合成实现某个特定的软件子功能的族;

(2)写一个驱动程序(用于测试的控制程序),协调测试数据的输入和输出;

(3)对由模块组成的子功能族进行测试;

(4)去掉驱动程序,沿软件结构自下向上移动,把子功能族组合起来,形成更大的子功能族。

随着结合向上移动,对测试驱动程序的需要也减少了。事实上,如果软件结构的顶部两层用自顶向下的方法组装,可以明显减少驱动程序的数目,而且,族的结合也将大大简化。

3)不同集成测试策略的比较

上面介绍了集成测试的两种策略,到底哪一种更好?一般来说,一种方法的优点正好对应于另一种方法的缺点。自顶向下测试方法的主要优点是不需要测试驱动程序,能够在测试阶段的早期实现并验证系统的主要功能,而且能在早期发现上层模块的接口错误。自顶向下测试方法的主要缺点是需要存根程序,可能遇到与此相联系的测试困难,低层关键模块中的错误发现较晚,而且用这种方法在早期不能充分展开人力。可以看出,自底向上测试方法的优缺点与上述自顶向下测试方法的优缺点刚好相反。

在测试实际的环境信息系统时应该根据系统的特点以及工程进度安排,选用适当的测试策略。一般来说,纯粹自顶向下或纯粹自底向上的策略可能都不实用,人们在实践中创造出许多混合策略,包括:

(1)改进的自顶向下测试方法。基本上使用自顶向下的测试方法,但是在早期使用自底向上的方法测试软件中的少数关键模块。一般的自顶向下方法所具有的优点在这种方法中也都有,而且能在测试的早期发现关键模块中的错误。但是,它的缺点也比自顶向下方法多一条,即测试关键模块时需要驱动程序。

(2)混合法。对软件结构中较上层使用的自顶向下方法与对软件结构中较下层使用的自底向上方法相结合。这种方法兼有两种方法的优点和缺点,当被测试的软件中关键模块比较多时,这种混合法可能是最好的折衷方法。

4. 验收测试

经过集成测试，已经按照设计把所有模块组装成一个完整的软件系统，接口错误也已经基本排除，接着就应该进一步验证软件的有效性，这就是验收测试的任务。但是，什么样的软件才是有效的呢？软件有效性的一个简单定义是：如果软件的功能和性能如同用户所合理期待的那样，则软件是有效的。

在需求分析阶段产生的文档准确地描述了用户对软件的合理期望，因此，是软件有效的标准，也是验收测试的基础。

1）验收测试的范围

验收测试的目的是向未来的用户表明系统能够像预定要求那样工作，验收测试的范围与系统测试类似，但也有如下差别：①对某些已经测试过的纯粹技术性的特点可能不需要再次测试；②对用户特别感兴趣的功能或性能可能需要增加一些测试；③通常主要使用生产中的实际数据进行测试；④可能需要设计并执行一些与用户使用步骤有关的测试。

验收测试必须有用户积极参与，或者以用户为主进行。用户应该参加过设计测试方案，通过用户接口输入测试数据，并且分析评价测试的输出结果，为了使用户能够积极主动地参与验收测试，特别是为了使用户能有效地使用这个系统，通常在验收之前由开发部门对用户进行培训。

验收测试一般使用黑盒测试法，应该仔细设计测试计划和测试过程。测试计划包括要进行的测试的种类和进度安排；测试过程规定用来检验软件是否与需求一致的测试方案。通过测试要保证软件能满足所有功能要求，能达到每个性能要求，文档资料是准确而完整的。此外，还应该保证软件能满足其他预定的要求，例如可移植性、兼容性和可维护性等。

验收测试有两种可能的结果：①功能和性能与用户需求一致，软件是可以接受的；②功能或性能与用户的要求有差距。在这个阶段发现的问题往往和需求分析阶段的差错有关，涉及的面通常比较广。因此，解决起来也比较困难。为了确定解决验收测试过程中发现的软件缺陷或错误的策略，通常需要和用户充分协商。

2）配置复查

验收测试的一个重要内容是复查软件配置。复查的目的是保证软件配置的所有成分都齐全，各方面的质量都符合要求，文档与程序一致，具有维护阶段所必需的细节，而且已经编排好目录。

除了按合同规定的内容和要求，由人工审查软件配置之外，在验收测试的过程中应该严格遵循用户指南以及其他操作程序，以便检验使用手册的完整性和正确性。必须仔细记录发现的遗漏或错误，并且适当地补充和改正。

3.4.8　环境信息系统运行、维护与评价

环境信息系统是一个复杂的人机系统、系统外部环境与内部因素的变化,不断影响系统的运行,需要不断地完善系统,以提高系统运行的效率与服务水平。因此,需要从始至终地进行系统的维护工作。

系统评价主要是指:系统经过一段时间的运行后要对系统目标与功能的实现情况进行检查,并与系统开发中设立的预期目标进行对比,及时写出系统评价报告。

系统维护与评价阶段是系统生命周期中的最后一个阶段,也是时间最长的一个重要阶段。本阶段要确保系统正常、可靠、安全地运行,并不断地进行评价、改进和完善,以达到提高系统生命力、延长系统生命周期的目的。这一阶段中运行—评价—维护的反复循环非常重要,每运行一段时间,通过总结、评价、作出肯定,提出不足和改进要求,转入扩充或变动性的维护。对于变动较大的修改,可能又要进入可行性分析、系统分析、系统设计、系统实施、系统测试这一开发过程。以下专门对系统维护和评价加以介绍。

1. 环境信息系统维护

系统维护工作量非常大,虽然在不同应用领域维护成本差别很大,但是平均来说,大型系统的维护成本高达开发成本的四倍左右。目前,国外许多系统开发组织把 60%以上的人力用于维护已有的软件,而且,随着系统数量的增多和使用寿命的延长,这个百分比还在持续上升。有时维护工作甚至可能会束缚系统开发组织的手脚,使他们没有余力开发新的系统。

1) 软件维护的定义

所谓软件维护就是在软件已经交付使用之后,为了改正错误或满足新的需要而修改软件的过程。可以通过描述软件交付使用后可能进行的活动来具体地定义软件维护,由此可以分为四种维护:改正性维护、适应性维护、完善性维护、预防性维护。

因为软件测试不可能暴露出一个大型软件系统中所有潜藏的错误,所以,必然会有第一项维护活动:在任何大型程序的使用期间,用户必然会发现程序错误,并且把他们遇到的问题报告给维护人员。诊断和改正错误的过程称为改正性维护。

计算机科学技术领域的各个方面都在迅速进步,大约每过 36 个月就有新一代的硬件出现,经常推出新操作系统或旧系统的修改版本,时常增加或修改外部设备和其他系统部件;另一方面,应用软件的使用寿命却很容易超过 10 年,远远长于最初开发这个软件时的运行环境的寿命。因此,适应性维护也就是为了与变化了的环境适当地配合而进行的修改软件的活动,是必要且经常的维护活动。

当一个软件系统顺利地运行时,常常出现第三项维护活动:在使用软件的过程中用户往往提出增加新功能或修改已有功能的建议,还可能提出一般性的改进意

见。为了满足这类要求,需要进行完善性维护。这项维护活动通常占软件维护工作的大部分。

当为了改进未来的可维护性或可靠性,或为了给未来的改进奠定更好的基础而修改软件时,出现了第四项维护活动,通常称为预防性维护。目前,这项维护活动相对较少。

从上述关于软件维护的定义不难看出,软件维护绝不仅限于纠正使用中发现的错误,事实上,在全部维护活动中,一半以上是完善性维护。国外的统计数字表明:完善性维护占全部维护活动的 50%～66%,改正性维护占 17%～21%,适应性维护占 18%～25%,其他维护活动只占 4%左右。

应该注意,上述四类维护活动都必须应用于整个软件系统的配置,维护软件系统的文档和维护软件系统的可执行代码是同等重要的。

2) 软件系统维护的特点

在图 3.11 中描绘了作为维护要求的结果可能发生的事件流。

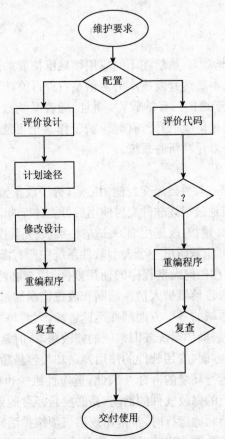

图 3.11　结构化维护与非结构化维护的对比

如果软件配置的惟一成分是程序代码,那么维护活动就从艰苦地评价程序代码开始,而且,常常由于程序内部文档不足而使评价更困难。诸如软件结构、全程数据结构、系统接口、性能和(或)设计约束等微妙的特点是难于理清的,而且常常误解了这一类特点。最终对程序代码所做改动的后果是难于估量的,因为没有测试方面的文档,所以,不可能进行回归测试。遗憾的是,目前许多的维护采用的是非结构化维护,并且正在为此而付出代价,既浪费精力,又会使心理受挫。这种维护方式是没有使用良好定义的方法论开发软件的必然结果。

如果有一个完整的软件配置存在,那么维护工作从评价设计文档开始,确定软件重要的结构特点、性能特点以及接口特点,估量要求的改动将带来的影响,并且计划实施途径;然后,首先修改设计且对所做的修改进行仔细复查;接下来编写相应的源程序代码,使用在测试说明书中包含的信息进行回归测试;最后,把修改后的软件再次交付使用。

以上描述的事件构成结构化维护,它是在软件开发的早期应用软件工程方法论的结果。虽然有了软件的完整配置并不能保证维护中没有问题,但是,确实能减少精力的浪费且能提高维护的总体质量。

3) 软件系统维护的代价

在过去的二十几年中,软件维护的费用稳步上升。据统计,在 1970 年,用于维护已有软件的费用只占软件总预算的 35%～40%,1980 年上升为 40%～60%,1990 年上升为 70%～80%。维护费用只不过是软件维护的最明显的代价,其他一些目前还不明显的代价将来可能更受人们所关注。因为可用的资源必须供维护任务使用,以致耽误甚至丧失了开发的良机,这是软件维护的一个无形的代价。其他无形的代价还有:

(1) 当看来合理的有关改错或修改的要求不能及时满足时,将引起用户不满;

(2) 由于维护时的改动,在软件中引入了潜伏的故障,从而降低了软件的质量;

(3) 当必须把软件工程师调去从事维护工作时,将在开发过程中造成混乱。

软件维护的最后一个代价是生产率的大幅度下降,这种情况在维护旧程序中常常遇到。例如,据 Gausler 在 1976 年的报道,美国空军的飞行控制软件每条指令的开发成本是 75 美元,然而维护成本大约是 4000 美元,是开发成本的 50 倍以上。

用于维护工作的劳动可以分成生产性活动(如分析评价、修改设计和编写程序代码等)和非生产性活动(如理解程序代码的功能、解释数据结构、接口特点和性能限度等)。下式给出了计算维护工作量的一个模型:

$$M = P + K\exp(C - D) \tag{3-1}$$

其中,M 是维护用的总工作量,P 是生产性工作量,K 是经验常数,C 是复杂程度

（非结构化设计和缺少文档都会增加软件的复杂程度），D 是维护人员对软件的熟悉程度。

上面的模型表明，如果软件开发过程不够规范，而且原来的开发人员不能参加维护工作，那么维护工作量和费用将按指数规律增加。

4）软件系统维护中存在的问题

与软件维护有关的绝大多数问题，都可归因于软件定义和软件开发的方法有缺点。在软件生存周期的头两个时期没有严格而又科学的管理和规划，几乎必然会导致在最后阶段出现问题，下面列出和软件维护有关的部分问题。

（1）理解他人写的程序通常非常困难，而且困难程度随着软件配置成分的减少而迅速增加。如果仅有程序代码没有说明文档，则会出现严重的问题。

（2）需要维护的软件往往没有合格的文档，或者文档资料明显不足。认识到软件必须有文档仅仅是第一步，容易理解的且和程序代码完全一致的文档才真正有价值。

（3）当要求对软件进行维护时，不能指望由开发人员仔细说明软件。由于维护阶段持续的时间很长，因此当需要解释软件时，往往难以找到原来编写程序的人员。

（4）绝大多数软件在设计时没有考虑将来的修改，除非使用强调模块独立原理的设计方法论，否则修改软件既困难又容易发生差错。

（5）软件维护不是一项吸引人的工作，形成这种观念很大程度上是因为维护工作经常遭受挫折。

上述种种问题在现有的没采用软件工程思想开发出来的软件中，都或多或少地存在着。不应该把一种科学的方法论看成万应灵药，但是软件工程方法至少部分地解决了与维护有关的每一个问题。

5）维护过程

维护过程本质上是修改和压缩了的软件定义和开发过程，而且事实上远在提出一项维护要求之前，与软件维护有关的工作已经开始了。首先，必须建立一个维护组织，随后，必须确定报告和评价的过程，而且必须为每个维护要求规定一个标准化的事件序列。此外，还应该建立一个适用于维护活动的记录保管过程，并且规定复审标准。

（1）维护组织。虽然通常并不需要建立正式的维护组织，但是，即使对于一个小的软件开发团体而言，非正式地委托责任也是绝对必要的。每个维护要求都通过维护管理员转交给相应的系统管理员去评价，系统管理员是被指定熟悉一小部分产品程序的技术人员，系统管理员对维护任务做出评价之后，由变化授权人决定应该进行的活动。在维护活动开始之前就明确维护责任是十分必要的，这样做可以大大减少维护过程中可能出现的混乱。

（2）维护报告。应该用标准化的格式表达所有软件维护要求。软件维护人员通常给用户提供空白的维护要求表，有时称为软件问题报告表，这个表格由要求一项维护活动的用户填写。如果遇到了一个错误，必须完整描述导致错误的环境，包括输入数据、全部输出数据以及其他有关信息。对于适应性或完善性的维护要求，应该提出一个简短的需求说明书。如前所述，由维护管理员和系统管理员评价用户提交的维护要求表。维护要求表是一个外部产生的文件，它是计划维护活动的基础。软件组织内部应该制定出一个软件修改报告，给出下述信息：①满足维护要求表中提出的要求所需要的工作量；②维护要求的性质；③这项要求的优先次序；④与修改有关的事后数据。在拟定进一步的维护计划之前，把软件修改报告提交给变化授权人审查批准。

（3）保存维护记录。对于软件生存周期的所有阶段而言，以前的记录保存都是不充分的，而软件维护则根本没有记录保存下来。因此，往往不能估价维护技术的有效性，不能确定一个产品程序的"优良"程度，而且很难确定维护的实际代价是什么。保存维护记录遇到的第一个问题就是：哪些数据是值得记录的？ Swanson 提出了下述需要记录的内容：①程序标识；②源语句数；③机器指令条数；④使用的程序设计语言；⑤程序安装的日期；⑥自从安装以来程序运行的次数；⑦自从安装以来程序失效的次数；⑧程序变动的层次和标识；⑨因程序变动而增加的源语句数；⑩因程序变动而删除的源语句数；⑪每个改动耗费的人、时数；⑫程序改动的日期；⑬软件工程师的名字；⑭维护要求表的标识；⑮维护类型；⑯维护开始和完成的日期；⑰累计用于维护的人、时数；⑱与完成的维护相联系的纯效益。应该为每项维护工作都收集上述数据，利用这些数据可以构成维护数据库的基础，并且按照下面的方法对它们进行评价。

（4）评价维护活动。缺乏有效的数据就无法评价维护活动。如果已经开始保存维护记录了，则可以对维护做一些定量化度量，至少可以从下述七个方面来度量维护工作：①每次程序运行平均失效的次数；②用于每一类维护活动的总人、时数；③平均每个程序、每种语言、每种维护类型所做的程序变动数；④维护过程中增加或删除一个源语句平均花费的人、时数；⑤维护每种语言平均花费的人、时数；⑥一张维护要求表的平均周转时间；⑦不同维护类型所占的百分比。根据对维护工作定量度量的结果，可以做出关于开发技术、语言选择、维护工作量规划、资源分配及其他许多方面的决定，而且可以利用这样的数据分析评价维护任务。

6）软件系统的可维护性

软件可维护性可以定性地定义为维护人员理解、改正、改动和改进这个软件的难易程度。

（1）决定软件可维护性的因素。维护就是在软件交付使用后进行的修改。修改之前必须理解修改的对象，修改之后应该进行必要的测试，以保证所做的修改是正确的。如果是改正性维护,还必须预先进行调试以确定故障。因此,影响软件可维护性的因素主要有下述三个:①可理解性。软件可理解性表现为外来读者理解软件的结构、接口、功能和内部过程的难易程度、模块化、详细的设计文档、结构化设计、源代码内部的文档和良好的高级程序设计语言等,它们都对改进软件的可理解性有重要贡献。②可测试性。诊断和测试的难易程度取决于软件容易理解的程度。良好的文档对诊断和测试都是至关重要的。此外,软件结构、可用的测试工具和调试工具以及以前设计的测试过程也都是非常重要的。维护人员应该能够得到在开发阶段用过的测试方案,以便进行回归测试。在设计阶段应该尽力把软件设计成容易测试和容易诊断的。③可修改性。软件容易修改的程度和软件的设计原理和规则(耦合、内聚、局部化、控制域与作用域的关系等)直接有关。上述三个可维护性因素是紧密相关的,维护人员在正确理解一个程序之前根本不可能修改它。如果不能进行完善的诊断和测试,则表面正确的修改很有可能引起其他故障。

(2) 文档。文档是影响软件可维护性的决定因素。由于长期使用的大型软件系统在使用过程中必然会经受多次修改,所以,文档比程序代码更重要。软件系统的文档可以分为用户文档和系统文档两类。用户文档主要描述系统功能和使用方法,并不关心这些功能是怎样实现的;系统文档描述系统设计、实现和测试等各方面的内容。总的来说,软件文档应该满足下述要求:①必须描述如何使用这个系统,没有这种描述,即使是最简单的系统也无法使用;②必须描述如何管理这个系统;③必须描述系统需求和设计;④必须描述系统的实现和测试,以便使系统成为可维护的。下面分别讨论用户文档和系统文档。

a. 用户文档。用户文档是用户了解系统的第一步,它应该能使用户获得对系统的准确的初步印象。文档的结构方式应该使用户能够方便地根据需要阅读有关的内容。用户文档至少应该包括下述五方面的内容:①功能描述,说明系统能做什么;②安装文档,说明怎样安装这个系统以及怎样使系统适应特定的硬件配置;③使用手册,简要说明如何着手使用这个系统,应该通过丰富的例子说明怎样使用常用的系统功能,还应该说明用户操作错误时怎样恢复和重新启动;④参考手册,详尽描述用户可以使用的所有系统设施以及使用方法,还应该解释系统可能产生的各种出错信息的含义,对参考手册最主要的要求是完整,因此通常使用形式化的描述技术;⑤操作员指南(如果需要系统操作员的话),说明操作员应该如何处理使用中出现的各种情况。上述内容可以分别作为独立的文档,也可以作为一个文档的不同分册,具体做法应该由系统规模决定。

b. 系统文档。是指从问题定义、用来说明到验收测试计划这样一系列和系统实现有关的文档。描述系统设计、实现和测试的文档对于理解程序和维护程序来说是极端重要的。与用户文档类似,系统文档的结构也应该能把读者从对系统概貌的了解,引导到对系统每个方面、每个特点的更形式化、更具体的认识。

（3）可维护性复审。可维护性是所有软件都应该具备的基本特点，必须在开发阶段保证软件具有前面提到的那些可维护因素。在软件工作过程的每一个阶段都应该考虑并努力提高软件的可维护性，在每个阶段结束前的技术审查和管理复审中，应该着重对可维护性进行复审。在需求分析阶段的复审过程中，应该对将来要改进的部分和可能会修改的部分加以注意，并指明应该讨论软件的可移植性问题，以及考虑可能影响软件维护的系统界面；在正式的和非正式的设计复审期间应该从容易修改、模块化和功能独立的目标出发评价软件的结构和过程，设计中应该对将来可能修改的部分预作准备；代码复审应该强调编码风格和内部说明文档这两个影响可维护性的因素。每个测试步骤都可以暗示在软件正式交付使用前，程序中可能需要做预防性维护的部分。在测试结束时进行最正式的可维护性复审，这个复审称为配置复审。配置复审的目的是保证软件配置的所有成分是完整的、一致的和可理解的，而且，为了便于修改和管理已经编目归档了。在完成了每项维护工作之后，都应该对软件维护本身进行仔细认真的复审。

维护应该针对整个软件配置，不应该只修改源程序代码。当对源程序代码的修改没有反映在设计文档或用户手册中时，就会产生严重的后果。每当对数据、软件结构、模块过程或任何其他有关的软件特点做了改动时，必须立即修改相应的技术文档。不能准确反映软件当前状态的设计文档可能比完全没有文档更坏，在以后的维护工作则很可能因文档不完全符合实际而不能正确理解软件，从而在维护中引入过多的错误。用户通常根据描述软件特点和使用方法的用户文档来使用和评价软件。如果对软件可执行部分的修改没有及时反映在用户文档中，则必然会使用户因为受挫折而产生不满。如果在软件再次交付使用之前，对软件配置进行严格的复审，则可大大减少文档的问题。事实上，某些维护要求可能并不需要修改软件设计或源程序代码，只是表明用户文档不清楚或不准确，因此只需要对文档做必要的维护。为了从根本上提高软件的可维护性，人们试图通过直接维护软件规格说明来维护软件，同时，也在大力发展软件复用技术。

7）软件复用

（1）复用。复用也称为再用或重用，是指同一事物不作修改或稍加改动就多次重复使用。广义地说，软件复用可分为三个层次：①知识的复用；②方法和标准的复用；③软件成分的复用。其中，前两个层次属于知识工程研究的范畴，这里只讨论软件成分的复用问题。可复用的软件成分必然具有下列属性：①良好的模块化，即具有单一、完整的功能，且已经经过反复测试被确认是正确的；②结构清晰，即具有很好的可读性、可理解性，且规模适当；③高度可适应性，即能适应各种不同的使用环境。

（2）软件复用技术。利用可复用的软件成分来开发软件的技术，称为软件复用技术，它也指开发可复用软件的技术。目前，主要有三种软件复用技术。①软件构件技术:按照一定的规则把可再用的软件成分组合在一起,构成软件系统或新的可再用的软件成分。这种技术的特点是可再用的软件成分在整个组合过程中保持不变。这一技术用在数学或工程方面的应用软件中效益明显,在系统软件的输入/输出或存储管理等方面的应用也较成功。使用这种技术需要公用数据库和可再用软件库的支持,前者提供按照公用标准数据模式建立的数据模块,后者提供用于组合的可再用的软件成分。②软件生成技术:根据形式化的软件功能描述,在已有的可复用的软件成分基础上,生成功能相似的软件成分或软件系统。使用这种技术需要可再用软件库和知识库的支持,其中知识库用来存储软件生成机理和规则。③面向对象的程序设计技术:传统的面向数据/过程的软件设计方法,把数据和过程作为相互独立的实体,数据用于表达实际问题中的信息,程序用于处理这些数据,程序员在编程时必须时刻考虑所要处理的数据格式,对于不同的数据格式要作同样的处理。或者对于相同的数据格式要做不同的处理,都必须编写不同的程序。显然,使用传统的软件设计方法,可复用的软件成分比较少。传统的软件设计方法忽略了数据和程序之间的内在联系,事实上,用计算机解决的问题都是现实世界中的问题,这些问题无非由一些相互存在一定联系的事物所组成。这些事物称为对象,每个具体的对象都可以用下列两个特征来描述:描述对象所需要使用的数据结构;可以对这些数据进行的有限操作,简单地说,也就是数据结构和对数据的操作。

2. 环境信息系统的评价

环境信息系统的评价是在环境信息系统的各个阶段,采用科学的评价方法从整体上对其做出正确的评估。其目的是保证设计和开发的环境信息系统能满足实际要求,并随着环境信息系统的发展而进一步深化,最终能发挥其最大作用。信息系统的评价本身是一件复杂工作,在信息系统的各个开发阶段都需要对阶段成果进行评价。由于涉及的内容广泛,实际情况各不相同,因此,没有一个统一的信息系统的评价体系。通常,将信息系统的评价分为两个阶段,即开发设计阶段和运行阶段。

开发设计阶段评价对开发过程的每一个步骤形成的阶段成果进行评价,预测各个阶段对最终信息系统的影响,消除存在的问题,努力确保最终系统能正确反映系统需求。由于这一阶段的评价是预测性的,同时,评价结果受到许多不确定因素的影响,从而导致评价结果未必一定正确。这一阶段评价方法受到信息系统的分析、设计、开发方法的不同而各不相同。

运行阶段评价是在系统投入运行以后,由于系统资源和环境的变化,需要对信息系统的运行状况和效益及时进行分析评价,并以此作为系统维护、更新或进一步推广的依据。这一阶段的评价内容主要包括系统质量评价和系统效益评价。

1) 质量评价

所谓质量评价就是在一定的范围和一定的条件下对某一事物优劣程度进行鉴定。评价的关键是选定评价质量指标和评定优劣标准。质量和优劣都是相对的概念,是在一定的条件下相对满意的标准,实际上,不同的人对同一事物的评价甚至可能得出完全相反的结论,因此,评价的标准和指标应被大多数人认可,并在实践中检验是行之有效的。事实上,永远不可能存在绝对意义上的最优。可以选择以下一些评价的参考指标和标准:

(1) 有效性。考察信息系统的整体功能是否达到了预期的目的,对所要解决的问题是否有效,系统是否能充分反映用户需求。

(2) 实用性。考察系统对组织工作有怎样的作用,是否确实可用,用户的满意程度如何等。

(3) 可靠性。考察系统运行是否稳定可靠,系统的容错能力和故障恢复的手段是否完备,有无存在重大的问题和隐患急待改进或解决等。

(4) 灵活性。考察系统的兼容能力大小,有无可伸缩性和可扩充性,适应环境变化的灵敏性如何等。

(5) 安全性。考察系统的安全保密性能如何,有无安全保护措施及系统的安全级别等。

(6) 易用性。考察用户利用信息系统的方便程度,用户对信息系统接受的难易程度,信息系统对使用人员知识水平的要求程度等。

(7) 信息质量。考察系统提供信息的响应速度、精确程度等,包括输入、输出信息的要求、质量,对操作人员、管理人员和决策者的作用和价值。

2) 效益评价

环境信息系统评价的另一方面是系统效益评价,主要衡量系统对用户的影响,即环境信息系统的开发和运行给用户带来了多大的收益。从总体上评价信息系统的效益是十分困难的,因为信息系统的效益具有整体综合性、形式多样性和时间滞后性等特点,既有直接效益又有间接效益,既可表现为经济效益,又可表现为社会效益。例如,组织工作效率、劳动生产率的提高,对各种资源利用率的提高,产品产量、质量的提高,成本降低等,这些都是直接效益;而影响组织的发展战略,改善管理机制,优化管理效果等都可视为是间接效益。

由于间接效益很难评价和衡量,因此,效益评价一般是对其直接效益进行评价,主要通过直接经济效益来衡量。

(1) 效益/费用分析

费用指投资、成本、经费,即一个新系统开发所需的经济开支。效益指利益、利润、收入等,即新系统将产生的效益。在系统开发中,费用和效益是在许多决策中被考虑的因素。权衡的原则是系统的效益/费用比越大越好。精确的费用和效益可能难以确定,但必须设法进行估计。研究费用与效益的量化是制订决策的重要基础,这种工作应贯穿系统开发的整个过程。在可行性研究以及系统分析中无疑应进行费用/效益分析,系统设计结束时也应再次分析。开发初期的分析可能不十分精确,但随着工程的实施,成本、效益问题越来越具体,对它们的估计也将越来越精确。环境信息系统开发中通常应计算两类费用和效益,即有形的、无形的费用与效益。

a. 有形费用与有形效益

有形的费用指购买设备的费用,以及继续使用原系统所付出的费用等可用资金表示的费用。有形费用常转换成操作费用形式,例如,价值 100 万元的设备,使用年限为 5 年,每年处理 20 万件事务,则有形的费用是每件事务 1 万元。人的因素也可用有形费用来衡量。例如,系统开发或使用中涉及的工资便是有形的费用。

有形效益只有当新系统预料能为其组织盈利或节约开支时才被兑现。信息系统靠产生可衡量价值的输出来盈利。通过节约开支实现的有形效益可以靠减少从系统产生所需结果的开支来计算。比如,适当减少人员就可导致有形费用的减少。

b. 无形费用与无形效益

无形费用指那些不易用金钱来衡量的费用,例如,新系统运营的初期,由于原有职工不熟悉新环境,可能达不到应有的输出数量和质量,这种减少的输出是新旧系统转换的无形费用。在新旧系统转换的早期,出错率也许会高一些,这是因为职工刚使用新系统时有些害怕和担心。在这一时期,由于人的因素可能拖延输出或把不正确的输出给用户,用户的抱怨也就油然而生。这些都是潜在的新系统的无形费用。在处理无形费用时,如能用货币价值来表示,则可行性研究将会更现实,这经常是通过分析和评审准则相结合来完成的。

无形效益是由哪些因素带来的? 以及其价值如何估算? 这个问题常常令人难以捉摸。系统分析的要求之一,就是很好地判明这些效益,以补偿系统的费用。例如,把报表输出的打印由打字机改为使用终端,使操作员利用终端进行输入与修改,比打字省事得多,纸张也较原来节约。更重要的是,操作环境发生了变化。又如,假定某超级市场现金收入记录机改为可读商品代码的光学符号识别器,为顾客的平均服务时间可减少 30 秒甚至 1 分钟,结果顾客的排队等待时间就可能减少 3 分钟~4 分钟。这给用户带来了方便,增加了潜在的信任,这对商业来说就是效益。

如同对无形费用的判断一样,对无形效益也是难判明的。系统分析人员要善于请教企业的中、上层管理人员。例如,对于一个环境信息中心,可请教主管人员:"把用户查询等待时间减少了 30 秒钟,可增加多少效益?"经理也许能回答,也许回答不了。如果回答不了,可以与之研究衡量的方法,从而得到估计的方法。对于无形效益的难判明性,系统开发不应该仅仅以无形效益作为基础。

在可行性研究中,严格的费用/效益估计方法是不存在的,只能选择占有重大比例的费用项目和可能产生的较为明显的效益进行估计。如果开发一个新系统所需费用远远超出所能得到的效益,那么,权衡的结果可能决定继续使用现行系统。

(2) 环境信息系统中的效益/费用关系

环境信息系统的最终产品是产生人们所需要的信息。输出的信息对用户是否有价值,依赖于所产生信息的质量。信息的质量通常涉及以下五种因素:正确性、完整性、及时性、准确性和可用性。这些因素所能满足的程度决定了信息的质量以及其对用户的价值,该价值将平衡所产生的本信息系统的费用。

a. 信息的质量和价值的关系

信息的质量和价值的关系,大体如图 3.12所示。

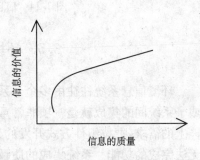

图 3.12　信息的质量与价值的关系

一般来说,随着信息质量的提高,其价值也相应提高,但仅能达到一定的程度。最后质量的进一步提高对价值提高几乎不起什么作用。例如,对于实时联机系统的质量,只考虑一个方面——及时性,反映为系统的响应时间。其信息的价值随着响应时间的缩短而增加,于是,在 5 秒钟内收到的信息比在 15 秒内收到的信息更有价值。有的信息在 1 分钟内才能收到便可认为没有价值。但是,超过质量的一定程度,及时性的价值就减少了。

如果系统开发过程中花费了较大的人力与费用,信息质量将得到提高。增加的费用主要用于加快响应时间,从 1 秒钟到 1/2 秒、1/4 秒,如此下去。但终会到达某一点后,所增加的费用、时间和努力在质量上只有微不足道的收获。即不管对该系统再投入多少费用,要想继续改进信息质量几乎是不可能的,也是没有必要的。

b. 信息质量和费用的关系

信息的质量与费用的关系可用图 3.13 表示。

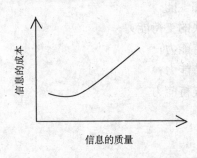

图 3.13　信息的质量与成本的关系

一个系统所产生的信息质量是系统费用和用此费用所得信息价值之间的一种权衡。这种费用/效益关系如图 3.14 所示。图中两条曲线的交点表示系统可行性的界限,即成本超过这一点后,继续增加投资所带来的价值或效益的提高将越来越小。通常,选择两条曲线的纵坐标之差为最大的点,认为在这一点上系统的成本/效益最好。

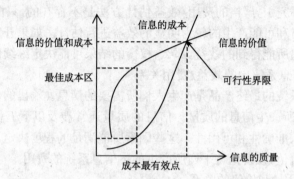

图 3.14　信息的质量与成本、价值的关系

3.5　环境信息系统集成设计

　　环境信息系统往往由多个子系统或相对独立的功能模块组成,因此这些模块或子系统间的集成就是一项非常重要的工作。信息系统的集成,就是根据用户功能上的需求,把按组件方式开发的某些功能块结合起来,互相协作,共同完成单独无法完成的功能。系统集成的质量保证不仅是保证其中某个新开发的软件的质量的好坏,而且涉及本系统其他模块,以及相关系统软硬件平台、操作系统、支撑软件、网络及网络操作系统等许多方面。评价一个模块系统间的集成性好坏时,可以考虑以下几点:

　　(1) 该新开发模块完成单项应用时的功能和性能;

　　(2) 各种软硬件平台、网络、数据库对该模块的支持能力;

　　(3) 同一系统中的其他模块对该模块的支持能力;

　　(4) 其他相关系统中的模块对该模块的支持能力;

　　(5) 该模块对本系统和相关系统各模块的支持能力。

1. 环境信息系统集成的几个关键因素

1) 系统集成质量保证的关键是总体设计

　　系统的集成不应该是环境管理中软件的简单堆积,而应是在环境管理的总体设计指导下,按照系统工程的原理和软件工程的方法来进行。总体设计的编制必须精益求精,要经受得住各方面的考验,偶一失误,就可能导致整个系统的失败,因此总体设计编制得好坏是系统集成成败的关键。

　　所谓系统总体设计就是规划环境管理在一定时期内信息系统的应用水平,是在系统分析的基础上,明确系统的总体结构、系统的功能、划分子系统的原则、选择系统的物理设备和支撑软件、制订系统的统一代码和公用数据库、提出系统运行保

证和措施、提出实施步骤和投资估算的建议,为信息系统应用到环境管理确立的一种总体设计方案。

2)软件接口是系统集成质量保证的灵魂

一个集成化的软件可能包括几个,甚至几十个模块,这些模块相互支持、相互调用,需要许多软件接口,这些接口编制的好坏决定了整个系统能否发挥综合效益。

3)软硬件平台的开放性是系统集成的基础

系统集成是在已有系统的基础上完成的,计算机技术如此纷繁复杂,已有系统完全可能建立在各种硬件平台上,由各种软件开发完成。因此,模块的开放性决定了集成应用能否流畅地运行。对于在封闭系统下开发的软件,应首先移植到开放平台上才有利于集成。

2. 在三个层次上进行系统集成

按照组件方式开发的各个功能模块,由于在总体功能设计时考虑了功能的整体性,因此很容易集成。环境信息系统的集成可以在三个层次上完成。

1)功能上互相支持

这是系统集成的最低要求。由于总体设计保证了各个组件之间在整体的功能框架下完成设计,它们必然可以互相协作,共同完成一些单独不能完成的功能。例如,三个模块分别是排污许可证模块、排污收费模块和排污收费财务模块,用户可以同时运行三个模块,查看某个企业或某个地区的排污收费情况。

2)共享数据库

几个模块能够共同维护和查看一个数据库,可以保证模块之间数据的一致性。这实际上是数据在这些模块中的流动造成的,例如,对于环保科研计划管理模块和成果推广模块,后者可以调用前者的数据库查看某个科研项目的背景资料。

3)分布式计算

由组件构造一个功能更完整的系统的优越之处在于通过良好设计的模块接口,可以实现分布式计算。参加协作的每个模块完成计算的一部分,组合起来就是一个完整的功能。例如,在设计厦门市环境监测管理系统时,样品登录模块、监测模块、质控模块、传输报表生成模块共同完成了样品从采样到生成国家统一格式的监测数据,然后在质量报告书模块中用这些数据生成报告书需要的图表。

分布式计算数据的交换也分为几种情况,可以通过数据文件交换,更方便的是通过公用数据库来实现,对于真正设计良好的分布式计算可以通过组件之间的消息机制实现(如 DCOM 和 CORBA 技术规范中规定的消息传递机制)。

习　题

一、选择题

1. 在数据库研究中,过去 20 年里最常用的数据模型是(　　　)。
   A. 面向对象型　　　　　　　B. 关系型
   C. 网状型　　　　　　　　　D. 层次型

2. 环境信息系统的设计原则包括(　　　)。
   A. 系统性　　　　　　　　　B. 实用性
   C. 科学性　　　　　　　　　D. 预见性

3. 环境信息系统开发中的可行性分析包括(　　　)。
   A. 经济可行性　　　　　　　B. 社会可行性
   C. 技术可行性　　　　　　　D. 管理可行性

4. 对环境信息系统进行模块测试应包括(　　　)。
   A. 正常数据测试　　　　　　B. 异常数据测试
   C. 非法数据测试　　　　　　D. 只进行正常数据测试

5. 在进行环境信息系统的负荷量计算时应包括(　　　)。
   A. 基本信息总量　　　　　　B. 用户数
   C. 有关软件系统占用空间　　D. 预留空间

6. 环境信息系统集成设计的关键是(　　　)。
   A. 软件平台的开放性　　　　B. 软件接口
   C. 总体设计　　　　　　　　D. 分布式计算

二、叙述题

1. 简述规范化数据库设计的流程。
2. 简述软件系统测试的主要步骤。
3. 叙述开发环境信息系统的六个步骤,简要说明各步的主要任务和注意事项。

三、实践环节

1. 上机实践:利用 Visual C++和一种数据库管理系统(SQL Server,Access 等)建立一个基本的数据库连接。
2. 系统调查:按 3 人一组,对你所在学院的组织机构展开调查,并写出书面报告。

第4章 环境信息系统开发范例

本章目标
- 掌握"七五"、"八五"国家环境信息系统的建设情况
- 了解省级(江苏省)环境信息系统的开发过程
- 了解地市级(白山市)环境资源信息系统的设计情况
- 掌握各级环境信息系统在功能上和开发设计中的异同点

前面已经介绍过,过去二十多年来,我国的环境信息系统以三级系统为主,即国家级(中央级)、省级和地市级环境信息系统。这三级系统的管理职能有较大差异,同级系统在机构设置上也不尽一致,为搞好全国范围的环境信息系统建设工作,一方面必须脱离各级系统的具体机构设置,在管理职能上寻求一致;另一方面也需要考虑各级系统自身的特点和服务对象。因此,尽管各级环境信息系统的总体开发方法大致相同,但具体的开发过程和功能设计又有所区别。为此,本章将以我国近年来陆续开发出的一些较为典型的环境信息系统为例,介绍各级环境信息系统的功能区别和开发设计中的异同点。

4.1 国家级环境信息系统

国家级环境信息系统是有关部门获取环境信息,进行科学决策的重要信息来源。我国在国家级环境信息系统的建设方面起步较晚,但通过近20多年的不断努力,已取得了相当大的成绩。特别是网络技术的发展,为在全国范围内建立功能完善的信息系统创造了良好的条件。目前,国家环保总局已与一些科研院所或公司合作研制了一系列全国性的环境信息系统,国家环保总局的网站也已开通,并每年发布中国环境状况公告。这些都表明,我国的国家级环境信息系统建设工作是卓有成效的。

本书首先回顾我国环境信息系统建设的重要成果——"七五"和"八五"国家级环境信息系统的情况,然后简要介绍最近几年开发出的一些国家级环境信息系统。

4.1.1 "七五"国家环境信息系统

1. 研究概况

　1) 研究背景

　　在20世纪80年代,我国的环境保护工作有了很大的发展,但环境污染状况仍然十分严重。在国力有限、治理经费不足的情况下应该如何保护环境? 如何防止环境质量的继续恶化? 首要的任务就是要加强环境管理工作。环境管理工作需要大量的信息作为支持,但环境信息涉及自然环境和人类社会的各个方面,要实现高效的环境管理,对环境信息的质与量、信息的加工深度与广度、信息的传递速度等都有很高的要求,凭借以往的手工、经验式管理已不足以正确、有效地进行决策和管理。环境管理工作的科学化、现代化已成为亟待解决的重大问题。

　　随着电子工业和计算机技术的高速发展,汉字操作系统研制成功,大量中/西文字符终端开始得到应用,在我国建立大型的环境信息系统已成为可能。同时,国内外的经验也表明,建立环境信息系统是环境管理工作科学化、现代化的一种先进而有效的手段。

　2) 研制方法

　　通常信息系统的开发研制是采用"自顶向下"的结构化软件设计方法,即典型的软件工程方法。但在当时,我国要开发国家级环境信息系统还存在三方面的困难:

　　(1) 目标系统的需求不明确。环境信息系统开发的首要工作是对环境目标系统本身的研究。由于环境信息类型多、涉及面广、信息离散度和可变度高、可变参数多、时空特征明显、信息内在联系紧密、处理方法各不相同且技术复杂,使环境目标本身具有科学、社会、实用、经济等属性,也即目标系统本身相当复杂,而且环境目标尚处在不断发展变化之中。因此,要想在短期内确定环境管理目标系统的需求是十分困难的。

　　(2) 环境信息基础工作十分薄弱。规范化的信息是建立信息系统的基础。由于环境信息的多学科性和国家环境信息技术标准、信息分类与编码等尚不完善,环境信息基础工作相当薄弱,这给系统的研制带来很多短期内解决不了的问题。

　　(3) 国内外尚无成功经验可借鉴。对国家环境信息系统这样一个技术密集、多功能、多层次的系统,无论国内还是国外都没有较成熟的开发经验和样例可借鉴,只能在实践中探索,不断地总结经验,不断地前进。因此,国家环境信息系统的开发研制只能从实际出发,采用一种"自顶向下和自下而上相结合的并行同步开发"方法(简称"并行法")。这种开发方法避免了项目下达方式和主管部门的管理方法的限制,可以在系统目标需求比较模糊的情况下,通过开发人员在开发过程中反复与系统最终用户、环境专家进行交流和探讨,由研制人员确定系统的具体功能结构并征得最终用户的同意,建成一个用户比较满意的"原型系统"。同时,用户在使用这个"原型系统"的过程中会形成更明确的系统需求目标,为今后国家环境信息系统的大规模开发奠定良好的基础。

2. 总体结构与规模

1) 系统的总体结构

国家环境信息系统由两大部分构成:一是应用系统;二是管理维护系统,详见图 4.1。

(1) 应用系统。应用系统包括四类子系统:第一类是以基础数据管理和数据检索为主要功能的信息管理系统,如有毒化学品信息管理系统、环境质量监测信息系统。这类系统在数据库技术和系统性能等方面明显优于其他系统。第二类系统是以模型库和方法库为基础的管理信息系统和决策支持系统,如水环境质量管理信息系统、大气环境质量管理信息系统和环境管理辅助决策支持系统。这类系统以模型驱动数据,用户通过对模型和方法的选择,利用系统自身的数据支持生成满足用户需求的信息。以上两类系统均是采用关系数据库管理系统开发的计算机应用系统。第三类系统是在微机上开发的专业性强并以知识库、模式库为主要特征的专家应用系统,如污水处理计算机辅助设计软件包、噪声防治系统。第四类系统是为地方环境信息系统进行试点研制的,即"环境信息数据库在地方管理上的应用"。试点范围涉及一个部门(化工部),一个省(黑龙江省),五个城市(平顶山市、吉林市、秦皇岛市、常州市、唐山市)。这些地方试点系统是在微机上开发的能够直接为地方环境管理服务的应用系统。

(2) 管理维护系统。国家环境信息系统的管理维护系统主要由四方面的功能构成:用户管理功能;系统的安全维护管理功能;系统资源管理功能;系统性能测试功能。

2) 系统的规模

国家环境信息系统是一个十分庞大的信息系统,其装机总容量为 723 兆,共建数据库 50 个,这些数据库共占外存 372 兆,共存储数据记录 230 万条,各库共有数据关系 854 个,数据项 6105 项。该系统在整个开发期中共编写源程序 7000 余个,程序语句 121 万条。整个系统涉及各类文件 19709 个。

3. 各子系统的主要特点

国家环境信息系统共有八个应用子系统,现对每一个子系统的主要特点作逐一介绍。

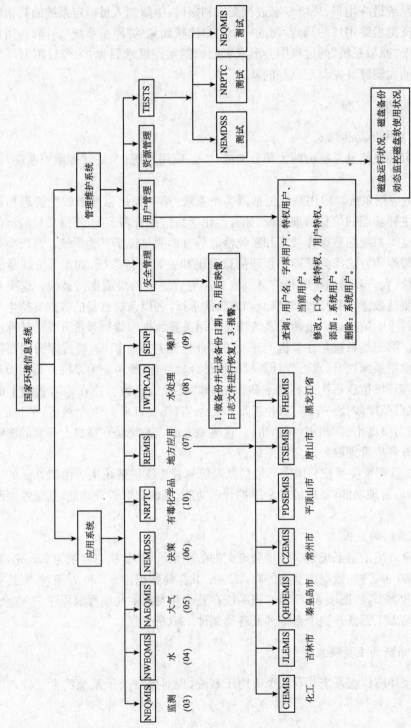

图 4.1　国家环境信息系统总体结构

1) 环境质量监测信息系统

该系统由全国城市大气环境质量子系统、水系河流环境质量子系统、湖泊水库饮用水环境质量子系统、城市噪声状况子系统构成，具有对自身进行测试的功能。该系统现已存储了 1989 年以来的我国 7 大水系、11 个城市河流的近 400 个国控监测断面的水质数据、全国 74 个国控大气监测站的监测数据、52 个城市噪声监测数据、30 个湖(库)及全国饮用水水源地的监测数据。

这个系统实现了市—省—国家级的数据软盘传输、数据检查，形成了一个全国性的环境质量监测信息网络。该系统实用性强，有动态数据支持，每年能及时为各级环保部门提供监测信息。

2) 水环境质量管理信息系统

该系统是服务于我国水环境质量管理的信息系统。它具有数据库管理功能、河流水质管理功能、湖库水质管理功能、模型库及资料管理功能、图形管理功能。该系统在水系水质功能和级别的分层、分类综合评价体系、通用河流水质模拟软件、模型参数估值软件和水污染物排放总量分配原则、方法上有较高的水平，有实用性。

该系统的开发具有支持我国现行水质管理，促进我国水环境管理科学化和现代化的作用，可广泛用于多层次各类水质管理工作中。

3) 大气环境质量管理信息系统

该系统是服务于我国大气环境质量管理的信息系统，具有数据库管理功能、模型库管理功能、图形显示功能、图像软件功能、系统维护管理功能，并具有全国社会经济状况、污染源气象状况、污染气象状况、大气环境质量状况评价的功能，还具有大气环境质量预测和大气环境影响预测评价功能。

该系统在模式软件的通用性、灵活性、功能的全面性方面很有特色，可以直接为国家环保局、地方环境管理部门、科研人员、设计人员、环境监测及工业项目设计人员提供服务。

4) 国家环境管理辅助决策支持系统

该系统由五个子系统构成：基础数据库管理子系统、环境宏观管理辅助决策支持子系统、环境质量辅助决策支持子系统、城市生态质量评价子系统、环境污染治理费用应用子系统。该系统在环境经济决策模型应用，环境质量决策方案比较评价及环境污染治理费用计算等方面具有较高的水平，有一定的实用性。

该系统目前已存储了 70 多套中长期环境经济宏观决策、环境质量决策及城市生态质量评价的模型和有关数据，已在国家和地方环境管理部门制定中长期环境规划方面得到应用。

5) 有毒化学品信息管理系统

该系统是一个集数据型、事实型、文献型为一体的大型信息管理系统，系统总量为 130 余兆,存储数据记录 150 万余条,涉及化学品 10 万余种。

该系统能提供有毒品基础信息;有毒品进入环境的途径和通过不同介质摄入人体及体内转化的信息;哺乳动物、水生生物、陆生生物及 11 种特殊毒性的信息;化学品采样、预处理和分析方法;化学品溢漏、废弃物清理和处理;化学品急慢性中毒的诊断和处理方法;化学品的法规和标准等 41 个方面的信息。

该系统能为我国化学品的管理、生产、使用、科研以及其他范围广泛的相关领域和学科发展提供系统、可靠的信息,为我国制定有关环境标准提供重要依据。

6) 城市污水处理计算机辅助设计 CAD 软件包

该系统针对我国现有污水处理厂(装置)的实际运行情况,依据对实例数据的分析,通过提取专家的设计经验,在定量指标计算和赋予模糊因素可变权值的基础上,开发并建立了专家系统、优化设计和计算机绘图集成运行的、具有智能化水处理的计算机辅助设计工具。

该项成果可以大幅度缩短设计周期、提高设计效率和水平,有利于在设计、运行管理单位推广应用。

7) 城市环境噪声防治系统

该系统由五个功能子系统构成:基础数据库管理子系统;模式库管理子系统;知识库管理子系统;系统安装子系统和应用功能子系统。其中,应用功能子系统具有对交通噪声(包括城市道路、铁路、航空、航运噪声)、工业噪声、建筑施工噪声、区域噪声等四种噪声进行预测、评价和防治的功能。

该系统在应用专家系统、层次分析模型、结合用户要求(输入权值)辅助选择最佳噪声防治对策方面有较高的水平。

8) 环境信息数据库在地方管理上的应用系统

该系统由基础数据管理功能(对环境监测、环境统计、污染源调查、社会环境等四个基础库进行管理),环境质量评价功能(大气质量、水质量),环境规划功能(污染物总量宏观控制、制定目标规划、生态规划、投入产出技术应用等),业务管理功能(法规、标准查询、烟尘控制、治理措施、事故登记、排污收费、排污许可证等)和图形报表输出等五大功能子系统构成。

该系统的开发研制能紧密结合我国的国情,适合环境管理的新形势,在系统设计上突出了实用性,在地方环境管理上有广泛的应用前景。

4. "七五"国家环境信息系统的主要功能

国家环境信息系统的功能即八个应用子系统的功能,下面对这八个子系统的公有功能和前述四类子系统的特有功能加以简要介绍。

1) 八个应用子系统的公有功能

(1) 数据库管理功能:①具有全屏幕编辑的数据输入功能;②具有格式报表、

自由文本的显示与打印输出功能;③按指定关键字删除记录的功能;④具有全屏幕编辑数据记录修改的功能;⑤具有按菜单检索数据并提供联机帮助文本的功能。

(2) 数据库维护管理功能:①具有动态、静态的保密口令设置功能;②具有利用系统的四级特权、文件、数据库、关系等的访问控制进行系统安全维护的功能;③具有后映像日志文件恢复系统的功能(微机上的系统不具有此功能);④数据库和文件备份;⑤系统的安装/卸载功能;⑥动态、静态地对数据库和用户进行监控的功能;⑦具有系统重安装和初始化的功能;⑧具有修改库结构的功能。

2) 四类系统的特有功能

(1) 第一类系统的功能。此类系统即指图 4.1 中的 NRPTC 和 NEQMIS 系统。这类系统可以提供随机的用户输入、修改、检索功能,如具有扩展和压缩格式的全屏幕输入、修改、检索功能;具有单字段小屏幕修改功能和批量替换修改功能;具有任意字段组合检索的功能。同时这类系统提供完善的系统安装/卸载和性能测试功能。其中:①NEQMIS 主要提供大气、河流、湖库、噪声的环境质量信息。为国家环境质量报告书的编写、环境质量的评价、预测等提供基础数据和统计数据。②NRPTC 主要提供 97000 种有毒化学品在 17 大类 41 方面的信息,如化学品管理生产、使用、贸易方面的信息;环境标准、法规信息;化学品进入环境的途径并转化为另一物质的信息;人体摄入化学品信息;提供大量哺乳动物、水生生物、陆生生物的毒性数据;提供有毒品 11 类特殊毒性的数据(致畸、神经毒性、致癌、诱变、致敏、繁殖、胚胎等);提供化学品采样、预处理和分析方法;提供化学品溢漏、废弃物清理和处理方法的查询。提供化学品急性和慢性中毒的诊断和处理方法的查询。

(2) 第二类系统的功能。此类系统指图 4.1 中的 NWEQMS, NAEQMIS 和 NEMDSS 系统。这类系统有模型库管理功能和图形显示、输出管理功能。有的还具有图像再现、存储功能等。其中:①NWEQMIS 具有对河流水体、水质地下水、湖泊、水库、海湾的水质进行评价的功能,具有对河流的主排污口的削减规划进行模拟的功能;②NAEQMIS 具有大气环境质量评价功能;大气环境影响评价的功能,城市污染气象评价功能,大气污染源宏观状况评价功能,全国社会经济状况评价功能;③NEMDSS 具有污染物总量宏观控制决策模拟功能,环境质量决策模拟功能,城市生态环境质量现状评价和预测评价功能,中长期经济、能源预测和模拟功能。

(3) 第三类系统的功能。此类系统指图 4.1 中的 IWTPCAD 和 SENP 系统。这类系统不仅有模式库管理系统,还有知识库管理系统,其本身就是一个以模型库和知识库为基础的专家系统。其中:①IWTPCAD 具有利用专家系统对城市污水处理厂的工艺流程进行选择的功能,利用模式库对城市污水处理厂的单体构筑物的工艺尺寸进行优化设计计算的功能,利用 CAD 图形软件包进行工艺图的绘制功能；②SENP 具有工业噪声防治功能，交通噪声防治功能(包括城市道路交通、铁路交通、航空交通、航运噪声等)，施工噪声防治功能和区域噪声治理的功能。

(4) 第四类系统的功能。此类系统即指图 4.1 中的 REMIS 系统，该系统是在微机上开发的一个能直接为地方环境管理服务的应用系统。主要功能如下：①利用当地数据资料和大气、水质模型对当地环境质量进行评价、预测与模拟；②环境规划具有进行污染物宏观总量控制；环境目标规划；环境治理投入产出；城市生态规划等项功能；③环境管理功能能实现地方环境管理(包括环境法规、标准、污水处理、污染事故、信访等)、环境治理、烟尘控制、排污许可证管理等多项功能。

4.1.2 "八五"国家环境信息数据库

1. "八五"期间解决的环境信息系统建设问题

"七五"期间结合我国国情开展了"国家环境信息数据库"的初步研究，并取得了一定成果，但该系统毕竟是一个年轻的原型系统，有许多环境信息方面的重要问题在当时无法得到完全解决，"八五"期间针对这些问题进行了改进和完善，主要包括以下几项。

1) 建立环境指标体系

环境管理的主要目的是促进我国环境与经济协调发展。作为环境管理和决策依据的环境信息具有类型众多、涉及面广、信息量巨大的特点。同时，环境信息离散度和可变度高、可变参数多、有明显的时空特征，而且环境问题又与自然资源和社会经济发展状况密切相关。因此，环境信息研究具有很强的综合性和社会性。环境指标体系是环境信息研究的基础工作，建立了一个科学、合理、系统、完整的环境指标体系是环境信息研究能有效地为环境管理服务的基本条件。

环境指标体系的研究要紧密结合我国环境管理和信息工作的现状，采用层次分析方法，将该体系分解为评价目标层、功能层、子功能层和指标层这四个相互关联的层次，以我国现有的社会、经济发展指标、环境质量、污染源、环境统计、环境管理的指标为基础，同时参考国际上常用的指标，根据科学性、系统性、可比性、实用性的原则加以筛选，建立起环境指标体系。

2) 环境信息与信息结构的标准化、规范化

多年来，针对不同的使用目标开发出了不少用于环保方面的数据库系统。这些系统缺乏统一的规范作指导，信息分类编码也不统一，信息不能共享，造成大量的人力、物力、财力和信息资源的浪费。因此，开展环境信息及其结构标准化、规范化研究，不仅是改进、完善大型国家环境信息系统的需要，也是实现全国范围的环境信息统一管理、存储、传输、加工与共享的必要条件。

环境信息及其结构的标准化、规范化，主要是对环境信息的采集和质量控制制

订规范,对环境信息进行分类和统一编码,对信息的记录与传输格式进行规范化设计。对环保部门所开发的各类系统的软硬件环境提出配置标准、系统开发规范、质量保证规范以及审查与检验、测试规范等。

3) 建立稳定、可靠的地方环境信息支持

建立市—省—国家级的稳定、可靠的信息源是保证全国环境信息系统正常运行的基本条件。

要得到稳定、可靠的地方环境信息,首先要靠各级领导对该项工作的重视,提供必要的工作条件,加强环境监测和环境统计等基础工作,在技术上要对现有的地方环境管理信息系统的软件及其实用性进行测试、评价、筛选与优化组合研究,研制出多套适用于不同地区的环境信息系统样板模式,并在全国推广实施。

4) 解决地方和国家两级信息的传输技术

“七五”期间的环境质量、污染源和环境统计数据从地方到国家主要靠软盘传输,这种方法时效性差、效率低、数据检查、修改很困难。

20 世纪 80 年代后期,我国微机技术发展很快。目前已有较成熟的无线、有线网、远程、局域网的商品化软件。同时,黑龙江省、辽宁省的环保系统已于 1991 年末分别建立了联通本省主要城市的微机有线数据通信、图形、图像传真系统,并取得较满意的效果。

上述四个问题是环境信息技术上的基本问题,必须逐步加以解决,全国环境信息系统才能正常运行,获得动态数据支持、富有生命力,并及时、可靠、高效地为各层次环境管理服务,充分发挥信息资源的效益。

2. “八五”国家环境信息系统的特点

“七五”国家环境信息系统的建立填补了我国的一项空白,建成了一个初步具有环境管理服务功能的系统,但该环境信息系统的各个子系统独立分散、功能有限,信息源、信息覆盖面、系统性及规范化程度等这些带有全局性的问题尚未解决,未形成一个完整的、多层次的信息系统。

我国环境管理在继续执行老三项制度的同时,也在推广与实施新的五项制度,国家环境信息系统的开发目标也应适应环境管理发展的需要。

十几年来,有两种结构的信息系统在并行发展:一种是以专业人员为主的第一代(集中式、塔架结构);一种是以最终用户为主的第二代(分布式,平面蛛网结构)。“七五”所开发的“国家环境信息系统”实际上是第一代信息系统,而在“八五”继续开发的“国家环境信息系统”是以国家环保局为主要用户的第二代信息系统。其特点为:

(1) 系统直接供国家环保局各司处使用,系统的主要用户是环境管理人员;

(2) 计算机与网络、通信紧密结合,联结成综合的信息系统,成为环境和决策中的不可缺少的组成部分；

（3）突出实用性，使计算机应用更接近于环保局的日常业务和环境，在可编程的交互环境中，将文本、图形、视频、语音等有机地结合起来，用户还可用生成工具自动生成应用程序等；

（4）对国家级和地方级的环境信息系统的设计进行标准化、规范化的研究，其目的是在全国形成一个完善的环境信息体系，提高环境信息的实时性和整体的效用；

（5）在成熟的领域加强环境经济分析、总量控制管理以及投资效益分析等直接能为环境管理服务的功能。

4.1.3　其他的国家级环境信息系统

1. 中国资源环境数据库

1）数据库概况

中国资源环境数据库由中国科学院知识创新工程试点重大项目"遥感时空信息分析与数字地球相关理论技术预研究"（KZCX1-Y-02）与中国科学院知识创新重大方向性项目"国家资源环境数据库集成与数据共享"共同支持，是由中国科学院资源环境研究领域的主要研究所参加建设的我国资源环境领域的第一个大型空间数据库。中国资源环境数据库的建设目标是中国科学院乃至全国地球系统科学和资源环境研究领域的基本数据库和以现代前沿空间信息技术为核心的资环信息研究平台，成为国家整个空间信息基础设施的重要组成部分，不仅满足国家对国土资源和生态环境决策信息的迫切需求，同时全面支持资源环境科学研究方法论的改造和知识创新。具体目标为：

（1）全面、及时、迅速、准确地提供反映国家资源环境历史、现状及动态变化状况的数据和图件，为国家社会经济与资源环境的可持续发展决策提供依据；

（2）提供国家及区域资源环境背景数据，支持土地规划，大型农业、工业、生态工程建设，以及减灾、防灾等国家及区域重大国民经济发展举措；

（3）最大程度地实现已有科学积累的全方位开放与高效率共享，同时为部门及地区专题信息系统建设提供支持；

（4）与国际全球资源环境数据库建设和全球变化研究接轨，促进该领域的国际合作。

该数据库于 1998 年底完成了主要类型数据的集成以及数据库功能界面与用户系统的开发，开始投入系统运行，并开始向不同的数据应用用户提供全方位的数据服务。1999 年 10 月完成了中国资源环境数据库的网络站点建设并投入运行，同年成为国家空间信息交换中心的中国科学院节点。它通过网络向用户提供相关数据的元数据以及数据的网络申请以及向特定用户提供数据服务。该数据库的成功建设填补了我国在资源环境领域缺乏综合性大型空间数据库的空白,使中国科学院乃至我国资源环境空间数据库真正进入业务化运行阶段,推动了我国资源环境研究领域的信息化,使我国具备了实时向国家高层决策机构以及公众用户提供资源环境空间数据服务的能力。

2) 中国资源环境数据库的特点

(1) 制定了一整套完善的资源环境空间数据标准和数据库操作规范,为资源环境空间数据库建设提供了基本依据;

(2) 形成了系列比例尺和多种类型的时间序列数据库,奠定了在信息化时代进行资源环境研究创新的数据基础;

(3) 完成了 1km 结构性栅格数据基准的研制,形成了多种专题数据库。

3) 应用情况

该系统的应用领域逐步得到扩展,涉及国民经济的各个方面,并已初步形成稳定的数据用户群,包括国内政府决策部门、行政管理部门、研究机构、高等院校、国防部门和商业机构以及包括联合国有关组织、大学和其他研究机构的国外用户。数据库现有国家部门用户包括国务院办公厅、国家发展计划委员会农经司和地区司、水利部水保监测中心、国家遥感中心、国家环境保护总局环保监测总站、国家统计局、总参测绘局、农业部农业科学院、规划设计院、林业局林业科学院、规划设计院、国家气象局、国防科工委国家空间研究院等。数据库也为多个地方政府提供了数据支持,包括湖南省计委、湖北省计委、江苏省计委、福建省计委、安徽省计委等。先后支持了国家西部大开发科技规划、2000 年春华北沙尘暴成因研究、全国第二次土壤侵蚀调查以及全国生态环境监测网络的建设等国家重大工程,取得了极大的社会与经济效益。

同时,作为资源环境科学研究领域的大型空间数据库,中国资源环境数据库始终将支持资源环境科学基础的研究放在首位,支持了多项“973”、国家重大、重点和面上基金项目以及国家重大攻关项目。

2. 国家环境监理信息系统

国家环境监理信息系统,又名污染源自动监控系统,是国家环保总局主持开发、面向全国、服务于“一控双达标”的国家级信息系统。该系统采用委托开发的方式,由西安交大长天软件研发基地开发。从系统的提出、形成、试点到推广应用,历时三年有余。

该系统的目标有两个:一是建成覆盖全国的环境监理信息网,即联结以国家环保总局为中心的广域网,以各省、市为中心的城域网以及企、事业单位的局域网;二是以环境监理信息网为基础,建设面向各级环保部门应用的环境监理信息系统以及面向排污企业的现场监测监控系统,从而实现各级环保监理部门环境监理工作的自动化、污染源自动监测、重点污染源和重点污染区域的远程监控。

系统的开发和建设始终坚持国家环保总局的主导作用,强调地方环保局的支持配合。系统采用"国家环保总局—省环保局—地市县环保局—企业"四级层次模型作为总体模型,以适合我国环境监理业务现状和发展需要,并采用了"智能监理适配器 + 数据接口标准"的现场数据接入模式,实现现场监测设备的规范化。系统运用了先进、成熟的计算机网络技术,以构架面向全国的污染源自动监控网络和实现环境监理的信息化、自动化和现代化为目标,充分体现了各级政府环境监控管理的意图和要求。通过对污染源的分级、实时监控和基本数据的采集,可以了解地区、流域污染源的强度、结构和分布等信息,从而为污染源监督执法和监控治理提供相关的基础数据,为区域性和全国性的环境质量评价与环境治理宏观决策提供及时、准确的数据支持。

该系统将用户分成"国家环保总局—省环保局—地市县环保局—企业"四级。国家环保总局处于四级用户中的最高一级,拥有最高控制权限,可要求其下各级用户上报所需的各类数据,也可对重要污染源进行实时监控。主要信息是省和一些重点城市汇总上报的综合信息以及个别重点污染源的监测、监控信息。对这些信息经过汇总、分析处理后,形成各种综合报表上报中央各级机关,并可为中央机关、各部委提供社会、经济发展决策所需的各种环境信息。省环保局处于四级用户中的第二级,包括所有省、自治区、直辖市环保局,主要完成对地市环保局及企业的抽样监测;对地市环保局的数据采集;对国家环保总局的数据报送;形成各种综合报表。主要信息是所辖地市汇总上报的综合信息、重点区县的上报信息、个别重点污染源的监测、监控信息。地市环保局处于四级用户中的第三级,是三级环保局中的最低一级,直接管理大量排污企业,包括地市、区县和大型企业环保局(部门)。这些用户具有相同的功能需求,如污染源的监测与监控、现场基础环境数据采集、分析、汇总、上报、报表生成。该级用户的主要信息是污染源基础环境数据、污染企业信息。企业处于四级用户中的最低一级,包括所有排污企业,用户数量庞大,主要完成污染源的数据实时采集、汇总和上传。主要信息为污染源监测数据。

该系统软件部分包括中心机、中枢机、中央机三类产品。依照数据量、业务量和用户量的不同,各个版本又分为网络版、单机版等不同的产品形态。该系统的硬件部分则分为现场监测设备和数据接入设备,由西安交大长天软件研发基地负责研制和生产适配器,作为现场数据接入的标准设备,实现规范、明确的软硬件功能分割。同时,权衡国家环境基础数据的安全和现场设备接入的开放性,决定切分有关现场数据传输接口,即现场设备上传适配器采用公开的数据接口,适配器数据上传采用标准接口。这样,在消除全局数据安全隐患的前提下,解决了困扰环保部门多年的设备开放接入问题,在监测、监控、治理等关键环节上形成了良性竞争的态势,对大幅度提高我国环保产业的整体水平具有十分重要的意义。

　　国家环境监理信息系统自研制实施以来,已经得到了各级政府和社会各界的广泛支持。系统被确定为国家级重点火炬计划项目和高新技术产业化示范工程;中央电视台等十余家中央级媒体多次对系统组织专题报道;全国 20 余个省级环保局先后通过行政、市场等途径和手段,全力推进国家环境监理信息系统建设工作的实施;全国近 40 余家生产环境监测设备的骨干企业,携手推广系统的纵横架构和开放标准等。

　　经过全国 20 余个省(市)的实际应用后,该系统得到了各界的一致认同。目前,系统正在高速度、全方位地向全国推广,仅在 2000 年 1 月至 6 月间,系统就辐射到上海、江苏、浙江、河北、江西、山东、安徽、福建、河南等全国 20 几个省的 200 多个重点城市。

　　由于受现场监测设备的限制,系统目前的应用范围主要是工业水污染源的监测监控。国家环保总局已开始研制实用性强、成本低、性能可靠的各种水污染、大气污染、噪声污染监测装置,并完善现场机开放性设计的相应规范,做到仪器仪表及监控板卡的即插即用;同时逐步由点源监测监控向线源、面源监测监控发展。届时将形成全国性的、能全面监测监控水、大气、噪声等的国家环境监理信息网,从而确保获得全面、真实、可靠的环境基础信息。

4.2　省级环境信息系统

4.2.1　省级环境信息系统的作用与特点

　　由于环境问题地域性很强,各地环境管理的重点不尽相同,因此,环境信息系统带有明显的地域性。又由于各省的环境管理涉及水、气、噪声等各个方面,因此,省级环境信息系统是一个小而全的信息系统。

　　1) 省级环境信息系统的任务

　　根据省级环境管理的需要,建立以计算机为基础的省级环境信息系统,使其具备收集、加工、存储、输出环境信息,实现环境管理、环境评价与预测、污染源管理以及环境规划等功能,为地方的环境管理决策提供信息支持。

　　省级环境信息系统的主要职能是为规划和决策提供有关的信息,并提供决策子系统结果信息的存储和查询等功能。其中,决策子系统主要解决规划和决策等半结构化的问题,应开发相关的决策支持系统。执行子系统的内容与环境管理的有关制度相对应,这些制度的实行有具体的内容、规范和操作过程,属于结构化的问题。该部分是环境信息系统功能的核心,其余部分的信息管理过程(包括录入、统计、分析、查询、输出等)均可由计算机实现。保证子系统是环境信息系统最基本和最主要的信息来源,环境信息系统在这方面主要提供信息管理功能,包括录入、处理、查询、输出等。

利用世界银行贷款项目(B-1 项目)"中国省级环境信息系统建设"的实施,在我国已建成了 27 个省环境信息中心,在这些省的环保局建立起了承上启下的数据采集、传输和管理系统。在这一阶段,首次引进了网络信息管理、大型关系型数据库管理系统、地理信息系统、决策支持系统等最新的信息技术研究成果,规划并初步实现了比较完整的环境信息解决方案,为后期的环境信息系统建设进行了有益的尝试和研究。

2) 省级环境信息系统的目标

(1) 改进环境管理信息处理方式,加快信息传输速度;

(2) 增强环境决策的科学性;

(3) 提高环境管理的工作效率。

图 4.2 所示为省级环境信息系统的组成和职能分解图。

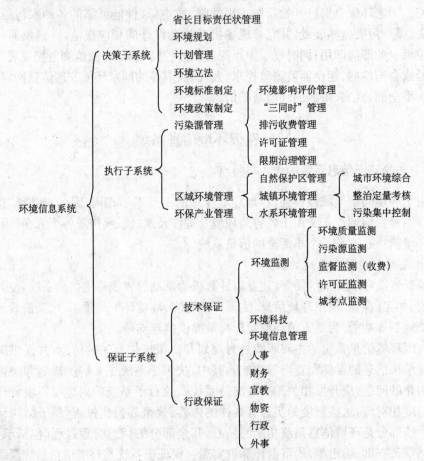

图 4.2　省级环境信息系统的组成和职能分解图

4.2.2　典型的省级环境信息系统

本书以我国第一个省级环境信息系统——江苏省环境信息系统 JSEIS（由江苏省环保局和清华大学环境工程系合作研制）为例，介绍省级环境信息系统的特点、设计和实施情况。

江苏省地处我国东部沿海地区，辖 11 个市 64 个县（市），面积 10.26 万平方公里，人口约 6700 万。江苏省自然环境类型比较齐全，工业和农业都很发达，特别是乡镇企业的飞速发展，使城市环境和农村生态保护都面临十分严峻的局面。

20 世纪 90 年代以来，江苏省已经在全省范围内建成比较完善的环境信息的采集、传输和存储的体制。随着管理的深入，对信息的数量、种类和质量的需求日趋增加，现行的手工加微机的工作方式已经不能满足要求，建设一个功能完善、技术先进、运行可靠的环境信息系统已经成为当务之急。

1991 年 4 月，江苏省环境信息管理领导小组成立，同年 8 月成立江苏省环境信息系统建设领导小组和技术组，经过两年多的努力，建成了我国第一个省级环境信息系统——江苏省环境信息系统。

JSEIS 的建设以实用第一为原则，既满足现行的环境管理八项制度的信息需求，又考虑今后环境管理发展的要求。系统采用客户/服务器（Client/Server）体系结构，Sybase 数据库管理系统，同时在 Client 平台上采用基于 Windows 和面向对象的数据库开发工具 PowerBuilder 完成系统开发工作，因而整个系统投资少、见效快，能有效地满足省域环境管理的需要，并且有较强的扩充能力和友好的图形界面。

JSEIS 在一个省的范围内率先开通省域环境信息计算机网络，完成省、市二个层次环境信息系统应用软件的开发，对 Sybase 系统在中文环境下的应用做了开拓性的工作，在建立统一的环境信息基础库工作中，对环境信息的规范化管理作了探索性的工作。JSEIS 的开发既立足于江苏省的具体情况，又考虑了全国范围的应用。

1. JSEIS 的建设目标

JSEIS 的建设是一项长期的任务，其远期目标是：经过 5～10 年的努力，在全省范围内逐步建成具有计算机通信技术、多媒体技术、遥感技术支持的，以规范化、标准化为保证的现代化信息系统。

1）JSEIS 的近期目标

从 1991 年至 1994 年的第一期工程的目标为：

（1）建成用于省局管理的局域网

（2）建成 1 个或若干个城市的环境管理局域网；

（3）实现省、市两级间的数据通信；

（4）建成环境基础数据库，实现数据收集、管理的系统化和规范化；

（5）实现若干个环境管理子系统的计算机管理。

JSEIS 的宗旨是为环境管理服务，既要满足现行的环境管理各项制度的信息需求，又要为建立标准化、规范化的环境信息系统打基础，减少冗余数据，提高信息的一致性，逐步实现环境管理的科学化、定量化，为环境保护规划决策提供支持。江苏省环境信息系统的设计考虑了省、市两级环境信息管理的需要，市级环境信息管理直接面向工厂、企事业单位，是环境管理工作的基础。

JSEIS 近期目标旨在实现全省的环境信息的管理，实现环境信息的规范化、标准化管理。逐步实现环境管理由手工、经验管理向计算机化管理的转换，为环境管理提供查询服务。

2）JSEIS 的中远期目标

在管理信息的基础上，JSEIS 中远期目标是实现环境信息资源的开发利用，为环境管理服务。主要设想有：

（1）有计划有步骤地开发环境规划、决策支持系统。如太湖水系、长江、淮河水系规划决策问题；

（2）采用先进的地理信息系统软件，建立空间数据库，把遥感遥测技术用于省域环境的宏观决策；

（3）计算机网络的横向扩展，与省级其他有关部门的计算机系统互联，为环境管理与预测规划服务；

（4）计算机网络向纵向发展，真正实现市级环境信息的基础作用，使县级环境保护局和大型企业加入环境信息网；

（5）设备扩充，随着信息的积累，决策支持系统的开发，需要更大数据库的容量，更高处理速度，因此要增加功能更强的计算机为数据服务器；

（6）信息采集手段的现代化，提高信息的实时性和在线控制，如大气环境、水质水量的自动监测，环境热点问题的自动监测、突发事件的应变对策现代化；

（7）实现信息产业化，使环境信息系统不仅有较高的环境效益、社会效益，而且有经济效益。

2. JSEIS 的开发过程

JSEIS 的开发包括硬件和系统软件的选择、购买、安装和调试，也包括应用软件的设计、编程、测试和试运行。环境管理工作的复杂性，决定了环境信息系统的设计和实施是一项庞大的系统工程，必须遵循一定的方法和步骤。

JSEIS 的开发采用软件工程中的结构化分析（SA）和结构化设计（SD）方法，开发过程可分为六个阶段，见表 4.1。

表 4.1 JSEIS 的各个开发阶段

序号	阶段名称	工作内容	主要目标	起止日期
1	可行性研究	提出系统需求初步方案 软硬件环境初步方案 技术经济分析	提出可行性报告	1991.5～1991.8
2	系统分析	数据逻辑分析 系统功能分解 确定软硬件环境	提出系统分析报告和附录	1991.8～1991.11
3	系统设计	数据库设计 硬件环境设计 输入、输出及处理过程设计 对系统分析的修改与补充	提出系统设计报告与附录 设备及系统软件订货	1991.11～1992.6 1992.3～1992.8
4	系统实施	模块与子系统编程与调试 设备安装与调试	提交子系统软件与文档 制订测试计划 设备验收与试运行	1992.9～1993.11 1993.11 1993.5～1993.6
5	系统测试	模块测试 子系统测试 系统测试	系统测试报告	1993.11～1993.12
6	系统调试 与试运行	系统安装 系统试运行	系统试运行报告	1993.12

3. JSEIS 的功能需求特点

JSEIS 的功能需求特点包括以下六点。

(1) 环境信息的多样性和复杂性,涉及的指标项有 2600 多个。

(2) 环境信息系统要求较高的分布处理能力。JSEIS 信息的采集、审核、录入工作主要在市级信息管理部门进行。各市环境信息系统都要求有一定独立的信息存储和管理能力。

(3) 环境信息系统的结构属性是逐级上报数据,同一层次横向联系较少。

(4) 环境信息系统的实时性要求不高,环境信息一个月更新一次即可满足基本要求。

(5) 省级环境信息系统要求有较大的信息存储能力,为综合分析决策提供支持功能,为遥感信息图形分析等提供信息,进而为宏观决策服务。

(6) 模型应用功能。需要建立的一系列环境污染总量宏观控制模型、中长期经济计量模型、图形结构模型等,用于模拟经济发展、能源需求、环境污染现状;能够预测未来的环境污染趋势;实现调整经济和能源结构,促进环境与经济的协调发展。

4. JSEIS 的设计

1）功能设计

在进行省、市两级环境管理部门的机构及职能详尽调查分析的基础上,打破了行政隶属关系的限制,对其业务进行了分解和重新组合,经过功能分析,得出江苏省级和市级环境信息系统的近期功能要求,分为以下六个方面:

(1) 公共数据管理,包括公共基础数据的录入、修改、删除、检验、备份等;

(2) 环境管理,包括为各环境管理功能服务的补充数据录入、数据处理、结果查询等;

(3) 办公管理,为局机关办公管理服务,包括收发文、人事、信访等信息的录入、统计和查询;

(4) 系统查询,对整个系统的背景信息、环境标准基础信息、结果信息等进行各种途径的查询;

(5) 图形管理,提供各种统计图形,便于管理人员直观地掌握有关信息;

(6) 系统维护,进行系统使用的环境设置、权限设置、外设设置,并且在不退出本系统的情况下进行文本编辑、文件管理等。

2）JSEIS 的信息收集与传输

省域内环境信息系统中的信息有四种:

(1) 环境监测信息,由监测部门采集的有关信息;

(2) 环境管理信息,由环境管理部门收集的信息;

(3) 污染源基本信息,排污申报单位填报的信息;

(4) 其他部门的信息,来自统计、公安、卫生、城建等部门的信息。

3）信息规范化

(1) 信息规范化的必要性

在 JSEIS 研究和开发的过程中,数据规范化问题是一个突出的问题。现行的环境管理体制是多年来在实践中逐步形成的,不可避免地留有长期以来手工管理和经验管理的烙印,存在与现代管理不相适应的问题。

第一,我国的环境管理虽然是以分层管理为主的管理体制,但是环境数据的收集管理往往是条条管理,国家环保局各个部门根据自己的需要收集数据,形成"上面千条线,下面一根针"的状态,不仅增加了重复收集的工作量,而且引出了数据不一致的问题。

第二,部门之间信息没有很好的交流,造成信息资源的浪费。

第三,若在新开发的 EIS 中,只是简单地模拟现行管理体制,采用信息的条条管理,必然会感到众口难调,无所适从。即便可行,建立的系统很难有长远的发展和生命力。

　　第四,目前在许多部门,重复开发各自的管理软件,缺乏指标名称、指标解释和信息覆盖面方面的规范化工作。要完成 JSEIS 的研究开发,数据规范化的问题必须列于首要地位。

　　(2) 信息规范化原则

　　在完成 JSEIS 的功能分析和数据分析以后,建设一个共享程度高、数据一致性好、管理维护方便的数据库是必要的,也是可能的。JESIS 技术组对数据的收集方式、方法进行了分类分析,提出环境信息管理的原则是“归口管理、统一规范、分别采集、分别审核、分级存储、信息共享”。

　　(3) 数据量估计

　　根据对现行各项环境管理工作和各项数据收集、加工方法进行统计,江苏省每年原始数据和加工数据的总信息量达到 464MB,10 年累积量达 7444MB。最大的城市年信息量为 117MB,10 年信息量为 2000MB。

　　(4) 统一数据收集表格

　　在环境数据库中,有很大一部分是污染源数据。在环境管理中,环境统计、污染源管理、排污申报和排污许可证管理、排污收费等都要独自收集污染源数据。据统计,在这些数据中,约有 30%～40% 的数据项被重复收集了 1～3 次。经过统一设计的污染源数据收集表格有效节省了填报工作量,增强了数据的整体性,提高了一致性。

　　JSEIS 的数据收集系统共设计了以下八套报表:①工业污染源基础数据报表;②环境质量监测基础数据报表;③环境背景信息数据报表;④办公管理数据报表;⑤建设项目环境管理报表;⑥治理项目管理报表;⑦环保产业管理报表;⑧环保科技管理报表。

　　(5) JSEIS 的数据分类

　　JSEIS 提出了新的数据结构方案。根据数据的来源和应用特征,JSEIS 的数据分为以下七大类:①背景数据,包括社会、经济基本数据,各环境要素的背景数据和特征数据;②标准、法规数据,包括国家、地方和行业制定的环保标准及法规;③情报、资料数据,环保科技情况、资料等;④环境质量基础数据,环境质量监测数据;⑤污染源数据,企业基本情况,排污、治理情况及监督监测数据;⑥环境管理数据,包括在上述各类数据基础上统计、评价、模拟预测和规划等过程产生的二次或多次处理的数据,以及针对某项环境管理职能调查收集的数据;⑦办公管理数据,包括人事、财务、设备资产、文件档案等数据。

　　JSEIS 数据流概况见图 4.3。

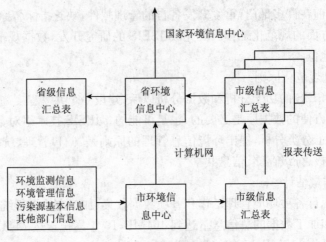

图 4.3 JSEIS 数据概况图

4) JSEIS 的数据库系统

JSEIS 数据分为两类,即基础数据库和应用数据库。

(1) 基础数据库

JSEIS 的基础数据库包括环境背景数据库、污染源数据库和环境质量数据库。基础数据库为各方面的环境管理提供共享的数据,提供数据录入、修改、查询等功能。根据数据库设计的范式理论,JSEIS 的基础数据库设计从实体—联系分析入手,对数据逐步规范化,使数据库的设计基本达到了第三范式的要求,在一定程度上保证了数据的完整性、一致性和安全性。

为了发挥现有软件和数据的资源效益,在 JSEIS 中实现了 Sybase 和 Foxbase 或 dBase 之间的双向数据转换。

(2) 应用数据库

基础数据库存储共享数据,对每一个环境管理功能来说,除了取得基础数据库中的数据支持外,还需要一些特别的数据支持。因此,对每一个环境管理功能都建立一个专用的应用数据库。在应用数据库中存储支持环境管理功能的数据,它们来自基础数据库和由本地录入的补充数据。为了便于数据的维护管理和功能的实现与修改,应保持数据库和管理功能的相对独立,对每一个管理功能(除环境质量管理和污染源管理外)都设置一个应用数据库,应用数据库的结构是按管理功能的要求设计的。各个应用子系统除了完成管理功能外,还设置了功能齐备的数据管理功能,包括数据的录入、修改和查询;同时,所有子系统都可以实现对基础数据库的查询。各子系统的输出都配有表格和统计图形。

JSEIS 的应用数据库有目标责任状、建设项目管理、城市环境综合整治定量考核管理、环保科技管理、环保产业管理、治理项目管理、排污收费、办公管理等。根据不同种类数据的数据特性、更新频率、服务对象,同时考虑到各数据库负荷的分布,JSEIS 建立了以下六个数据库:①背景数据库,存储背景、标准法规、情报资料等数据;②污染源数据库,存储各类污染源的有关信息、监督监测信息;③环境质量数据库,存放各类环境质量监测信息;④环境管理数据库,环境管理信息中的大部分由基础库提供,少量需要录入的数据存储在环境管理库;⑤结果数据库,存储加工后的结果信息;⑥办公管理数据库,存储办公管理信息。

5) 子系统设计

JSIES 分为省、市二级系统,各级系统都建立在基础数据库和应用数据库基础上,监测数据为主要数据源之一。JSEIS 的子系统分为三类:一是建立在应用库基础上的各环境管理功能子系统;二是建立在基础库上的污染源管理、环境质量管理等公共信息管理子系统;三是建立在基础数据和其他补充数据上的环境预测、环境决策支持系统。

JSEIS 忠于现行环境管理体制,第一期目标设计了以下 14 个子系统:

(1) 环境背景情况管理子系统;

(2) 环境目标责任状管理子系统;

(3) 城市环境综合定量考核管理子系统;

(4) 环境统计管理子系统;

(5) 重点污染源管理子系统;

(6) 排污申报管理子系统(水部分);

(7) 排污许可证管理子系统(水部分);

(8) 排污收费管理子系统;

(9) 环境质量管理子系统;

(10) 治理项目管理子系统;

(11) 建设项目管理子系统;

(12) 环保科技管理子系统;

(13) 环保产业管理子系统;

(14) 办公管理子系统。

6) JSEIS 的软硬件环境设计

江苏省环境信息计算机网络采用 Client/Server 体系结构。省环境信息中心设在省环保局办公大楼内,省局内建立一个以太网,采用 Sun Sparc Station 2 为数据库服务器。省信息中心设 Gatway,通过分组交换网与省环境监测中心、环科所、世行办等直属单位的远程工作站联网。地市级环境保护局也通过分组交换网与省环境信息中心联网,地市级可以根据自己的承受能力,分别采取局域网或远程工作站的形式。要求各市同期开通电子信箱,以实现全省信息收集统一步调。另外,第一期工程中还考虑了县级环境管理部门的试点工作。

（1）JSEIS 计算机系统负荷的分析。当时省级系统的年数据存储量约为 650MB。系统设计存储 10 年的信息,信息年增加量为 20%,估计 10 年的信息总量为 10GB。省局内局域网用户 16 个,地市级局域或远程工作站 16 个。采用 Sybase 数据库管理系统,该系统约占 20MB 空间。其他软件平台,如 GIS 等约占 20~50MB。综上,JSEIS 省级系统 10 年的信息量估算约为 10GB。按同样方法估算市级系统 10 年信息量约为 2GB。

（2）江苏省环境信息中心主要硬件,包括：Sun Sparc Station 2、可读写光盘、外置硬盘、只读光盘、磁带机、串并控制器、激光打印机、绘图仪、数字化仪、扫描仪、调制解调器、液晶大屏幕显示屏、微机。

（3）JSEIS 的软件配置,包括：Sun Sparc Station 2 上采用操作系统 Solaris Ver 2.1.3；PC 机上采用 DOS Ver 3.30c 以上、Windows；数据库管理系统软件 (Sybase for SUN Station 2、Sybase for DOS)；开发工具软件包(PowerBuilder Ver 2.0)；网络通信软件(NFS Ver 4.0)。

（4）市级环境信息系统的软硬件配置。总体规划要求省辖 11 市环境保护局各自建设市级计算机网络,应用软件的开发由省局统一组织实施。由于各市的条件和承受能力不同,可分别采用三种方案,即 Sparc Station 局域网的方案、微机局域网方案、微机远程工作站方案。

（5）JSEIS 网络通信。JSEIS 的网络通信借助了分组交换网的技术。我国新建的公共分组交换数据网简称 CHINAPAC。江苏省邮电管理局于 1991 年从美国引进了有关设备,建设的分组交换网共有 1 个节点机、12 个集中器、274 个总端口,该网络可覆盖江苏全省 11 个市。

5. JSEIS 的实施

1) 系统实施的组织管理

在系统实施中坚持"一把手原则",相应的组织管理包括监督进度、协调各部门间的关系、审查阶段工作成果等。具体组织管理工作包括：

（1）实现数据规范化。现行的数据采集机制是手工管理的机制,也是正在运转的机制,只有在主要领导的干预下,才能实行以手工和经验为主的体制向计算机管理过渡。在一个省的范围内率先实现数据规范化是可行的,但必须协调好上下关系、各市和局内各处、室的关系,做到分工明确。有些部门的负责人可能会对采用新的信息管理手段采取抵触态度,需要多做教育或协调工作。

（2）对环境信息实行统一规范,归口管理。产生数据冗余和数据不一致性的主要原因是数据的多渠道收集。因此,有必要建立机构,对环境信息实行统一规范、归口管理。

（3）建立健全环境信息动态化管理的制度。在计算机网络上通过权限的设置,每一个工作站有权查询与本岗位有关的信息,同时需按规定的项目、频度完成录入、审核工作。为了适应信息管理"分别录入、分别审核、分级存储、信息共享"的新方式,逐步建立环境信息动态化管理制度。

2) 计算机系统建设

计算机系统建设分为两步。一是模拟系统的建设,在 Sparc 工作站设备未到位之前,用微机作服务器,采用 Scouix 操作系统和 Sybase 数据库管理系统,以及 TCP/IP 协议的以太网,模拟今后的真实系统。在模拟系统上,可以进行程序设计和人员培训等项工作。二是省局计算机系统的建设。1993 年 5 月进口设备到货后,在计算中心内建起了包括 2 台 SUN Sparc Station 2 和 8 台计算机及有关外设的计算机网络,安装了系统软件,并通过了系统软件环境测试,开始应用程序设计和试运行。

3) 人员培训

人员培训包括:

(1) 系统管理员培训,学习 Unix 操作系统、网络软件及有关知识,使其能负责整个系统的资源分配和网络管理;

(2) 数据库系统管理员培训,学习 Sybase 数据库系统,负责数据库的建立和权限设置;

(3) 应用开发程序员培训,学习 Windows,PowerBuilder 和 Sybase 的编程,负责各应用模块的开发;

(4) 数据录入员培训,熟悉应用程序的数据录入部分,负责整个系统的数据录入;

(5) 使用人员培训,对各处、室有关使用人员进行计算机基础培训和与其职能有关的应用程序使用培训。

4) 数据组织

数据组织采用两种方式:一是对已有历史数据,通过不同数据库系统的数据格式转换,使其进入新建的 Sybase 数据库系统;二是针对重新设计的数据收集报表,选择部分单位进行试填,并录入到系统的数据库中去。

5) 软件开发

软件开发采用规范化和模块化的设计思想,在数据库总体设计的基础上,根据使用功能把系统分解成若干独立的模块,便于多人同时投入程序开发工作。各模块开发完成后,再统一联结成整体系统。

6) 系统的调试与测试

(1) 网络调试。在省环境信息中心的局域网络建设完成后,进行了网络软硬件的调试,以太网上 PC 工作站的调试以及通过串并控制器采用直接连接和电话拨号连接的方法,调试 PC 远程工作站的联网工作情况。

（2）软件的调试与测试。第一步,每个模块的设计者负责对所设计模块进行自我测试,并负责编写规范化的文档;第二步,由课题组组织测试,进行系统的总调;第三步,进行专家组测试,聘请专家对系统进行技术测试,提出测试报告,供系统鉴定使用。

（3）数据测试。应用程序的开发首先采用模拟数据调试,第二阶段要求两个试点城市提供测试数据,填报 200 份 JSEIS 的数据报表(可以是根据去年数据重新组织的,最好是直接由基层填报的),然后组织录入、审核、修改,对应用系统进行全面的数据测试。

6. JSEIS 的运行管理

JSEIS 的运行管理包括两个方面:网络管理和系统管理。

1）网络管理

网络管理包括两个层次:一是全省的网络管理;二是省局局域网的网络管理。

全省的网络管理包括对各市信息中心的服务器命名、编地址代码、设立用户权限、制定数据上报的管理规定。省、市局信息中心之间的关系为:省局用户可以访问市局有关信息,市局用户亦可访问省局有关信息,并上报数据。

省局局域网的网络管理包括省局内各处室的用户管理,进行权限分配,建立用户账号,定期更改口令,保证信息的共享与安全。

2）系统管理

系统管理是保证系统正常运行的基础,主要内容包括:

（1）物理资源管理,包括计算机设备和外设管理、网络设备管理、存储空间管理等;

（2）数据备份与传输,定期进行数据备份,并向上级单位传输,同时在运行过程中要以更高的频率备份日志文件;

（3）故障诊断与恢复,当系统出现故障时,要迅速作出判断,并利用数据和日志的备份进行有效的恢复;

（4）系统性能优化,根据运行情况,合理调整有关参数,使系统以最优状态运行。

7. JSEIS 的特点

JSEIS 是我国第一个比较完整的省级环境信息系统,具有如下特点。

（1）系统的实用性较好。JSEIS 在设计和开发过程中强调忠实于现行管理系统,各管理模块的最终输出都与现行管理保持一致。

（2）基本保证数据的完整性和一致性。在数据收集(特别是污染源数据收集)系统设计中,统一了收集格式,既满足所有用户的需求,又消除了数据冗余。在数据库设计中,进一步应用范式理论对信息规范化,使数据的收集量减少 30%～40%,保证了数据的一致。

(3) 技术先进性。在计算机系统设计中,采用了 20 世纪 90 年代最先进的 Client/Server 结构,具有很好的开放性和可扩展性。选用适应这种体系结构的 Sybase 作为数据库管理系统,保证了开发平台的先进性。而且通过分组交换网实现了省、市两级的数据传输。

(4) 较好地实现了新旧系统的转换。JSEIS 实现了异构数据库间的数据转换,保护了已有的信息资源和软件资源,较好地实现了新旧系统的转换。

4.3 城市环境信息系统

经过加紧建设,国家环保总局已基本完成了国家级和省级环境信息系统的建设任务。这些系统在国家环保总局和各省环保局环境管理工作中正在发挥着重要作用。但是,许多城市环保局收集和分析处理环境信息的手段还比较落后,不能满足城市环保局环境管理与决策的需要,不能为城市环境管理与决策提供足够的技术支持和服务,影响了城市环保局环境管理和决策水平的进一步提高,也影响了国家环保总局和省环保局环境管理和决策工作的开展,并严重制约了全国环境信息系统整体水平的提高。城市环境信息系统(urban environment information system,UEIS)的建设已成为了我国环境信息系统建设的重要任务。

本节首先简要介绍城市环境信息系统的功能与特点,然后以白山市资源环境信息系统作为实例来介绍 UEIS 的开发过程。

4.3.1 城市环境信息系统的功能与特点

总体来看,我国城市环境信息系统的建设具有地区不平衡的特点。我国有大、中、小城市数百个。相对内地而言,经济较为发达的东部沿海大城市的环境信息系统建设进展较快。在占全国城市大多数的中小城市中,由于经济及技术实力等原因,环境信息系统建设发展极不平衡。因此,加快中等城市的环境信息系统建设将有助于改变地区不平衡的状况。

1. 城市环境信息系统及其特点

城市环境信息系统可以看作是一个空间型的环境信息系统,以城市区域生态系统为基础,把人口、资源、经济及环境等有关数据,按其空间位置或地理坐标输入计算机,进行存储更新、查询检索、模型分析、显示打印及绘图输出,为城市区域环境管理提供了一种现代化的技术手段。

城市环境信息系统应具备以下特点:

（1）功能强大，系统应包括多个子系统和多个功能模块；

（2）实用性，软件的用户界面友好，功能设置符合用户实际工作需要，使用过程符合用户的工作习惯；

（3）可维护和可扩充性，软件能适应将来的机构调整和业务变化，各模块相对独立，便于功能扩充和调整，同时软件具有友好的维护程序，能够完成日常的维护任务；

（4）可靠性，软件运行稳定可靠，有足够的防错、容错措施，一旦出现故障，可进行应急处理；

（5）多媒体文档管理，多媒体数据，如文字、声音、图像、视频、Office 文档等，可以在系统内统一存储管理；

（6）安全保密性，对涉密文件，系统能够实现分级授权管理，对远程传输时的网络数据能够进行加密。

2. 城市环境信息系统的建设总目标

城市级环境信息系统建设的总目标是：建设结构合理，功能齐全，信息传输畅通，集环境管理办公自动化、MIS、GIS、多媒体环境管理信息应用和环境管理信息辅助决策等功能于一体的综合环境信息系统，以满足城市级环保局环境信息管理的基本需求，为城市环保局环境管理与决策提供环境信息支持和服务。

作为中等城市而言，其环境信息系统应具有硬件子系统、操作系统、通信子系统、网络子系统、数据库子系统、应用子系统等。各地市环保局应在国家环保局信息处、省级环保局统一组织指导下，经过努力，建成结构完善、功能齐全、传输畅通、能满足本市环境管理、监督、规划、决策、科学化、定量化所需的环境信息系统。

3. 城市环境信息系统的主要功能

城市级环境信息系统以各城市环境信息中心为主体，包括各城市环保局机关和直属单位环境信息系统，是全国环境信息系统的重要组成部分。城市级环境信息系统的主要功能或任务是：

（1）负责本城市辖区内的环境信息系统网络建设、业务建设和技术管理工作；

（2）收集、存储、分析、处理和传递本辖区有关环境信息，为城市环保局环境管理与决策提供环境信息支持和服务；

（3）向国家级和省级环境信息系统提供标准化、规范化的各类环境信息；

（4）与辖区内的县级环境信息系统实现联网，在技术和管理上对县级环境信息系统进行指导。

城市级环境信息系统以城市环境管理办公自动化和环境管理信息系统为核心，强调城市环境信息的 Web 应用、GIS 应用和多媒体应用和环境信息资源的应用共享,为城市环保局环境管理与决策提供多方位的环境信息支持与服务,同时培养城市级环境信息系统管理与应用技术人才。在此基础上,与省级和国家级环境信息系统联成一个计算机通信网络,利用计算机通信网络,实现国家、省、城市三级环境管理部门之间环境信息的畅通传输并通过规范化的信息管理,实现环境信息的有效管理和共享,促进环境信息资源的有效利用,从而为全国环境管理与决策提供环境信息支持与服务。

4. 我国的城市环境信息系统建设现状

随着国民经济的发展及对外开放的加强,环境管理工作在范围、深度、手段等方面正不断地深化,并开始由定性管理向定量管理转变,环境信息量也与日俱增,以环境统计、环境调研、环境监测为主线的环境信息为城市环境管理、规划、决策提供了大量的依据。

我国城市环境信息系统建设在最近几年取得了重要进展,特别是中日两国政府面向 21 世纪环境领域的重大合作项目——中国环境信息网络建设项目的完成(1998~2003 年),为我国 100 个大中型城市的环境信息工作奠定了良好的基础。当前,已有越来越多的城市开始依据本辖区的特点,正在筹建或已经建立了各具特色的环境信息系统。在许多城市环保局都建立起了环境信息中心,并可通过网络向公众公布环境信息。

尽管如此,目前市级环保局对于环境信息的收集、整理和分析处理仍然或多或少存在以下问题:

(1) 工作效率低、数据量大、数据重复性多、数据出自多个部门等问题,出错现象也时有发生;

(2) 环境信息的利用和加工质量不高;

(3) 数据缺乏统一的标准格式;

(4) 不能实现广泛的环境信息共享;

(5) 软件的开发不规范、不统一,大量的人力、财力、物力消耗在简单重复的劳动上;

(6) 环境信息的及时性也不能满足要求。

为了进一步提高工作效率,使环境信息更好地为环境管理、计划、规划、决策部门服务,市级环境保护局急需建设具有先进水平的环境信息系统。为此,许多城市都开发了或正在开发城市环境信息系统,这些系统在开发方式和特点上都不尽相同。从开发方式来看,大致可分为以下三类:

(1) 以现有的数据库管理软件为基础开发的办公自动化城市环境管理信息系统,该类系统只能对文档信息进行简单的存储、查询等操作,对图形信息无能为力,基本上没有 GIS 功能。

（2）跨平台开发，即 MIS 功能在数据库管理软件平台上开发，GIS 功能在 GIS 平台上开发。这样就将一个完整的 UEIS 人为地分割成两个频繁切换的部分，不仅容易导致系统不稳定，浪费计算机的宝贵资源，而且会增加系统的开销和成本，造成用户的开发费用大幅度提高，还使系统的扩充性受到限制，系统的可维护性也将大大降低，这是一种传统的开发方式。

（3）以单一的 GIS 平台为基础开发 UEIS，这种方式一般难度较大，开发周期较长，但开发出的 UEIS 具有较高的实用性、可靠性和可扩展性，是新一代 UEIS 开发的重点发展方向。

可以预见，未来的 UEIS 所涉及的关键技术将包括优化的空间数据模型、人工智能、专家系统、"3S"集成、海量数据管理、分布式异构空间数据库管理、空间异构多源数据的无缝转换和集成、WebGIS 与虚拟现实的融合技术、基于 Internet 的网上发布系统等。这些关键技术的应用将使新一代 UEIS 的功能大大加强，从而使城市环境信息的管理更具时代特色。

4.3.2　城市环境信息系统分析设计实例

中等城市所辖范围相对较小，一般具有比较鲜明的地方特色。因此，在建设环境信息系统时，也必须与其特点相适应。以下选取清华大学环境工程系对吉林省白山市的环境资源信息系统研究中的部分内容，介绍城市环境信息系统的特点和分析设计思路。

白山市是一个资源丰富的中小城市，其环境信息系统也以资源环境为主要管理对象，核心是各种自然和社会资源数据。因此，这里首先介绍白山市的自然资源和社会经济状况。

1. 白山市自然环境和社会经济背景

1）自然环境背景

白山市位于吉林省东南部，长白山主峰西南，鸭绿江、第二松花江上游河源区，东经 126.7°～128.18°，北纬 41.21°～41.48°。白山市西接通化市，北连吉林市，东临延边朝鲜族自治州，南与朝鲜民主主义人民共和国隔鸭绿江相望，东西长 180km，南北宽 163km，幅员面积 17459km²，城区面积 23.4km²。

全区大部分属中低山区地形，东部和东北部为长白熔岩高台地，向西、南、北地势渐降。龙岗山脉环切北部，老岭山脉横贯南部。最高峰白云峰，海拔 2691m，最低处靖宇批洲口子海拔 279.3m，一般高程在 400～900m 之间；鸭绿江、第二松花江两大水系以长白山主峰为源头，向西北、西南呈扇形分布，形成三个面积相近、条件各异的流域。东部是第二松花江河源区的头、二道松花江流域，流域内多半河谷深而较长，高台地分布广阔，间有少量河谷盆地；南部鸭绿江流域，地形起伏较大，河谷切割较深,江河沿岸分布少量平川地;中部浑江自东北向西南注入鸭绿江,流域广阔,山势低缓,是明显的低山窄谷区。全市长 50km 以上的河流有 18 条。

区内属北温带大陆性季风气候,是吉林省最寒冷地区。冬季长,干燥寒冷;夏季短,温热多雨;春秋两季气温多变,四季变化分明。随地理条件变化不同,又具有小气候复杂,气温差异明显的特点。多年平均气温为 2.0~4.7℃,最高气温为 29.9℃,最低气温-32.5℃,年日照 2152.6~2485.0h,年降水量 695~857mm,无霜期 110~142d。历年最大 10min 风速 17.70m/s,风向为 WS 向,于 1982 年发生在市区一带。

区内土壤有灰棕壤土、白浆土、草甸土、冲积土、沼泽土、泥炭土、石质土、石灰岩土、水稻土等 9 个土类,耕地多为白浆土。灰棕壤土主要分布于海拔 500m 以上的山地,多为林地和挂画地。

植被主要为林地,森林植被属温带针阔叶混交林,大部分为天然林,森林覆盖率为 69.5%。浑江上下游流域多低山,受人类活动影响植被较差,多低矮灌木和草本植物。

2) 社会经济背景

白山市下辖一区一市四县,白山市城区位于八道江区。全市共有 32 个镇、39 个乡、88 个街道、599 个村。全市总人口 130 多万。由于地理条件独特,白山市工业现已基本形成了能源、农药、木材综合利用、冶金、塑料、纺织等具有地方特色的工业体系。1989 年全市乡镇以上工业企业 793 户,大中型工业企业 12 户,职工人数 37.68 万人。全市主要生产原煤、木材、发电、轴承、铝锭、水泥、针织、酿酒、中成药、塑料制品、造纸、矿山设备等大宗产品上百种,花色品种规格几千个。名优产品发展到 244 种,其中参茸龙骨丸、人参再造丸、注塑布鞋、夹克衫、地板块、轴承等近 20 种产品打入国际市场,远销十几个国家和地区。煤炭工业方面,有国家统配煤矿 10 个,地方国营煤矿 20 个,生产原煤 737 万吨。区内森林资源丰富,有长白林海、红松故乡之誉,是我国六大林区之一,现有活立木蓄积量约 16456 万立方米,人均森林蓄积量 120 立方米,居全国首位。全市有六大国营林业局,市、县林业局 7 个,乡镇有林场,木材总产量 181 万立方米/年。

全市农业总人口 51.42 万,耕地面积 92 万亩,人均占有耕地 1.79 亩。1989 年农业总产值 4.86 亿元,种植业以玉米、大豆为主,间有水稻、谷子、小麦、高粱等。水稻种植面积为 2.72 万亩,占耕地面积的 3%,1989 年农业总产量为 1.08 亿公斤,人均产粮为 223 公斤,水稻产量为 633.15 万公斤,约占农业总产量的 5.86%。

区内林地多,草地少,草地草坡面积为 27.5 万亩,占总土地面积的 1.05%。多为天然草地,每年可载草量 2.12 亿公斤,可载畜量 46 万羊单位,现有畜量为 27.6 万羊单位,是可载畜量的 60%。1989 年生猪存栏 15.63 万头,大牲畜 7.56 万头,肉类总产量 1.29 万吨,平均每人占有 10.67 公斤,远远满足不了城乡人民生活需要。

多种经营的自然资源产品种类繁多,主要有园参、养鹿、养蜂、种植各种药材、果园和水产养殖等。除了有计划栽培饲养外,野生动植物资源丰富,如山参、貂皮、鹿茸、松籽、元蘑、木耳、蕨菜等。牧、副、渔业发展很快,活跃了市场,扩大了出口,增加了农民收入。多种经营产值实现 3.42 亿元,占农业总产值的 70.4% 以上,促进了农村经济发展。农村从事第二、三产业的劳动力达到 3.04 万人,占农村总劳力的 17.7%。

主要交通有通化至白河,通化至大栗子铁路干线。公路交通方面形成了四平至白山,鹤岗至大连(经过本区)为主干的公路网,使得本区 6 县(区)和各个集镇山里山外相连。

2. 白山市资源环境现状调查与分析

根据白山市的资源环境特点,在进行资源环境信息系统设计前进行了大量的调查和分析,主要分为六个方面:森林资源、植物资源、动物资源、水资源、矿产资源和环境质量。

1) 森林资源

(1) 现状

森林资源是白山市的资源主体。白山市由于受水平地带性自然因素和地质等条件的影响,植被呈典型的长白山森林生态系统,具有植被垂直分布的生态序列特点。500～1200m 为寒温带针阔叶混交林;1200m 以上为寒温带针叶林。市区 70% 以上土地被高大乔木群所覆盖,有东北乡土树种——红松以及云冷杉等 30 多个主要树种。有针叶混交林、针阔混交林、杨桦林、柞树林、水胡林、杨树林、杂木林、矮林等 8 个林分类型。很多地区分布有经济价值较高的出口日本山槐。三道沟、苇沙河、六道沟、大阳岔等地还分布有成片的珍贵树种——刺楸以及赤柏松、赤榆等树种。

白山市森林原属长白山原始林区,自 1877 年(清光绪三年)开采以来,先后经日本和沙俄的掠夺开采以及解放后的粗放式采伐,区内原有的原始植被目前已所剩无几,基本为天然次尘林和少量的人工林。白山市全市林业用地是面积所占比例最大的土地利用类型,为 453666.64 公顷,占市区总面积的 79.2%。到 1991 年为止,全市活立木总蓄积量为 1.65 亿立米。

(2) 存在的问题

根据历年的统计数字,全市林业用地面积、有林地面积、有林地占林业用地面积的比例等均呈下降趋势,说明林业资源处于总量下降状态。从 1961 年到 1991 年的 30 年间,林业用地面积减少了 10.18 万公顷,减少了 6.8%;有林地面积减少了 11.66 万公顷,减少了 8.8%;疏林地减少最为严重,由 3.25 万公顷减少到 1.74

万公顷,减少 46.4%。但相对应的是,呈上升趋势的是后备森林资源有所增长,如未成林造林地面积由 4.66 万公顷增加到 8.61 万公顷,增长了近 4 万公顷。

统计数字表明,森林资源的总量和质量不断下降。全市森林在建国初期,总的立木蓄积量达到了 3.7 亿 m^3,建国后,由于国家经济建设的需要,先后建立了六大国营森林工业局,总共为国家提供了各类商品木材达 6000 多万 m^3,加上多年来的各种非经营性消耗,43 年总的立木蓄积消耗达到 2.1 亿 m^3,年最高蓄积消耗达到 400 万 m^3。多年来对森林资源的过度采伐,造成了次生林增加,原始森林已所剩无几。

另外,森林生态环境不断恶化。由于多年来全市森林资源的不断破坏,造成了森林生态环境不断恶化。据有关部门测定,全市由于森林植被的减少,森林内风速加大,气温明显比 20 世纪 50 年代有所提高;全市水土流失面积不断增加,按农业部门的测算,全地区由于植被破坏、坡耕地增加,导致耕层土壤每年由于水土流失所损失的速效养分相当于全市每年化肥施用量;同时由于水土流失加剧,又造成了各主要河流输沙量增加。

2) 植物资源

(1) 现状

白山市的野生植物资源非常丰富,具有很强的资源优势和重要的经济与科学研究价值。现已发现的野生植物为 2424 种,隶属 73 目,243 科,823 属,见表 4.2。

表 4.2 白山市植物资源种类分布

名　　称	目	科	属	种	备注
真菌植物	15	37	131	437	
地衣植物	2	22	29	132	
苔类植物	2	16	22	36	
藓类植物	11	34	91	170	包括变种、变型
蕨类植物	7	22	42	81	
裸子植物	2	3	8	15	包括变种、变型
被子植物	34	109	500	1503	包括变种、变型
合　　计	73	243	833	2424	包括变种、变型

白山市植物种类丰富多采,具有明显的垂直地带性,自下而上可分为 5 个植物景观带:

• 落叶阔叶树混交林带,海拔 500m 以下。

• 红松混交林带,分布在长白山山麓的广大玄武岩台地上,海拔 500～1100m,气候适合,降水丰富,土壤多为暗棕色森林土,为长白山区植物生长最繁茂的一个带。

- 云杉、冷杉林带,分布在海拔 1100～1700m,主要有两种类型:红松-云杉、冷杉林带,分布在海拔 1100～1500m;岳桦-冷杉、云杉林带分布在海拔 1500～1700m,是本带上限植被的典型代表。
- 岳桦林带,位于海拔 1700～2000m,占据火山锥体下部,土壤为山地生草灰化土。
- 高山苔原带,海拔在 2000m 以上,占据火山锥体中上部,属于寒温带气候,土壤为山地苔原土。

在 2424 种野生植物中,经济物种相当丰富,按用途可分为基因保存、材用植物、药用植物、食用植物、蜜源植物、饮料植物、香料植物和观赏植物等。这些极为丰富的野生植物资源,不仅是白山市发展经济的重要物质保障条件,同时也是我国农业未来发展的基因库,对其保护和合理利用,不仅对白山市具有重要意义,同时也对我国农业的未来发展具有明显的潜在价值。

(2) 存在的问题

白山市目前植物资源方面主要的问题是一批珍稀濒危植物急需保护。目前,白山市有 38 种珍稀濒危植物,包括蕨类植物 3 种、裸子植物 3 种、被子植物 32 种,分别占长白山同类植物总数的 3.66%、20%、2.17%,隶属 27 科、35 属。其中乔木 9 种、灌木 10 种、草本 18 种、藤本植物 1 种,它们有重要的开发利用价值。

白山植物濒危的原因有自然因素、人为因素和社会因素三个方面。其中人为因素和社会因素是造成植物濒危的主要原因。森林大面积的砍伐,使原森林中的各种植物遭到不同程度破坏和减少,分布范围日见缩小。如山荷叶原分布于海拔 500～1500m,现仅见于海拔 1300～1500m 处。再如攀缓植物木通马兜铃,是针阔叶混交林中的重要组成树种,其生存繁衍必须依附于原始林,由于森林被毁、林相变坏,其种源遭到严重破坏,在林中很难见到。而社会收购及外贸等部门缺乏持续发展的协调战略意识,盲目无计划收购,甚至不良影响的宣传,是植物濒危的社会因素。主要表现过度采挖,如库叶红景天,近年来由于其药理价值的开发,仅两年多就使该资源减少 1/5 左右。这种掠夺式采挖的后果不仅引起种类的消失,亦引起种群退化、水土流失等恶果。

3) 动物资源

(1) 现状

白山市动物区系,在动物地理分布上属于古北界。按我国动物地理区划,吉林省东部属"长白山地亚区"。长白山动物区系在组成成分上看,是比较复杂的,不仅有古北界的特有种,伴有少数特殊种。还由于在第四纪以来,我国并未遭受到像欧亚大陆北部那样广泛的大陆冰川的覆盖,所以长白山也曾成为动物的"避难地"。长期自然历史的变迁,充分反映出具有典型的森林喜湿并具有耐寒性种类的古老山地森林动物区系特征。据现有记录,白山市现有陆栖脊椎动物 358 种,占吉林省陆栖脊椎动物总数的 92% 以上,其中兽类 6 目,19 科,38 属,51 种;鸟类 17 目,43 科,101 属,273 种,鸟类的总种数(包括亚种在内)几乎与吉林省相等;爬行类 2 目,3 科,7 属,18 种;两栖类 2 目,5 属,10 种;鱼类 3 目,10 属,6 种;另外昆虫类 11 目,101 科,796 种。

在丰富的野生动物资源中,经济物种相当丰富,按用途可分为珍贵动物资源、毛皮动物资源、药用动物资源和肉用动物资源等。这些野生动物资源,是长白山地区进行生态保护和发展经济的重要物质保障条件,对其保护和合理利用,对白山市、长白山区乃至东北亚地区具有重要的现实意义。

根据国务院环境保护委员会 1987 年公布的重点保护野生动物名录,分布在白山市的共有 33 种,占长白山陆栖脊椎动物总数的 9%,全国保护动物种的 16%,其中属于国家一级保护动物有 9 种。虽然国家各级政府及有关部门很重视这些珍稀动物的保护工作,但自然保护区建设缓慢,乱捕滥猎珍贵动物的现象仍很严重。调查研究工作手段落后,跟不上客观实际需要,这些问题必须引起高度重视,亟应采取有效措施。

药用动物资源方面,据粗略统计,长白山陆栖脊椎动物中约有 60 多种可以入药。其中以麝香、鹿茸和虎骨最为名贵。其他尚有熊胆、青羊角、蛤蟆油等。但是,一些珍贵药用动物的数量在逐年减少。例如,蛤蟆油为高级滋补营养品,近年来由于毁灭性的捕捉,再加上生境逐年缩小,致使资源破坏,产量逐年下降。其他一些较珍贵的动物性药材,也有类似现象或严重些,例如麝香、虎骨、熊胆等。

(2) 存在的问题

目前还不能全面合理地开发利用上述资源,主要问题如下所述。

• 资源底数不清。缺乏动物药用产品和野生动物肉类的统计资料,尤其是某些经济动物资源,到底有多少,心中无数,虽然有关部门年年组织生产收购,但没有详细分类,统计数字做不到精确无误,对估计产量和计划生产带来很大影响。

• 乱捕滥猎严重。对珍贵动物盗猎,各地常有发生。经济动物狩猎无计划、无组织,狩猎中不分猎期季节,不分雌雄成幼,见物就猎,浪费国家资源。"野牲无主,谁猎谁有"的错误认识,还没有真正得到纠正。

• 自然保护区建设缓慢。限于经费和管理人员,已划定的保护区和禁猎区仍停留在原有的基础上,得不到各级政府和领导部门的高度重视。没有把动物资源看成和煤炭、水利、森林一样的国家宝贵财富,致使野生动物资源还在不断减少。

• 开发资源不注意生态效应。自然条件的改变对野生动物有直接影响。如森林的不合理开发、荒地无计划开垦,使动物分布区缩小,其数量很难增加。在自然资源开发上缺乏科学的全面统一规划,林业部门强调生产木材,农业部门强调垦荒,不重视生态后果。

• 科学研究力量不足。长白山是我国东北动物资源较为丰富的地区之一,对野生动物资源的保护、驯养、狩猎生产、资源发展等,有待广泛地开发科学研究,但缺乏必要的经费、设备和专门的科技人才。

4) 水资源

(1) 水资源总量

白山市水资源主要包括地表水和地下水两部分,其中又以地表水为主。该地区水资源总量为河川径流量加上该区地下水量,再减去地表水及地下水的重复量,因此全市水资源总量就是河川天然径流量的 80.25 亿 m³,见表 4.3。

表 4.3   白山市水资源总量统计表

流域	集水面积 /km²	年径流深 /mm	年径流量 /mm	不同保证率的年径流量/亿 m³ 10%、50%、75%、80%、95%					水资源总量/ 地下水/亿 m³
全区	17459	459.65	80.25	99.12	766.92	61.81	59.30	44.44	80.25/14
二松	10006.5	465.50	46.59	56.32	76.92	35.03	33.80	25.25	46.59/8.85
鸭绿江	5613.9	454.94	25.54	31.96	25.16	20.49	19.58	14.91	25.54/2.45
浑江	1838.6	441.64	8.12	10.84	8.00	6.29	5.92	4.28	8.12/1.44

(2) 水质状况

调查分析表明:污染区段和污染程度与污染源分布相关,受到污染为四级水质的河段是鸭绿江干流上游长白县城区和头道松花江抚松县城下游区。浑江干流两岸城镇多,人口密集、工业集中,市区河段曾严重污染为五级水质。二松、鸭绿江干流上游大部分区段及其支流,森林水源涵养保护条件好,无点污染源,面污染少,河流水质清晰,水质是良好的,但二松支流汤河,受中、上游的湾沟、松树煤矿和市第二制药厂等企业影响,全河道常年呈混浊黑色状态,河内水生生物少见,污染严重,两岸村屯较集中,仍存在枯水期取用河水问题,应引起重视,加强监测保护治理。

5) 矿产资源

(1) 现状

白山市矿资源丰富,矿种多,储量大,是其一大资源优势。按现有勘查资料,全市共有近 168 种各种矿产,包括能源、黑色金属、有色金属、贵重金属、化工和冶金辅助原料、建材用非金属和稀土元素等。全市主要矿产资源的探明储量及分布见表 4.4。

(2) 存在的问题

白山市的矿产资源是发展区域经济的一个得天独厚的优势,也是发展该市资源转换型主导产业的重要基础。例如,1993 年各类矿产采选业产值占工业总产值的 13.4%。但是,由于采矿方法原始,回收技术落后,加上缺乏矿产资源的忧患意识和环境保护意识,给不可再生的矿产资源带来了很大程度的破坏和浪费,矿区周围的环境也遭到破坏。

表 4.4 白山市主要矿产资源一览表

矿产名称	储量	品位	主要分布地点
煤	探明储量 6.3 亿 t，保有储量 4.2 亿 t	—	六道江、八道江、砟子、石人、火石人、孙家堡子、松树、湾沟、临江等地区其中以浑江、鸭绿江、汤河等江河流域沿岸分布较多
铁	约 2.5 亿 t	—	板石、大栗子、三岔子、六道沟、八道江地区
黄铜	约 291 万 t	0.5%～1%	六道沟、六道江等地区
钼	约 257 万 t	—	六道沟和错草顶子等地区
金	约 79.3 万 m³	0.465g/m³	湾沟、闹技、石人、大石人、六道沟、六道江、四道沟、临江、三道沟等地
铅、锌	约 82.1 万 t	10%～20%	大栗子、苇沙河、榆木桥子等地
铝土	5000 万 t	—	砟子、松树
锑	1 万 t	—	花山
钴	万 t	—	板石
镍	100t	—	太安
滑石	309 万 t	—	榆木桥子、石人、遥林
磷	104 万 t	—	板石、花山、太安、六道江
石英砂	521 万 t	—	板石
石墨地	1200t	—	太安、湾沟、大镜沟
水晶	500 万 t	—	石人、三道沟
云母	1000t	—	错草顶子
白云岩	13000 万 t	—	松树
耐火黏土	582.3 万 t	—	松树、湾沟、砟子
硅藻土	4.8t	—	六道沟、错草顶子
膨润土	100 万 t	—	大镜沟
硅石	100 万 t	—	板石、榆木桥子
叶蜡石	5000t	—	六道沟、花山
沸石	约 1 万 t	—	石人、大石棚子、大镜沟、红土崖
石膏	1 亿 t	—	大阳岔子
稀土	4000 多 t	—	大栗子

6）环境质量

白山市环境污染问题主要有三个方面，即水环境污染、大气环境污染和固体废弃物污染等。从历史上看，白山市在 20 世纪 70 年代以前，全市境内除局部地表水体、如浑江八道江河段受到一定的污染外,其他河流基本上污染程度都较低。但到了70年代末、特别是80年代后,由于全市各县区的工业、特别是乡镇企业的全面发展,许多地表水体受到了较严重的污染。此外,大气污染在大多数城镇区域都很严重,成为全市另一个主要的环境问题。由于白山市煤炭和其他矿产资源的规模化开发日益加大,各种固体废弃物也逐渐成为又一个环境污染问题。

3. 白山市资源环境信息系统设计

　　1) 资源环境信息收集

　　根据白山市环境资源信息的数据源的特点,主要采用以下途径分析和收集环境信息。

　　(1) 非图形数据。非图形数据主要来源于白山市政府及各职能部门提供的第一手材料,包括《长白山东北部野生经济植物志》、《长白山区生态农业系统发展战略研究》系列报告、《浑江今昔》、《白山市环境质量报告书》,以及气象、水文、旅游、农林、矿产和科技情报部门提供的材料等。

　　(2) 图形数据。图形数据来源主要有三种:纸张地图、卫星数据和现有矢量数据转化。纸张地图主要有1:25万"浑江市土地利用现状图(1991.7)",《吉林省国土资源地图集》等。现有矢量数据来源是 MapInfo 格式的世界地图和中国分省电子地图。卫星数据包括 Landsat MSS 和 Landsat TM 数据。

　　2) 资源环境信息存储

　　对于非图形数据,主要采用键盘录入和扫描仪扫描录入,形成数字化存储方式。对于该类信息的存储管理方式,利用关系型数据库管理,采用 ERwin/ERX 2.1 for PowerBuilder 进行数据库结构设计。

　　对于 MSS 卫片数据,利用 HP ScanJet II 扫描仪扫描输入计算机,形成像元分辨率为 300dpi 的栅格数据(tiff 格式)。而所获得的 TM 数据由于已经是二进制文件,不必再进行数字化工作。

　　对于纸张地图,通过 CalComp 公司的 AO 数字化仪 Drawing Board III 来完成的。共分为 12 层存储,见表 4.5。

表 4.5　白山市地图矢量数据分层存储分析结果

序　号	存储对象
1	白山市行政区划情况,包括一区:八道江区;一市:临江市;四县:三岔子县、长白朝鲜族自治县、靖宇县、抚松县
2	境内城区分布情况
3	境内市、镇、乡分布情况
4	长白山自然保护区在白山市境内的分布情况
5	耕地分布,主要是灌溉水田、旱地、菜地

序　号	存储对象
6	园地分布,主要是果园地和其他园地
7	林地分布,主要是有林地
8	特殊用地
9	未利用土地分布,包括荒草地和其他未利用土地
10	河流分布情况
11	湖泊分布情况
12	铁路分布情况

3）信息分类与编码

根据前面的分析,对于白山市的环境资源信息进行了分类和编码。在充分考虑了科学性、系统性、扩展性和兼容性的前提下,参照国家科委基础研究和新技术局资源与环境信息系统国家规范研究组 1984 年提交的"资源与环境信息系统国家规范研究报告"以及世界银行技术援助 B-1 项目小组 1995 年提交的"环境信息规范（草案）",编制了一套环境资源信息分类方案,具体见表 4.6。

表 4.6　区域环境资源信息分类方案简表

分类等级 I	分类等级 II	分类等级 I	分类等级 II
一、国土基础信息	1 区划	五、生物资源信息	19 森林资源
	2 地形		20 草地资源
	3 交通		21 野生动物资源
	4 居民地		22 野生植物资源
	5 地名	六、矿产资源信息	23 能源矿产
	6 水系		24 金属矿产
二、土地资源信息	7 地貌基本形态		25 非金属矿产
	8 土壤类型		26 水气矿产
	9 土地利用现状	七、能源资源信息	27 常规能源
	10 土地权属		28 新能源
三、气候资源信息	11 光能	八、旅游资源信息	29 自然风景资源
	12 热量		30 人文风景资源
	13 水分		31 风景资源开发利用
	14 气压和风	九、人口资源信息	32 人口
四、水资源信息	15 水体		33 劳动力
	16 水资源量		34 人口文化素质
	17 水能资源	十、环境质量信息	35 大气质量
	18 水资源开发利用		36 水体质量
			37 固体废弃物
			38 噪声

从表 4.6 可以看出,该分类方案 Ⅰ 级有 10 类,Ⅱ 级有 38 类,基本满足白山市环境资源信息管理的要求。对于白山市的环境资源信息采用如下代码:

- 中华人民共和国行政区划代码(GB2260-91)(六位代码)
- 县以下行政区划代码编制规则(GB10114-88)(九位代码)
- 河流代码(七位代码)(根据天津市环境保护科学研究所 1992 年 12 月编写的《地市级排放水污染物申报登记数据库管理系统代码手册》中的"排放去向代码")
- 湖泊代码(四位代码)(根据《地市级排放水污染物申报登记数据库管理系统代码手册》中的"排放去向代码")
- 土地利用类型代码(两位代码)(根据 1984 年全国农业区划委员会制定的《土地利用现状调查技术规程》)
- 中国植物分类与代码(GB/T14467-93)(十二位代码)

4) 系统设计

白山市环境资源信息系统原型包括四个数据库:植物资源库、动物资源库、地理资源库、环境质量库。其中,植物资源库、动物资源库、环境质量库的 E-R 图采用 ERwin/ERX 设计。系统的工作平台包括:

- 操作系统采用 Microsoft Windows 95 中文版;
- 地理信息系统环境为 MapInfo Professional 4.0 中文版;
- 关系型数据库管理系统为 Microsoft Access 7.0 for Windows 95;
- 遥感图像处理系统采用 PCI EASI/PACE 6.0。

4. "3S"技术在白山市环境资源信息系统中的应用

为适应白山市资源环境信息系统中主要信息是空间信息的特征,在系统开发中引进了"3S"技术(本书第 5 章将专门介绍),这为该技术在以后的环境信息系统建设中发挥作用打下了基础。

1) 为什么引入"3S"技术

(1) 可将零散的资源数据系统化、条理化。从前面对白山市环境资源现状分析的情况可知,白山市是一个资源十分丰富的地区。但是,从调查了解的情况来看,有关这些资源的统计数据并没有系统化、完善化。各类资源数据只是零散地分布在各主管部门,以报告、报表、文字、照片、录像等形式存在,用起来很不方便。因此,迫切需要对这些资源数据进行科学的管理。引入"3S"技术可以达到这个目的。

(2) 查清资源底数,便于开发管理。通过对白山市环境资源现状的调查研究,可以发现,尽管白山市对资源状况做了很多统计工作,但仍然有一些资源状况底数不清,或者近年来资源数量、存在位置等数据发生变化,而又没有及时进行统计分析。例如,对于植被变化和森林变化的统计分析数据就存在这类问题。另外,还可以利用遥感探矿等方式探明白山市的矿产资源的分布。很显然,利用"3S"技术来调查统计资源数据,有利于查清资源底数,便于开发管理。

(3) 了解珍稀濒危物种的状况,实施生物多样性保护策略。尽管白山市的资源相对全国平均水平来说,情况非常好,但从其自身纵向比较来看,仍存在资源减少,生态破坏等问题。尤其是一些珍稀濒危物种的保护亟待加强,否则不仅"物种基因库"的美名难保,更会对本地区的整个生态系统造成破坏。利用"3S"技术,可以进一步了解珍稀濒危物种的数量和分布情况,提高管理水平,为生物多样性的有效保护提供辅助决策依据。

(4) 了解土地覆盖和土地利用类型变化情况。利用遥感数据,能够有效地将土地覆盖和土地利用类型变化情况显示出来。将各种来源数据汇集在一起,并通过系统的统计和覆盖分析功能,按多种边界和属性条件,提供区域多种组合形式的资源统计和进行原始数据的快速再现。对于土地利用类型,可以输出不同土地利用类型的分布和面积,按不同高程带划分的土地利用类型,不同坡度区内的土地利用现状,以及不同时期的土地利用变化情况等,为资源的合理利用、开发和科学管理提供依据。

(5) 可持续发展的要求。近年来,白山市政府认识到必须走可持续发展的道路。保护和合理利用白山市的丰富资源,发挥资源优势,提高区域经济影响力是白山市今后的发展方向。利用"3S"技术拥有的数据库,通过一系列决策模型的构建和比较分析,可以为宏观决策提供科学依据。例如,在系统支持下的土地承载力研究,可以解决土地资源与人口容量的规划;进行城市和区域多目标的开发和规划管理,包括城镇总体规划、城市建设用地适宜性评价、城市环境质量评价、道路交通规划、公共设施配置、以及城市环境的动态监测。另外,还可以定期更新一系列专题地图,如行政区划图、水系流域图、地貌类型图、土壤类型图、植被类型图、森林资源图、草场资源图、土地利用图、动植物分布区划图、人口密度图、旅游资源图等。所有这些,无疑会为白山市的可持续发展战略提供决策依据和信息技术支持。

2)"3S"技术应用实例

为了进一步说明引入"3S"技术对环境资源信息管理及辅助决策的功能,以下列举一些应用实例。

(1) 利用遥感影像获取白山市的土地覆盖情况

a. TM 图像单波段解译

TM 图像共有 7 个波段的数据,每个波段都能反映特定的地物波谱特性,因此可以利用单波段的解译能力,提取所需环境资源信息。

① TM1 图像:波长 $0.45\sim0.52\mu m$,蓝波段。对水体穿透力强,易于调查水质、水深、沿海水流和泥沙情况;对叶绿素与叶绿素浓度反应敏感;对区分干燥的土

壤及茂密的植物效果也较好。

②TM2图像：波长0.52～0.60μm，绿波段。与MSS4相关性大；对健康茂盛绿色植物反射敏感；对水的穿透力较强。探测健康植物在绿波段的反射率，可评价植物生长活力，区分林型、树种，反映水下地形。

③TM3图像：波长0.63～0.69μm，红波段。与MSS5相关性大；为叶绿素的主要吸收波段。根据它对植物叶绿素吸收的能力可判断植物健康状况，也用于区分植物的种类与植物覆盖度。还广泛用于地貌、岩性、土壤、植被、水中泥沙流等方面。其信息量大，是可见光的最佳波段。TM2、3波段比MSS4、5波段区间稍窄，主要是为了提高对植物光谱变化探测的灵敏度，更集中地反映叶绿素在绿光波段的次反射峰和红波段的吸收率，可用于植物分类。

④TM4图像：波长0.76～0.90μm，近红外波段。包括了MSS6、MSS7的一部分，此波段避开了小于0.76μm出现叶绿素陡坡效应的坡面和大于0.90μm可能发生的水分子吸收谱带，使之更集中地反映植物的近红外波段的强反射，植物茂密时在图像上呈白色调。对绿色植物类别差异最敏感（受植物细胞结构控制），为植物通用波段。常用于生物量调查，作物长势测定。可以显示出水体的细微变化和水域范围。

⑤TM5图像：波长1.55～1.75μm，近红外波段。处于水的吸收带（1.4～1.9μm）内，故对含水量反应敏感，用于土壤湿度、植物含水量调查、水分状况研究、作物长势分析等，从而提高了区分不同作物类型的能力，易于区分云与雪，对岩性和土壤类型的判定也有一定作用。

⑥TM6图像：波长10.4～12.5μm，热红外波段。对热异常敏感，可以根据地表发射辐射响应的差别，区分农、林覆盖类型，辨别表面温度、水体、岩石；监测与人类活动有关的热特征；进行水体温度变化制图。

⑦TM7图像：波长2.08～2.35μm，近红外波段。此波段是依据地质上的需要而设置的。处于水的强吸收带，水体在图像上呈黑色。可用于区分主要岩石类型、岩石的水热蚀变，探测与岩石有关的黏土矿物等。

b. TM多图像判读与信息提取

为了更有效地对白山市环境资源信息进行分析，在全帧TM图像上，选取以白山市市政府所在地八道江区为中心的482P×400L（192800）个像元（156.6km²）的子窗口进行研究。利用假彩色合成技术，可以获得多种彩色图像。根据环境资源信息的需求和应用目的，这些假彩色合成图片都是非常有用的信息，完全可以直接使用。

（2）利用遥感影像获取白山市的植被指数情况

由于白山市的森林资源极其丰富，因此，其森林覆盖率通过遥感卫星数据可以比较精确地进行大面积的测算。识别植被应选取近红外波段图像，主要原因有两个：①近红外波段对植物叶绿素的反射辐射强，在 $1.6\mu m$ 和 $2.2\mu m$ 受叶片内部水分控制呈现的两个峰值比较高，植物在近红外波段辐射强度普遍比其他地物高；②各种植物之间在近红外波段的波谱辐射差异也比较大。

另外，遥感数据的季相和时相选择也很重要。对于林地、草地和农田，一般秋末易分辨。因此，应用秋末季相的、含有 MSS6 或 TM4，5 或 TM4，7 的彩色合成图像识别植被效果最佳。

植被指数分析是对植被分析的一个非常有效的工具。所谓植被指数，就是由多光谱数据经线性和非线性组合（多图像混合运算），构成对植被有一定指示意义的各种数值。植物光谱中红波段和近红外波段反射率及其相互关系，是构成各种植被指数的核心。

这里用到两种植被指数：归一化差值植被指数（normalized difference vegetation index，NDVI）和归一化差值绿度指数（normalized difference greenness index，NDGI），计算公式分别为

$$NDVI = \left(\frac{TM4 - TM3}{TM4 + TM3} + 1\right) \times 100 \tag{4-1}$$

$$NDGI = \left(\frac{TM4 - TM2}{TM4 + TM2} + 1\right) \times 100 \tag{4-2}$$

利用上述公式及线性增强和密度分割技术，可以得到两幅植被指数伪彩色图片。植被指数越大，表明植被生长情况越好，植被越多。可按以下颜色关系表示植被指数的大小：

黑色→深蓝色→浅蓝色→绿色→黄色→红色→紫色

小————————————————→大

植被指数的值

由于植被指数密度分割图能够形象地反映植被生长情况以及是否有植被等信息，从而能有效地指示城市发展及其自然环境状况变迁，为可持续发展决策提供依据。如果采用多时相数据进行前后对比，还能够得出该地区森林覆盖率的变化，而这类信息对于区域可持续发展决策，协调经济发展与环境资源保护的关系起着极为重要的作用。

为了定量分析植被指数，利用 EASI/PACE 的影像数据直方图化功能（histogram image data，HIS），可以得出两组数据。每组数据中，最左边一列数字代表 NDVI 或 NDGI 值，最上边一行数字（0～7）代表累加值，每个单元格中的数字代表当 NDVI 或 NDGI 值为交叉于该单元格的最左边的值加上最上边的值时，像元的累计个数。NDVI 或 NDGI 值越大，表示植被越多，植物生产力越高。一般认为，植被指数大于 160 的像元个数能够表示森林的蓄积量。由于 NDVI 适于早期发展

阶段或低覆盖度植被的检测,对土壤背景的变化较为敏感,因此可以认为对白山市这种森林覆盖度很高的区域可能不太合适,而 NDGI 没有这种现象,这也是二者的差别所在。

(3) 利用 GIS 工具进行缓冲区分析

利用缓冲区分析功能,可以有效地分析当一个对象的范围扩展时,它所影响到的面积和区域。这特别适合分析河流的泛滥、街道的拓宽等。

习　题

一、选择题

1. 我国第一个省级环境信息系统建立于以下哪个省(　　)。
　　A. 陕西省　　　　　　　　　　B. 辽宁省
　　C. 甘肃省　　　　　　　　　　D. 江苏省

2. "七五"期间建成的国家环境信息系统包括几个应用系统(　　)。
　　A. 7　　　　　　　　　　　　B. 8
　　C. 9　　　　　　　　　　　　D. 10

3. 下面哪些不是白山市资源环境信息系统的图形数据来源(　　)。
　　A. 纸张地图　　　　　　　　　B. 现有矢量数据
　　C. 卫星数据　　　　　　　　　D. 高清晰度照片

4. 城市环境信息系统的功能有(　　)。
　　A. 为城市环境管理提供信息支持　　B. 为上级系统提供信息
　　C. 与下级系统联网,并进行指导　　D. 便于辖区内的信息流通

5. JSEIS 采用的数据库管理系统是(　　)。
　　A. Sybase　　　　　　　　　B. Oracle
　　C. dBase　　　　　　　　　　D. FoxPro

二、简答题

1. 试比较国家级 EIS 与城市 EIS 在功能需求和开发设计中的异同点。
2. 试分析 JSEIS 的成功经验与不足之处。

三、设计题

1. 试以你所在的大学校园或小区为对象,设计出在该区域内建立噪声信息系统的

基本方案,内容要求包括系统目标、功能需求、可行性分析、系统分析和设计,不要求完成系统实施及后续工作。

2. 试设计一个可用于固定区域内大气质量预测的数学模型。

第5章 环境信息系统新发展

本章目标

- 学习 Internet、Intranet 的基础知识
- 掌握基于 Intranet 的 EIS 原理及建设过程
- 了解建立全球环境信息系统的意义及其发展情况
- 学习面向对象技术及其在环境信息系统分析设计中的应用
- 学习"3S"技术及其在环境信息系统开发中的应用
- 了解数据挖掘等最新信息技术及其与环境信息系统设计的关系

5.1 基于计算机网络的环境信息系统

计算机网络已成为了当今世界各行各业发展中所必须考虑或利用的一个重要工具,在环境保护这个涉及领域广、需要参与人数多的领域更是如此。目前,计算机网络已在许多国家(包括我国)的环境信息管理(特别是信息查询和公布)方面发挥着越来越突出的作用。

5.1.1 网络基础知识

1. 数据通信——计算机网

数据通信是把数据的处理与传输合为一体,利用计算机、远程终端和通信设备对二进制编码的数字信息进行处理、传输和交换,并对信息流加以控制、校验和管理的一种人—机之间或机—机之间的通信形式。它是计算机与通信技术相结合的产物,是各种计算机网赖以生存的基础。

用于数据通信的通信网,称为数据通信网,又可分为专用数据网和公用数据网。专用网发展较早,目前仍普遍使用。公用网是在 20 世纪 60 年代末 70 年代初发展起来的,它的特点是网络公用、资源共享、使用率高。由于分组交换是把待传输数据和各种控制信息按照一定的规则编排分组,在通信网内的交换节点以"分组"为单位进行数据的接收、存储和转发,实际信道只是在传输分组时才被占用,传输质量高、误码率低,可在不同速率的终端之间通信,且能自动选择最佳路由传送,电路利用率高,因此分组交换特别适用于数据通信,分组交换网正成为公用数据通

信网的一种主要形式。

数据通信网中的数据处理和存储均由计算机完成,所以数据通信网一般都与计算机紧密结合在一起,实际上构成了一个计算机网。计算机网将不同地理位置、具有独立功能的多台计算机、终端及附属设备用数据通信链路连接起来,并配备相应的网络软件,以实现网上信息资源共享。这样不仅可满足局部地区的企业、学校和办公机构的数据、文件传输需要,使各用户计算机的利用率大大提高,而且能在一个国家甚至全世界范围内进行信息交换、存储和处理,从而极大地扩展了计算机的应用范围。据估计,目前全世界计算机的联网率已超过 50%。按照地理分布范围,计算机网可以划分为局域网、城域网和广域网。

局域网(local area network,LAN)是在一个局部的地理范围内,如一个工厂、学校或机关,将各种计算机、外围设备和数据库等互相连接起来组成的计算机网。LAN 一般采用专用的传输媒介(如双绞线或细缆等)构成,传输速率在 1Mbps～100Mbps 或更高,覆盖范围在十米至几千米以内,亦可与远方的计算中心、数据库或其他局域网相联结,构成大型网络的一部分。

城域网(metropolitan area network,MAN)是在一个城市范围内所建立的计算机网。这是在 LAN 的发展基础上提出的,技术上与 LAN 有许多类似之处。MAN 的传输媒介主要采用光缆,传输速率在 100Mbps 以上,覆盖范围在几十千米以内。它的一个重要用途是用作骨干网,通过它能将位于同一城市内不同地点的主机、数据库以及 LAN 等互相连接起来。

广域网(wide area network,WAN)是在一个国家甚至全球的广泛地理范围内所建立的计算机网。由于 WAN 的覆盖范围十分广阔,一般可达几百千米乃至上万千米,因而对通信的要求比较高。它的实现都是按照一定的网络体系结构和相应的协议来进行的。为实现不同系统的互连和相互协同工作,必须建立开放系统互连(open system interconnection,OSI)。1978 年国际标准化组织(ISO)提出的OSI 参考模型(OSI-RM)及相应的一系列国际标准协议对于 WAN 的建立和应用具有重要的指导作用。

2. 国际互联网——Internet

Internet 是现今世界上最大、最流行的计算机网络,又被人们称之为全球性、开放型的信息资源网。从网络通信技术的观点来看,Internet 是一个以 TCP/IP(Transmission Control Protocol/Internet Protocol,传输控制协议/互连协议)通信协议联结世界各地、各部门的各个计算机网络的数据通信网;从信息资源的观点来看,Internet 是一个集全球各领域、各机构的各种信息资源为一体的系统。

1) Internet 的由来和发展

Internet 的前身是美国用于支持军事研究的计算机实验网络 ARPAnet,由国防部高级研究计划局(ARPA)于 1968 年主持研制,1969 年底开始运行。ARPA-net 是世界上第一个分组交换网,其设计与实现的主导思想是:网络要能经得起故障的考验而维持正常工作。当网络的某一部分因遭受攻击而失去作用时,要求其他部分仍能维持正常通信,以备在发生核大战时保障通信联络。自 20 世纪 70 年代到 80 年代,由于 UNIX 和 TCP/IP 的出现,ARPAnet 的规模不断扩大。随着 TCP/IP 的标准化,不仅美国国内有很多网络都与 ARPAnet 相连,而且世界上许多国家都通过远程通信,采用相同的 TCP/IP 协议将本地的计算机和网络接入 ARPAnet。80 年代中期,这种用 TCP/IP 协议互连的网络规模迅速扩大,一举成为世界上最大的国际互联网——Internet。

作为 Internet 的早期主干网,ARPAnet 试验并奠定了 Internet 存在和发展的基础。它较好地解决了异种机网络互联的一系列理论与技术问题,所形成的关于资源共享、分散控制、分组交换、使用单独的通信控制处理机与网络通信协议分层等思想,成为当代计算机网络建设的重要支柱。与此同时,局域网和其他广域网的产生也对 Internet 的进一步发展起了重要的作用。其中最引人注目的是美国国家科学基金会(NSF)建立的 NSFnet,NSF 于 1986 年提供巨额资金建造了全美五大超级计算中心,在全国建立按地区划分的广域网,并将其与这些超级计算中心相连,各中心之间架设 1.544Mbps 的 T1 级高速数据专线,作为 NSFnet 的骨干网。这样,当一个用户的计算机与某一网络相连后,他除了可以使用任何一个超级计算中心的设施同网上的用户进行通信外,还可以获取通过网络提供的大量数据和信息。这一成功的设计使 NSFnet 在 1986 年建成后取代 ARPAnet 成为 Internet 的主干网。NSFnet 对推广 Internet 具有重大的贡献,正是它促进了 Internet 向全社会的开放。

20 世纪 90 年代以来,随着"信息高速公路"热潮的兴起,Internet 受到了世界各国前所未有的重视。运行在 Internet 上的主机由 1987 年的 1 万台、1989 年的 10 万台,猛增到 1992 年的 100 万台、1996 年的 1000 万台,经过 1997 年的爆炸性增长,至 1998 年 1 月已达 6800 万台,进入 21 世纪后,上网的计算机更达到了数亿台。随着上网计算机的迅速增加,Internet 上的通信量激增,NSF 不得不考虑采用更先进的网络技术来适应发展的需要。为此 NSF 实施了一个旨在进一步提高网络性能的五年研究计划。该计划促成了 IBM 与 MCI 合作创办的 ANS 公司(Advanced Network & Service Inc.)的诞生。

ANS 能提供一个全美范围的 T3 级主干网,以 44.746Mbps 的速度传送数据,即相当于每秒传送 1400 页文本的信息。到 1991 年底,NSF 网的全部主干网节点都已同 ANS 提供的 T3 主干网连通。1995 年,NSF 又与美国第二大通信公司 MCI 签定了"甚高带宽网络服务"(very-high band width network service,VBNS)的合作项目,以便为美国未来的研究与教育活动提供支持。VBNS 最初连接的是美国五大超级计算中心,现在已有近百个研究教育机构连入 VBNS。至 1997 年底,该项目已铺设了 1400 英里的 OC-12 线路 (622Mbps)。进入 21 世纪后,其主干线路达到了 OC-48 级(2.4Gbps)。目前,人们正在考虑用下一代 Internet(NGI) 取代 Internet,而 VBNS 被普遍认为是 NGI 技术和应用的"孵化器"。NGI 将比今天的 Internet 快 100～1000 倍,并使 Internet 可接纳的用户增加 100 倍,从而为人类充分有效地开发利用信息资源提供新的环境。

2) Internet 的功能和服务

随着 Internet 的高速发展,Internet 上的服务也多得令人目不暇接,而且大多数服务都是免费提供的。它不断发展的强大功能和应用服务形成了一个包罗万象的信息资源宝库,对人类的工作、生活及各项社会活动都产生了广泛而深远的影响。Internet 的三大基本功能是电子邮件、远程登录和文件传输。在此基础上衍生出来的各种应用、资源和服务项目很多,包括信息查询工具信息浏览服务 Gopher、阿奇工具 Archie、广域信息服务系统 WAIS、万维网 WWW 和自动搜索服务,以及信息交互传输工具电子公告牌 BBS 等。以下对这些主要服务项目作简要介绍。

(1) 电子邮件。电子邮件(E-mail)是指在 Internet 上特定通信节点计算机上运行相应的软件,并使之充当"邮局"的角色,即相当于用户在这台计算机上租用了一个"电子邮箱"。电子邮件是电话传输速度和邮政可靠性的综合,是一种快速、简便、高效和价廉的现代通信手段,曾是促成 Internet 发展的原始动力。目前,电子邮件仍然是 Internet 上使用最频繁的一种服务。电子邮件系统能提供复杂的通信和交互服务,包括:将一条信息发送给一个或许多接收者;发送包括数字、声音、图形或图像的信息;将信息发送给 Internet 以外的网络用户;发送一条信息后,某台计算机的程序做出响应。由于计算机通信通常都是涉及客户和服务器程序之间的交互,电子邮件系统也遵从 Client/Server 结构。每个电子邮件用户必须装有包含两个程序的电子邮件软件。当用户发送电子邮件时,发件方的计算机成为一个客户,该客户与收信人计算机上的服务器程序联系,传送信件的一个副本过去,然后由服务器程序将信件的副本存放到收信人的信箱中(通常是硬盘上的一块存储区),并可以用多种方式通知收信人有信件到达,同时反馈信件收到,收信人再利用电子邮件软件阅读或处理信件。电子邮件已由两人之间的通信扩展到可以在一个组内进行通信,并可以与计算机程序进行通信。

(2) 远程登录。远程登录(Telnet)是指在 TCP/IP 通信协议的终端机协议 Telnet 的支持下,用户的计算机通过 Internet 暂时成为远程计算机的终端,实时使用远程计算机系统对外开放的全部资源,包括软硬件及其他信息资源。远程登录遵从 Client/Server 模式。当本地计算机用户决定登录到远程系统上时,要激活远程登录服务的程序,输入要登录的远程计算机的名字,远程登录服务应用程序成为一个客户,通过 Internet 使用 TCP/IP 连接到远程计算机上的服务器程序。服务器向客户发送与普通终端上相同的登录提示。客户和服务器之间的连接一旦建立,远程登录软件允许用户直接与远程计算机进行交互。当用户按下键盘上的一个键或移动鼠标时,客户应用程序将有关数据通过连接发送给远程计算机,当远程计算机上的应用程序产生输出后,服务器将输出结果送回给客户。用户退出后,键盘和显示控制权又回到本地机。

(3) 文件传输。文件传输是由 TCP/IP 的文件传输协议(file transfer protocol,FTP)支持的,允许 Internet 用户将一台计算机上的文件传送到另一台计算机上。FTP 也是使用 Client/Server 模式,用户在本地计算机上激活 FTP 连接到远程计算机,然后传输一个或多个文件,本地 FTP 程序成为一个客户,使用 TCP 与远程计算机上的 FTP 服务器通信,每次用户请求传输文件时,客户与服务器配合,在 Internet 上传输数据。FTP 服务器找到用户请求的文件,然后用 TCP 将文件的全部内容的副本通过 Internet 传送到客户,客户程序收到数据后,将数据写到用户本地硬盘的一个文件中。

(4) 菜单信息检索系统。菜单信息检索系统(Gopher)是美国明尼苏达大学于 1991 年在校园信息系统(campus wide information system,CWIS)上开发出来的。它通过多级菜单界面为用户提供实时的信息查询功能,其主要作用是查询各学校的校园信息网及其相关信息,同时为用户提供进入其他服务系统的途径,如其他大学的 Gopher、Telnet 和 FTP 等。Gopher 是一个分布式的文件传输处理系统,采用 Client/Server 结构。由于其用户界面友好、功能较强,很快成为 Internet 上重要的信息检索工具。当前,全球已有数千个 Gopher 服务器架设在世界各地的校园内,用户的计算机只要装有 Gopher Client 软件,就可以通过 Internet 查询世界各大学校园的即时信息。

(5) 阿奇自动搜索。Internet 的规模庞大并且正在快速增长,用户不可能有足够的时间以交互方式从头至尾地浏览所有的信息,而必须使用自动搜索访问来查找信息。当用户需要启动一次针对新信息的搜索过程,或者当需要重新定位已经丢失的信息时,这种自动搜索是非常有用的。阿奇(Archie)就是一种常用的高级自动搜索工具。Archie 服务用于寻找由 FTP 访问的文件。在使用 Archie 时,用户首先输入一个搜索串,然后 Archie 将在所有计算机上搜寻在其名字中包含该搜索串的文件,并返回给客户一个包含了所有满足条件的文件列表。由于在 Internet 上搜索各计算机要花费很长的时间,因而一个 Archie 服务无法在每次收到一个用户请求时均进行一次搜索。为保证快速响应,Archie 服务必须定期收集为答复用户请求所必须的数据,并将其存放于 Archie 服务器中,当用户输入一个请求时,服务器可直接从其磁盘数据中抽取答案,而无需一一与其他计算机联系。

(6) 广域信息服务系统。广域信息服务系统(wide area information server,

WAIS)是由 Apple,Dow Jones 和 Thinking Machines 等联合发展起来的,使用户能以关键词方式查询分布在 Internet 上的各类数据库的一个通用接口软件。用户只要在 WAIS 给出的数据库列表中用光标选取希望查询的数据库并键入检索关键词,系统就能自动进行远程查询,找出相应数据库中含有该检索词的所有记录,并根据检索词在每条记录中出现的频度进行评分,使用户可根据这一评分进一步选择是否读取感兴趣的内容。WAIS 有三种使用方式,即远程登录、本地运行 WAIS 客户机软件或选择 Gopher 中的 Other Gopher and Information Servers 进入。它所提供的一套类似自然语言的界面给用户以很大的方便,目前在国内外使用均非常普遍。WAIS 搜索系统分为两步:一、用户指定一些关键词,系统查询由包含了这些关键词的文档所构成的一个清单;二、用户从清单中挑选若干文档,并且请求系统查询其他相似的文档。由于搜索内容需要很大的计算量,因而这种搜索需要比 Archie 花更长的时间。为提高搜索效率,一般要求有专用高速机。

(7) 万维网信息服务系统。1990 年,瑞士日内瓦欧洲粒子研究中心(CERN)的伯纳斯(Berners T)提出了 WWW (world wide web,WWW)的雏形,同时提出了统一资源定位符(URL)、超文本标记语言(HTML)及超文本传输协议(HTTP)三个新概念。1992 年,基于超文本查询浏览的 WWW 服务正式推出。WWW 的出现是 Internet 上继 TCP/IP 确立后的又一重大技术事件。它综合了以前出现的所有信息服务工具的优点,而且有较大发展和创新,使其成为多媒体时代 Internet 上的主流信息服务工具。特别是自 1993 年伊利诺伊大学国家超级计算应用中心(NCSA)的学生和工作人员创造了用于 Internet 漫游的图形用户界面——Mosaic 浏览器后,网景(Netscape)的浏览器 Navigator 和微软(Microsoft)的浏览器 Explorer 也相继问世,使得 WWW 的浏览器/服务器(Browser/Server)模式的结构更先进、功能更强大、使用更方便,WWW 漫游者的数量也迅速攀升。目前,WWW 是 Internet 上最活跃、最简便、最受人欢迎,也是最有发展前途的信息服务工具。

(8) 电子公告牌。Internet 电子邮件交换的是信件,把这种信件扩展应用,允许加入到一个或多个讨论小组并且可以与组内其他成员讨论,这就形成了著名的 Internet 服务——电子公告牌(BBS)。其功能包括:选择一个或多个感兴趣的小组讨论;定期检查讨论的课题中是否有新内容出现,并阅读新内容;在讨论小组中发表一些见解供组内其他人阅读;发表自己对其他人见解的看法。电子公告牌很容易建立,因此,Internet 中已建有大量的按讨论主题划分的公告牌。

(9) 网络新闻。网络新闻(net news)实质上也是一种电子公告牌服务,它使用术语新闻稿来传送供新闻组中个人阅读的信息。网络新闻系统中的每篇新闻稿传送一次,而不是在需要时才去读取,这样优化了通信量。由于每个节点都有许多用户要阅读同一新闻,如果数以百万的人都要读取一个副本,这个问题就相当严重。为避免在 Internet 上传输同一新闻稿的多份拷贝,网络新闻的管理人员将网络新闻系统设置成将每篇新闻向所有节点传送一份拷贝,当某一节点要阅读网络新闻时,网络新闻软件从本地的拷贝中读取新闻稿。

近年来,随着 Internet 的广泛普及,一些新的服务项目也开始发展起来,如音频视频通信、全球信息库、基于 Internet 的电子商务活动、网上贸易等。还有一些新的功能和服务正在开发之中。上述所有服务的逐渐普及反过来又促使了互联网的进一步发展,并使其迅速成为信息服务领域的一个重要工具。

计算机网络的迅速发展也为当前研究和开发环境信息系统创造了新的条件。从以下的介绍中,将了解到网络与环境信息系统之间的关系。

5.1.2　网络与环境信息系统的关系

1. Internet 与 EIS 的关系

今天,环境管理和有关企业已不再仅仅局限于一个地区、一个城市或一个国家内发展,而是跨地区、跨城市、跨国度地发展,这就对环境信息系统的建设和发展提出了新的挑战。而 Internet 完全可以使服务于这些部门和企业的 EIS 适应面临的多方面的竞争,包括来自同行业的、生产资料的、市场策略的和生产技术的以及人力资源的竞争。同时,Internet 也使服务于这些单位的 EIS 范围扩大到整个世界范围,而不再受到地域因素的限制。

Internet 可以为环境管理机构和有关企业带来通信与获取信息资源的便利条件。首先,Internet 可以提供良好的、丰富的外部信息源,使环境信息系统变得更加完整。也可以说,Internet 扩展了 EIS,是 EIS 的延伸。其次,在 EIS 与 Internet 良好结合的情况下,环保相关单位能够在 Internet 上发布各种信息,提供技术支持,发送电子邮件,甚至进行网上贸易,同时还可以方便本单位员工访问 Internet 上的有用信息。此外,环保部门可以利用特殊软件在 Internet 上组成廉价的虚拟专用网,将分布在各地的分支机构紧密连接起来。

然而,环保部门和企业的 EIS 与 Internet 结合并不是一件轻而易举的事情,其紧密程度必然受到 EIS 系统结构的影响。只有在网络结构、通信协议、各种服务器设置和管理、安全设施等方面与 Internet 保持协调一致,并在软件方面提供支持,才能使 Internet 与 EIS 完美结合,仅仅在某台计算机上能够访问 Internet 上的某些服务是远远不够的。

近年来,企业内部网(Intranet)开始广泛流行。这种新技术为环保部门和企业内部信息系统与 Internet 的良好结合提供了必要的条件。以下将介绍该技术的特点及其在环境信息系统中的应用。

2. Intranet——企业内部网

1) 什么是 Intranet

Intranet 也称为企业内部网,它虽有特定的含义,但到目前为止还没有严格的定义。十几年前,人们在 Internet 上倾注了大量心血,使之成为一种全球性的、开放的、异种系统互联的网络系统。在 Internet 上运用的很多技术都已十分成熟,其中最引人注目的是 WWW 技术和 E-mail 技术。WWW 技术为人们提供了一种全新的、开放式的信息发布和访问方式,有单一的、标准的、与平台无关的客户端,并能提供多媒体信息。E-mail 技术不仅能在用户间传递普通的邮件,而且还可用作协同软件的基础。与 Internet 相反,当时企业内部的网络正面临着不同种类平台互联和信息共享方面的一些问题。那么为何不在企业内部网中采用 Internet 技术呢? 于是,人们把 WWW 技术引入到企业内部的网络中来,并把这种以 WWW 技术为核心的企业内部网络称为 Intranet。

从以上 Intranet 的起源来看,它就是企业内部网络基础设施与 WWW 技术相结合的应用系统。经过十多年的发展,当今的 Intranet 已有了很大进展,不仅包含 WWW 技术,还囊括了网络安全技术、数据库链接技术、E-mail 技术、协作技术等最新的互联网技术。

从广义上讲,Intranet 是以 Web 技术为核心的企业内部交换信息和协同工作的计算机网络信息系统,其主要作用是通过 Web 模式实现企业内部的信息交流,主动地提供和获取信息,并和企业数据库相连来支持企业的决策系统。Intranet 要考虑的主要是系统的性能、安全性、易管理性和开放性。

虽然 Intranet 采用了 Internet 的一些基本技术,但并不一定要与 Internet 相连,也就是说,Intranet 与 Internet 没有必然的联系。不过,由于 Intranet 沿用了 Internet 的主要技术,如 TCP/IP、Web 技术、E-mail 等,所以 Intranet 与 Internet 的连接是十分自然的,也是非常容易的。又由于 Internet 能够为企业提供一个广阔的信息发布和获取平台以及电子商贸手段,所以企业 Intranet 一般都应留有与 Internet 的接口,或直接与之相连。

由此看来,Intranet 是一种应用模型,是从应用的角度来描述企业网络的,这一点与 LAN/WAN 的定义方式不同,LAN/WAN 是从实现网络物理连接的技术角度来定义的。实际上,Intranet 是在综合应用 LAN/WAN 和现代网络软件技术的基础上实现企业范围内信息共享和工作协作的。

与 Intranet 对应的概念还有 Extranet 和 E-market,即企业间网络和电子商贸网络。Extranet 是指通过 Internet 与企业内部网相连的分支机构、客户和合作商网络,它使得企业可以更有效地进行供货链的管理,并更好地把握全球市场机会。Extranet 中要考虑的关键是通信环境的对外开放性,并应充分保证信息安全。

　　E-market 主要用于扩展市场份额、建立用户支持或打开新兴市场等,它包括安全付款、电子目录、内容管理、交易服务器管理四个方面的内容。

　　综合起来,从应用的角度来看,未来的企业网络应该具有如下模式

$$企业网 = Intranet + Extranet + E\text{-}market$$

其中 Intranet 是核心,也是当前各企业信息工作中的研究重点。

　　2) Web 工作模式

　　Internet 的兴起使世界上许多企业掀起了为 Internet 开发程序、过程和工具的浪潮,因此出现了包括 Web 浏览器、Web 服务器、超文本置标语言在内的各种先进技术和工具,使不同 Internet 网点能够轻易地共享各种信息。

　　Web 技术主要由三个部分组成:Web 浏览器、Web 服务器以及与其他服务器链接的应用程序(如 CGI 应用程序等)。其基础协议是 HTML 语言、HTTP 协议和 TCP/IP。

　　Web 浏览器(web browser)是一种请求和显示 HTML 文件及其他 Internet/Intranet 资源的客户软件。HTML 是一种 WWW 文档格式化语言,它定义了字体、图形、超文本链接和其他细节。Web 服务器是存储和检索 HTML 文件及其他 Internet/Intranet 资源的服务器,也称为 HTTP 服务器。HTTP 称为超文本传输协议,它规定了从 Web 服务器向 Web 浏览器传输文件的整个过程,是一种基于 TCP/IP 的、简便的、用于信息传输的请求/响应协议。Web 运作基本方式中还有一个概念是统一资源定位器(uniform resource locations,URL),它是表示 Internet 文档地址的标准化字符串。

　　Web 系统的操作过程如下:企业将需要发布的信息组织成以 HTML 格式写成的 Web 文档,并将其存放在 Web 服务器上。用户在浏览器中指定想要访问的 HTML 文档的 URL 并利用 HTTP 协议向相应的 Web 服务器发出请求。当 Web 服务器收到来自 Web 浏览器的服务请求后,检索所需的 HTML 文档信息,并将检索结果,即相应的 HTML 文档,传送给相应的浏览器,之后将两者间的连接关系断开。随后,浏览器即可显示下载的 HTML 文档。

　　利用上述机制,Web 系统不仅能够提供静态的 HTML 文档,还能实时产生动态的 HTML 文档,从而使用户能够在 Web 页上进行交互操作。公共网关接口(CGI)程序就是一种目前广泛支持的能够产生实时动态 HTML 文件的程序,其中公共网关接口是允许 Web 服务器运行能够生成 HTML 文档并将文档返回 Web 服务器的外部应用程序的接口标准。遵循 CGI 标准编写的服务器端可执行程序称为 CGI 程序。Web 的这种能力最常用于 Web 服务器与数据库服务器之间的连接,例如,可以编写适当的 CGI 程序用来查询或修改数据库服务器中的数据源以提供对外的数据库服务。客户端(浏览器)向 Web 服务器提出请求,Web 服务器运行对应的 CGI 程序,CGI 程序向数据库服务器提出请求,数据库服务器返回

Web 服务器查询结果,由 CGI 程序将结果转换成一个新的 HTML 文件,再由 Web 服务器返回给客户端(浏览器),客户端(浏览器)将此 HTML 显示在用户屏幕上。这样,客户端(浏览器)就可以访问企业内部的数据库了。

CGI 应用程序可以基于不同的操作系统,如 DOS、UNIX、Windows、Windows NT 等。CGI 应用程序可以使用 Perl、C、C++、Basic、Pascal 或 UNIX Shell 语言编写。

与 CGI 类似的 Web 交互方式还有 API(应用编程接口),这两种方式的应用程序都在 Web 服务器上运行。另一类交互方式是使应用程序在 Web 客户端(浏览器)上运行,如 Java applet、Script、Java Bean、ActiveX 等,这类方式要注意应用程序的平台无关性。

3) Intranet 的优势和问题

Web 的信息流动模式决定了 Intranet 成为企业内部信息系统的流行方式。可以说,它是企业内部信息系统的一次革命。它为人们带来了一种全新的信息访问方式,这种方式很轻易地打开了人们视野,使人们能够轻松面对比以前多得多的企业信息,使许多企业原来的信息系统变得名副其实。其主要优势在于以下六点。

(1) Intranet 是内部信息发布的出色平台。HTML 语言的发展,使企业信息系统的信息包容能力极大增强,信息量剧增。在 Intranet 上,企业能够发布各种类型的信息,不管它们是结构化的还是非结构化的,是文字的还是图形或声音的,是静态的还是动态的,而且仅通过一种软件——浏览器即可查看信息。

(2) Intranet 的安装和管理比较经济,其前端软件——浏览器基本上是免费的。价格便宜甚至免费的 Web 服务器可以在许多 Web 网点上得到,或随操作系统配套而来(如 Windows NT Server4.0 以上版本)。

(3) Intranet 为企业提供了一个不依赖操作系统的信息层,任何网络或桌面操作系统的用户均可使用寻访 WWW 的浏览器访问企业 Web 服务器中的信息。

(4) Intranet 为企业用户提供单一的前端软件——浏览器。Intranet 的这一最重要的特点为企业带来了很多好处。第一,单一前端从根本上改变了用户访问信息的方式,使信息无处不在。传统的企业网络访问企业服务器中不同的数据时需用不同的专用软件,这可能发生如下情况:某环保部门的人员来到一个车间,他想查看一下企业服务器中该车间的排污数据,但由于该车间的电脑上没有相应的软件,他就无法办到。而利用 Intranet 技术,配合 Web 的安全机制,用户就可以在任何地点用通用的浏览器软件访问所需信息。这对于人员流动性很强的企业是十分理想的选择。第二,单一前端的特点还从根本上改变了应用系统开发的方式。由于有了单一前端,开发人员不用开发纷繁多样的前端程序,而可以将软件开发工作的重点放在 Web 服务器上,开发重要的企业管理功能,而且新开发的软件投入使用后并不改变客户原有的信息访问方式,应用软件的升级、增加也丝毫不会影响用户的使用。这一点从根本上弥补了传统信息系统设计中的缺陷。第三,由于有了单一的、用户熟悉的通用浏览器前端,可以减少客户软件培训和技术支持的负担。

(5) Web 服务器软件市场竞争激烈,有多个生产厂家,各种产品交互运行良好。

(6) Web 技术适应性强,可在广域网上使用。

目前的 Intranet 也存在一些问题,但随着相关技术的不断发展,其中大部分问题都将逐步得到解决:

(1) Web 上的协作应用程序不如传统群件包(Groupware)中的应用程序功能强,但是群件的合作应用和面向事物处理的应用正是 Web 技术今后的发展方向。

(2) Intranet 一般要求使用 TCP/IP 协议,而不是现有的 LAN 传输协议。如果不想完全使用 TCP/IP 协议,必须使用特殊的网关产品,以实现 TCP/IP 与 Novell 的 IPX 或 NetBios 间的信息转换。

(3) Web 技术的很多方面还有待发展,如在 Web 服务器和数据库或其他后端应用程序之间建立连接的工具有限,Web 的编程标准(如 Java)还有待进一步发展和完善等。

总的来看,Intranet 的优势很多,但是,如果把 Intranet 应用于信息发布以外的方面,如群组协作、工作流等群件功能,应用程序会越来越复杂,费用也会越来越高。不管怎样,各大软件厂商均已认定了 Intranet 这种信息处理方式,并正尽力使 Intranet 除用于其最拿手的信息发布(包括企业电话目录,企业常规事务等)外,也能胜任复杂的协作及工作流处理。总之,当前构筑 Intranet 应该走群件与 Web 相结合、相补偿的道路,而未来的 Intranet 将朝着利用 Web 技术,提供群件功能的方向发展。

4) Intranet 的组成

系统功能及软件系统划分完整的 Intranet 应该是以 Web 信息资源平台为核心,同时提供网络应用管理平台、信息传递及工作流处理平台的一整套功能系统。对应以上功能系统,相应的软件系统应由以下几个子系统组成。

(1) 邮件处理系统。该子系统由 Mail Server、News Server 等服务器软件组成,能完成文件、信函的制作、加工、发布、查询、通信等工作。

(2) 数据库管理及开发系统。该子系统包括数据库应用系统及其与信息资源平台的链接,组成公共的数据库资源。

(3) 信函加密与信息传输时的安全保护软件。这类软件在信息发往网络之前先对其进行加密,这样就使在网络传输路径上截获该信息的人无法阅读。常用的有 Netscape 的 SSL 3.0 和 Mail Server 所支持的 S/MIME。

(4) 企业协同工作(群件)和工作流处理。该子系统利用 Web Server、Collabo-

rate Server、Mail Server 和 Communicator 实现群件功能,为企业职工通过网络协同工作创造良好环境。

(5) 文件资源的动态目录管理系统。该子系统提供跨平台、跨操作系统的网络文档搜索管理能力。

(6) Proxy 代理服务器。Proxy 代理服务器主要用于网络信息复制和信息过滤,降低网络运转负担费用,同时具有很好的安全保障能力。

(7) 网络安全与管理系统。该系统保护内部网络不受不法分子的入侵和破坏,包括防火墙系统、认证服务器和目录服务器。

5.1.3　构筑基于 Intranet 的环境信息系统

1. 传统环境信息系统存在的问题

在环境管理机构或企业内部建立环境信息系统,能大大提高工作效率和管理水平,但在实际工作中,按照传统方法建立的环境信息系统在提高管理效率和水平方面往往是事倍功半,不能满足用户需要。其主要原因是传统的环境信息系统的体系结构不够合理:其一,系统直接建立在硬件系统或操作系统软件之上(图5.1);其二,在传统的环境信息系统中,针对不同的功能子系统,都要开发不同的客户端程序(图 5.2),这会引起以下问题:

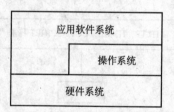

图 5.1　传统 EIS 体系结构图

图 5.2　传统 EIS 中多种客户端

(1) 封闭式单系统,不同系统无法交流;
(2) 同一应用系统需多种操作系统版本;
(3) 多种客户端程序,且用户界面风格不一,使用复杂,不利于推广使用;
(4) 系统开发和维护复杂,移植困难,升级麻烦;
(5) 新系统无法包容已有系统,造成重复投资;
(6) 不能接纳新技术,限制了其扩展性;
(7) 信息发布困难,单个用户可访问信息少;
(8) 系统扩充困难,开发周期长,见效慢;
(9) 缺乏系统性和具有前瞻性的结构框架。
结合前面介绍的 Intranet 技术,不难看出,Intranet 在环境信息系统方面具有明显的优势,传统环境信息系统的许多缺陷正是 Intranet 应用模式的特长。Intra-net 应用模式在环境信息系统的应用系统与操作系统之间加入了一个中间层(图5.3),该中间层利用大量国际标准和新的 Web 模式将环境信息系统的应用系统与操作系统及硬件系统分开,从而克服了传统环境信息系统的许多重大缺陷,具体表现在以下几个方面:

　　(1) 与外部世界(Internet)通过防火墙安全地连接,保证内部信息不受外界攻击,同时又不同外界隔绝,使多系统的交流成为可能。

　　(2) 以 Browser/Server 为基础的 Web 技术从根本上改变了信息的访问方式,实现了应用的单一客户端(图5.4)。Browser/Server 结构的发展为开发人员提供了很好的基础,使他们能很快地把注意力从用户界面等细节问题转移到更核心的问题上去。不管开发的是什么应用程序、什么平台,在 Browser 上都能用。开发一个版本即可在所有平台上使用。培训等工作变得更容易,软件版本的更新也不用牵涉到用户。总之,Intranet 使系统不仅能包容以前,还能应变未来,从根本上弥补了传统环境信息系统设计中的缺陷。

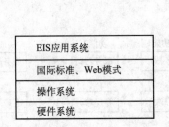

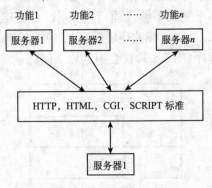

图5.3　基于 Intranet 的 EIS 的体系结构　　　　图5.4　Intranet 中单一客户端

　　(3) Intranet 为用户带来既统一又绚丽多姿的用户界面,它可以是多媒体、动态的、三维的。

2. 基于 Intranet 的环境信息系统模型

　　基于 Intranet 的环境信息系统将传统环境信息系统的应用范畴进一步扩展了,它不再像传统环境信息系统那样仅限于具体的环境业务或事务处理,而是力图营造一个集信息发布、消息传递、事务处理功能等于一体的"信息综合环境"。

　　环境信息系统的主要职能是通信工具、事务处理和决策支持,但传统的环境信息系统很难将上述应用集成起来,形成一个以不变应万变的结构框架,这使得针对每个系统或应用,都得重新开发一整套程序,既造成重复投资,又难以保证和原系统的互操作性。而信息综合环境是环境管理企业办公和业务处理的具体应用环境,利用以 Intranet 为核心的、以 Web 技术为基础的 Browser 作为软件集成环境,是基于控制技术或网络对象连接技术、多媒体文档结构,以及跨越多种操作系统和多种数据库平台的应用系统,是一个以不变应万变的全新的、全方位的、无纸的环境信息管理体系。这里将其分解为四个平台(图 5.5)。

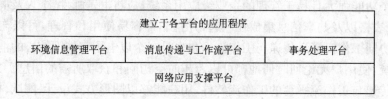

图 5.5 基于 Intranet 的信息综合环境

1) 网络应用支撑平台

所谓网络应用支撑平台,即以 TCP/IP 为网络通信协议,由网络服务器、通信设备、安全保卫设备等组成,应用网间互联、路由、负荷分担、网络管理、防火墙及虚拟专用网(VPN)等现代网络技术,支撑上层应用软件的运行,建立起安全、可靠、开放的网络应用平台。它基于公开的协议和技术标准,不局限于任何硬件或软件平台,实现多协议、多平台、多操作系统间的通信,这使企业信息综合环境独立于网络系统。网络应用支撑平台对应用系统彻底透明,确保不同系统之间的无缝连接,该平台提供的防火墙、数据加密等安全技术确保了信息的保密性和系统的安全性,从而保证了 Intranet 与 Internet 的安全连接,打破了系统开放的顾虑。

2) 环境信息管理平台

环境信息管理平台能够利用新技术来构造信息资源环境,使信息有一个生成、发布、搜索、利用、再创造的循环机制。环境信息管理平台融合了 Intranet、Web、HTML 超文本信息链接、图文声像结合的多媒体开发文档体系结构、交互式对象和中西文全文检索等各项新技术,将多个不同操作系统平台上的 Web 服务器、消息传递服务器及工作流服务器组成一个巨大的、开放的"虚拟资料馆",在整个企业网络中实现文档统一管理,摆脱了传统文档体系孤立封闭、不易传递信息、不易管理和扩展的困境,为大规模内部及外部信息的组织、发布提供了强有力的工具。基于超文本链接的资源定位系统,结合先进的目录服务,可以快速实现地址的搜索和获取,用户可方便地查询所需信息。总之,环境信息管理平台不仅能够提供信息的查询访问的手段,更重要的是能进行信息的组织、发布和分析。另外,它还能提供像 CGI 那样的接口,使多种数据库管理系统与之连接,并对之进行访问,动态生成 Web 信息页,满足信息服务和发布的需要。

3）消息传递与工作流平台

消息传递与工作流平台主要完成用户间的消息传递和工作流管理,将传统群件的功能集成到 Browser/Server 结构中。它具有先进的消息传递、分布式目标管理(DOM)、追踪工作流的用户化事务处理管理(CTM)以及安全可靠的数据签名、身份验证和加密功能,用以发布信息并及时追踪具体信息流向和反馈,提高工作效率。一个功能强大且易于管理的企业级应用系统,应将电子邮件、个人及群组工作表、电子表格以及共享信息集成在一起,并且非常容易使用和管理,可以与现有网络系统协同工作。消息传递与工作流平台也是一个以电子邮件为核心的消息传递服务系统,使用户无论何时何地都可以跨越时空访问和获取所需的信息。另外,借助消息传递与工作流平台的工作流软件,用户能够以图形方式设计、测试、模拟、监视和测量任何工作流,实现办公流程的自动化。

4）事务处理平台

事务处理平台主要是利用 Client/Server 技术、分布式处理结构和先进的数据库管理系统,对分布式数据库进行各种操作和管理。在此基础上,用户可以利用各种预测分析和统计模型处理软件组成决策支持系统,按不同需求产生相应分析、统计和预测的有用信息和提供决策支持。事务处理平台一般采用 SQL-DMO 结构,允许在网络上的任意站点使用 SQL 软件实现对 Microsoft SQL Server、Oracle、Sybase SQL Server 等数据库管理系统的维护操作。事务处理平台可以与以 Web 技术为核心的环境信息管理平台结合起来,使用户可以统一使用 Browser 前端来维护、访问和更新数据库系统。事务处理平台可以使用多种系统扩展(如 Client/Server 数据库、ISAPI、Office API、ActiveX 等)及丰富的开发工具来进行开发,VB、VB Script、VC++、Borland C++、VJ++、Java Script 以及大量的第三方厂家开发工具都可以在以 Web 为基础的综合环境中作为开发工具使用。

3. 建立 Intranet 的步骤

Intranet 是建立基于 Intranet 的环境信息系统的基础性工作,也是必要的条件,其主要工作围绕建立 Web 服务器进行,包括系统和网络规划、建立 Web 服务器、信息内容规划与编辑、网络安全等。下面较详细地介绍建立 Intranet 的步骤。

(1)规划系统和网络需求。Web 服务器属于应用服务器,与文件服务器不同,它的网络传输不是猝发性、间歇性的,对它的访问要比对文件服务器的访问频繁得多。针对这种繁忙的应用服务器,必须在配置 LAN 时予以充分考虑。可能需要在同一网络段上创建包含 Web 服务器、文档数据库服务器和远程访问服务器于一体的子网,以使 Intranet 的信息传输脱离负载指令和大量繁杂数据的网络缆线,这可能要用到交换式以太网和快速以太网技术。为了使 Web 服务器在访问的高峰时期也能以最短的访问延时满足这些访问,建立 Web 服务器必须考虑以下内容:

① 配置性能和数据存储满足需求的服务器；② 具有足够的网络带宽和可用性；③ 可靠的系统和网络保障。除考虑 Web 服务器外，还应考虑与之链接的其他服务器，如数据库服务器、文档服务器等的配置和链接。为提高 Web 访问的速度和性能，大型的企业可使用 Web 服务器组，即多个 Web 服务器。例如，利用一个内服务器来准备 Web 页面，利用一个外服务器供用户访问，并用一个镜像的服务器分配网络负载，而且在一个服务器出现故障时立即作为备份使用。另外，还可利用缓冲服务器来提高获取 Web 页面的速度。缓冲服务器将频繁访问的 Web 文件存放在内存，使用户能快速访问。TCP/IP 是 Intranet 的中心，大部分 Intranet 应用程序都要使用 TCP/IP，但它不一定是惟一的协议。在原有系统中增加 IP 协议可能是建立 Intranet 系统所面临的最大挑战之一。

（2）建立 Web 服务器。在建立了基本的硬件和网络配置后，就需要建立 Web 服务器。建立 Web 服务器最重要的任务就是合理选择 Web 服务器软件并对其进行配置。通常免费或共享的 HTTP 服务器可提供建立 Web 服务器的基本需求，中档商业服务器增加了对 Web 网点进行监控和维护的功能，而高档 Web 服务器能够提供安全保护、数据加密以及到企业数据库的链接功能，有的还提供一些群组功能，如小组讨论、工作流程等。建立服务器的另一项任务就是选择合适的 HT-ML 文本编辑工具。建立环境信息系统应选择功能较强的 Web 服务器软件以建立企业内部网的核心服务器。它应该具有如下特征：① 支持最新的 HTML 标准，以使通用的、最新的浏览器能够很好地访问它。② 应提供 Web 服务器访问控制功能，一方面控制用户为服务器编写发布 Web 页的权限，另一方面控制用户访问或阅读特定 Web 页的权限。这些访问控制功能为企业信息提供安全性保护。③ 应提供完整的、易于使用的 Web 应用程序开发手段和工具，支持与企业数据库和其他服务的链接，如 CGI，API，C＋＋，Java 语言，ActiveX 技术等。④ 提供群组服务功能，如小组讨论、工作流程等。

（3）设置安全性。Intranet 的 Web 服务器是一个开放的信息源，原则上任何拥有浏览器的人都可以访问其上面的信息，因此必须采取一定的安全性措施，一方面确保信息的安全性，另一方面确保内部网络的安全性。设置安全性主要包括设置一系列的用户权限、配置网络安全软件等，至少应考虑三个方面的安全问题：

a. 为防止内部人员由于疏漏将机密信息发布到 Web 页上，应建立一种制度来监控信息或限制向 Web 服务器上写的权限。

b. 企业内部网 Intranet 一般都与 Internet 有接口，使外部用户（如在外地的员工，伙伴客户等）能够通过 Internet 网访问企业信息，尤其是 Web 服务器上的 Web 页。这就使得外部人员能够进入内部网络系统，如果不对这些人员进行限制，内部网就有可能遭到恶意的攻击和侵扰。为消除这种风险，企业可限制对服务器的访问或建立防火墙。防火墙在 Intranet 和 Internet 之间起到关卡作用，将未经许可的访问者拒之门外。

c. 企业内部的许多信息往往是针对某一特定人群的，也就是说，只有这些人才能访问指定信息。这种安全性通常用一种叫"身份认证"的机制实现。该机制通过向信息访问者讯问用户 ID 和相应密码来判断是否允许其访问信息。

第一种安全性一般由网络操作系统负责，第二种安全性一般由独立的网络安全软件负责，而第三种安全性则一般由 Web 服务器负责管理。建立 Intranet 的工作进行到这一步，企业已经可以在网上发布一些简单的信息了，如文件、技术资料、产品信息等。另外，还可以访问 Internet，电子邮件也可以开通，小组讨论及工作流系统等协作系统也可投入使用。但是，如果想让用户能够通过浏览器访问内部数据库，则还须进行下面的工作。

(4) 组织信息。组织信息是建立 Intranet 中最重要的一项工作，可能也是最困难的一项工作。组织信息的工作类似于生命周期法中的系统分析阶段。在这一步中，开发者必须详细分析环境信息及相关信息的内容及结构，确定哪些内容需要上网、各信息间的关联以及信息对内对外的安全性等。总的来说，要处理好以下几个问题：①确定上网信息的内容、来源和类型；②分析信息结构，形成一个目录结构，然后逐步在信息之间建立超文本链接；③对各种信息建立一个产生、收集、加工、转换为 HTML 和不断更新信息的工作流程；④保持信息结构的灵活性，以适应更改和以后的发展；⑤使信息的数量和质量之间保持一种平衡。

(5) 编写 HTML 文档。编写 HTML 文档对应于传统意义上的编程。该步实际上就是将需要在 Web 上发布的信息编写成 HTML 文档。这需要编写人员具有一定的 HTML 语法知识，并选择一种或几种 HTML 编辑工具。另外，一个优秀的 HTML 程序员还必须掌握良好的 Web 页面设计原则。下面是一些通用的准则，它们将有利于生成良好的 Web 页面。

a. 将最高一层主页设计成一个索引。

b. 使用户到达有用信息前经过的层次数最少。

c. 建立一种贯穿始终的航行规则，使用户能逐渐熟悉如何在该信息结构中畅游。

d. 可通过关键词查询，使用户能容易地找到有关信息。

e. 将页面长度控制在易于操作的长度范围内，使用户能较快地接收一页。

f. 可在每一页设置含有一定意义的标志。

g. 调整文字和图形的比例。图形可以增强视觉效果，还可以是形象的导航工具，但大量使用图形会影响用户下载页面的速度。因而在设计带有图形的页面时，还应考虑网络系统的带宽以及用户访问 Web 服务器的网络方式。对于带宽有限的用户可以考虑提供仅有文字的方案供用户选择。另外，对有图形的页面，还应考虑图形分辨率的问题，以尽量照顾低分辨率客户。

h. 在主页上放一个"最新消息"按钮或链接,供浏览器方便地查找最新的信息。

(6) 链接。如果需要提供对成百上千个不断变化的文档的访问,那么就应当考虑将 Web 服务器链接到一个文档数据库上,这些文档数据库可以为用户提供有力的查找、阅览和文档管理的功能,并带有可将文档在线地转换为 HTML 的转换工具。如果还需要利用浏览器访问内部数据库系统,那么必须利用合适的数据库链接工具或通过编写 CGI、API 及其他脚本程序以及其他一些生成动态 HTML 页面的手段来完成 Web 服务器与数据库服务器的链接。这项工作是十分艰巨的,需要一支高水平的软件开发队伍。在这一步中还应设置 Web 服务器的小组讨论及协作功能。

(7) 其他软件的安装、设置及开发。这些工作可能与上一步工作并行实施。要安装的软件主要有:文档数据库软件、企业数据库服务器、邮件系统、通信服务软件、网络管理软件以及必要的群件系统等,另外,还有自行开发的专用信息处理软件。

(8) Web 服务器的维护。Web 服务器及其内容必须得到适当的维护才能高效地工作。Web 服务器维护的主要工作包括:①维持网络、Web 服务器硬件、软件的安全运行;②安全性管理;③用户管理,包括用户新增或取消;④通过对被访问次数的统计,确定网络资源的承受能力;⑤维护 Web 服务器的存储容量,删除废弃文档;⑥审核需要发布的新文档和对旧文档的更新,并组织发布它们。

5.2　全球环境信息系统

5.2.1　全球环境监测系统

1. 全球环境信息系统概述

早在 1971 年,国际科学联合会理事会(international council of scientific unions,ICSU)环境问题科学委员会(scientific committee on problems of the environment,SCOPE)就首先提出了建立国际性的全球环境监测系统的建议。第二年(1972 年)在瑞典斯德哥尔摩召开的"联合国人类环境会议"上采纳了这一建议。

全球环境监测系统(global environment monitoring system,GEMS)成立于 1975 年,是联合国环境规划署(united nations environment programme,UNEP)"地球观察"计划的核心组成部分,其任务是监测全球环境并对环境组成要素的状况进行定期评价。参加 GEMS 监测与评价工作的共有 142 个国家和众多的国际组织,其中特别重要的组织有联合国粮农组织(food and agriculture organization,FAO)、世界卫生组织(world health organization,WHO)、世界气象组织(world meteorological organization，WMO)、联合国教科文组织（united nations educational，scientific，and cultural organization，UNESCO)、国际自然与自然资源保护联盟（international union for conservation of nature and natural resources，IUCN)等。GEMS 的目标是：

(1) 增强参加国家的监测与评价能力；

(2) 提高环境数据和信息的有效性和可比性；

(3) 对选定领域进行全球的和区域的评价，收集全球环境信息。

1992 年联合国环境与发展大会以后，GEMS 根据 21 世纪议程和可持续发展的需要，又增加了以下目标：

(1) 加强联合国专门机构间的合作；

(2) 促进学科数据集（包括社会经济学数据集）的收集；

(3) 向地方和国家当局提供设备和方法，综合利用学科数据进行政策方案的分析；

(4) 增加标识符的使用；

(5) 发现具国际影响的环境问题，提供早期警报。

GEMS 的活动主要有以下三方面：

(1) 数据与信息：系统地收集和报道环境数据，进行数据协调活动，加强国家和区域的环境信息网络建设；

(2) 全球环境监测网络：主要是陆地生态系统监测和环境污染监测，如大气组成和气候系统、淡水和海岸污染、空气污染、食物污染、森林砍伐、臭氧层衰竭、温室气体增加、酸雨、全球冰盖范围以及生物多样性问题等；

(3) 学科的和综合的环境评价：包括制定框架计划、确定评价方法、支持国家、区域和全球水平的环境评价。

GEMS 的最终目的不仅仅是收集数据，而是在进行环境监测的同时，在所收集数据的基础上对环境状况进行定期评价，从而提高对环境的管理水平和对环境的监测与评价水平。GEMS 的首要任务是使那些分散且无联系的监测和评价活动能有机地联系起来，即进行综合监测。要求在空气、水、食物和海洋等不同环境中对同一变量进行重复测定。这种测定所获取的数据使得对全球环境进行综合评价成为可能，而不是零散的单项评价——这是当今普遍存在的情况。综合监测也应该跟踪物质和能量的传输，如从空气到海洋，从海洋到食物链以及从食物链到人类的传输。

为了促进 GEMS 的有效运行，UNEP 在内罗毕设立了一个由专家组成的GEMS 规划活动中心（GEMS-PAC)，其作用就是协调 GEMS 的活动，促进国际协作监测，并对其监测区域的环境状况进行定期评价。在监测网络建设方面，GEMS-PAC 的主要作用一直是充当财力和智力的"催化剂"，即由 GEMS-PAC 提供少量启动基金,促进许多不同领域中监测和评价工作的发展。同时,GEMS-PAC 帮助发展中国家培训大量的从事环境监测和评价的科学家,还帮助需要建立且目前还没有建立监测系统的地方进一步发展新的监测系统。

为了确保在不同监测站上所进行的测量能具有严格的可比性,GEMS-PAC 要求各监测站必须隔一定时间用标准样品进行一次检验,还要求各站改进其技术使测试结果与网络中其他监测站的结果相一致。20 世纪 90 年代,GEMS-PAC 又集中力量建设放射性监测网络和环境测试协调系统,这使环境数据的比较以及国家或国际环境标准的制定变得更加容易。

GEMS 包括大气和气候、环境污染物、自然资源、环境数据、全球资源信息数据库等多方面的内容。这里只介绍 GEMS 的环境数据情况。

2. GEMS 的数据

GEMS 所收集的数据必须先进行精确度检验,否则是没有什么用处的。因此,为了能提供简短而有用的数据(这些数据能够反映趋势或者能够与在不同时间和不同地点监测同一问题所收集的数据进行比较),就必须对原始数据进行筛选和处理。最后,还必须对这些数据进行评价,以确定环境的变化趋势。

GEMS 已制定了几种处理数据的方法。在诸多领域,由最主要的国际组织或参与特定监测计划的国家机构负责存储并处理原始数据。这将是一件长期而繁琐的工作,如记录温度的监测站每年 365 天、每天 24 小时都要这样重复不停地记录,这些原始数据还必须经过处理,才能对科学家或环境管理者有用,从中发现问题的主要发展方向。例如,世界气象组织就负责处理并评价 WMO/UNEP 联合计划所收集的 BAPMON(background air pollution monitering network)数据;加拿大内陆水中心(位于安大略省伯灵顿)负责存储全球淡水污染物监测中所获得的数据。此外,设在伦敦大学的监测与评价研究中心(monitoring and review center, MARC)是 GEMS 进行环境评价的得力助手。该中心每两年出版一本《环境数据报告》,至少每年组织一次研讨会,在低成本生物监测技术以及建立相关的全国性数据库方面对发展中国家的人员进行培训。MARC 还出版了有关监测和评价技术方面的一系列重要研究报告,同时承担了若干组织的监测和研究工作。

MARC 不存储原始数据,但负责处理原始数据,并把已处理过的数据存储在自己的环境数据库中。MARC 的数据库存储了来自 GEMS 的已被处理过的大部分数据。今后,打算把该数据库建设成为世界上最重要的环境数据源之一。但是,该数据库中的数据没有进行地理参照,即没有地理坐标。因此,GIS 不能对其进行处理。为了能供用户使用,还必须给 MARC 存储的数据赋予地理坐标。

UNEP 的《环境数据报告》是 GEMS 所有定期出版物中最为重要的,由 11 个主要部分组成,即环境污染、气候、自然资源、人口、酸沉降、人类健康、能源、交通、垃圾、自然灾害以及国际合作。其中每一部分都有一个简短的摘要、各种解释性曲线和图表以及用表格表示的数据。

由于《环境数据报告》主要提供数据,而不是数据的解释,因此,GEMS 又支持世界资源研究所编著出版了解释性的出版物——《世界资源》。该书包括一系列有关主要环境问题的不同方面的文章,并附有用表格表示的数据。该书也是每两年出版一次,与《环境数据报告》隔年交替出版。

GEMS 数据可供许多不同的人以不同的方式利用。当然,最重要的是可供科学团体用于分析和进一步研究,使环境管理者和政策制定者能重视环境评价,并能使这些数据得到更加广泛的利用。为此,GEMS 于 1988 年筹建了"环境图书馆",目的是编辑一些以通俗语言编写的出版物,既能被不具环境专业知识的人阅读和理解,又能提供比一般通俗读物更加详细的有关环境问题的见解。该"图书馆"已取得很大成功,现已出版了有关温室气体、臭氧层、非洲大象、厄尔尼诺现象、食品污染、淡水污染、城市空气污染、气候变化等主题的读物。今后,这类系列出版物将不断扩充,将涉及 GEMS 的全部研究主题。

5.2.2　全球资源信息数据库

全球资源信息数据库(global resource information database,GRID)建于 1985 年。目前,GRID 正发展为一个由各中心组成的全球性网络,这些中心都能利用计算机技术来处理环境数据并分析各环境变量之间的相互作用。因此,GRID 就是在监测、评价以及环境管理之间(特别是在国家水平上)架起的一座桥梁。

GRID 的长期目标包括三个方面:

(1) 加强全球性和区域性具有地理坐标的环境数据集的可利用性和公开交换;

(2) 向联合国和各政府间机构提供先进的环境数据管理技术;

(3) 使世界上所有的国家都能利用与 GRID 兼容的技术进行国家的环境评价和管理。

GRID 是以环境地理信息系统为基础的,而环境地理信息系统在大型计算机上可用来研究全球性的环境问题,在微型计算机上可用来研究国家级的甚至区域级的环境问题。GRID 具有三大基本功能:

(1) 编辑整理由其他机构收集的具有地理坐标的环境参数;

(2) 把这些数据提供给 GRID 用户;

(3) 帮助国家和公共机构获取 GIS 以及相关的图像分析技术和专门知识,从而把 GRID 发展成为一个全球性的环境信息交换网络。

GRID 通过设在内罗毕、日内瓦、曼谷等地的区域中心(现在共有 11 个),形成了一个互连的数据管理与交换网络。每个中心收集已被处理过的环境数据,并把这些数据提供给其所在区域的用户,从而换取新的数据补充进适当的 GEMS 数据库(包括 GRID 和 MARC 的数据库)。此外,GRID 各中心还能为国家的和国际的用户提供实验室。在实验室里,这些用户能够利用 GIS 技术和 GRID 数据来绘制他们所研究区域的环境状况图。GRID 所收集的全球性和区域性数据集包括政治和自然边界线、高程、土壤、植被、土地利用、气候和人口。其中大多数数据集来自卫星和其他监测计划,有些数据集是来自 GRID 的试验性研究。所有数据集都需要不断地更新。这些数据集存储的是由 GIS 处理过的数据,因此,GRID 用户能够直接地进行数据比较并容易地进行存取。

　　GRID 的用户可利用 GRID 的 GIS 来处理他们根据卫星记录、地图、调查以及其他资料编辑的数据。由于 GIS 可转换这些数据的定标和投影,从而能对它们进行直接的比较,还能以用户要求的任何方式分析数据集之间的相互作用,并能以表列数据、图表、地图或用户指定的其他形式输出比较结果。

　　为了验证 GRID 系统的潜在用途,从 1986 年以来就进行了大量的研究。结果表明,只有当 GRID 工作人员(他们都是数据管理方面的能手)与专家密切合作时,才能进行最佳的 GRID 研究。1987 年,GRID 工作人员与乌干达专家合作,为乌干达建立了一个环境数据库。该库包含有关土地、气候和社会经济条件方面的数据集。用 GRID 系统绘制了一幅土壤生产力图,该图反映了土壤质地、厚度、酸度、肥力、排水和适耕性。同样,根据有关土壤侵蚀度(这与降雨、坡度、土地利用压力以及人口密度有关)方面的数据,绘制了一幅土壤侵蚀灾害图。这些数据若与一些经济作物的生长条件结合起来,便能确定每种作物的最佳生长地点。

　　在建立乌干达环境数据库的过程中,回答了乌干达计划者感兴趣的若干环境问题;为乌干达环境部建立与 GRID 兼容的国家中心培训了很多人才;验证了 GIS技术在帮助计划者解决自然资源开发问题方面的某些潜在用途。同时也证明了GIS 技术能用来模拟土地利用和开发计划以及气候变化对环境资源的影响,特别适用于发展中国家。

　　1988 年,UNEP 接受了 IBM 公司赠送的两台大型计算机(供日内瓦和内罗毕GRID 中心使用)和许多微型计算机(供非洲国家使用)。这样,就能使个人计算机在国家或城市区域水平上进入 GRID 网络,这意味着一些发展中国家只需花适量的费用就能利用 GRID 技术。

　　除了收集和传播数据以外,GRID 还进行培训和技术转让。为使 GRID 成为一个全球性网络,这两项工作是必不可少的。为了使各国能建立起自己的区域中心,GRID 还要帮助这些国家获取必需的硬件和软件,同时由 GEMS 与联合国培训研究学院(UNITAR)共同实施了一项培训计划,由 UNITAR 定期举行各种会议,向公务员资源管理者和环境专家介绍 GIS 技术在发展规划中的应用。

　　现在,GRID 正逐渐变成一个完全可操作的系统。在 20 世纪 90 年代,GRID

将为 UNEP 特别关注的领域,如气候变化、酸雨、海洋与海岸区的污染状况、淡水资源、土地退化和生物多样性,提供数据管理的专门知识。要建立更多的数据集,同时还要更新有关地形和土壤这样的现存数据集。把有关濒危物种、生境、保护区以及野生生物贸易方面的信息补充进数据库,促进 GIS 技术在生物多样性保护与研究中的应用。

为了加强 GRID 的可操作性,促进 GRID 数据的更广泛应用,今后将通过更多的培训机构和专家组织来实施培训计划,还将在拉丁美洲、北美洲和西亚新建一批GRID 中心。从长远来看,希望所有的区域中心都加入国际数据网,以使所有的用户能快速、容易地访问 GRID 数据集。

除了 GEMS 和 GRID 外,全球性的环境信息系统还有联合国环境署全球环境信息交换系统(INFOTERRA)。1972 年,在瑞典斯德哥尔摩召开的"人类环境大会"上,各国代表提出以联合国名义建立一个在各国之间交换环境信息和经验机制的议案。为响应该提议,联合国环境规划署于当年建立了一个全球环境信息交流网络(global environmental information exchange network),即 INFOTERRA,该网络早期称为信息检索系统(international referral system, IRS)。1992 年,"里约环境与发展大会"又再次重申了环境信息对于决策制定的重要性并要求加强全球环境信息交流网络的建设以增加信息的供有量。经过 UNEP 以及各国政府机构的不懈努力,INFOTERRA 现已发展成为世界上最大的环境信息交换网络之一,建立了 177 个国家联络点和 10 个地区服务中心,由各个国家联络点在国家级别上运行,促进并支持了国家间的环境科技信息交流。目前,INFOTERRA 每年要处理大量的查询,并与近 8000 个国家及联合国的公共系统、非政府组织、工商企业和学术研究所的信息机构连接。

5.3　环境信息公开

信息公开或公众对信息的所有权是近年来世界范围内颇受关注的论题。长期以来,大部分国家都是由政府掌控信息,负责收集信息,对信息持所有权,很少努力推进广泛的信息公开。这使得社会大众无法掌握及时而充分的有用信息,难于在社会公益事件(如环境保护)或突发事件(如传染病、恐怖活动)中处于理性和积极的状态。近几十年来,不管是政府还是普通民众都已逐渐认识到了信息公开的重要性,并开始采取相应的措施。

作为环境信息的主要载体或平台,环境信息系统的建设不仅仅对于环境信息管理和决策有重要意义,在环境信息的公开和共享方面也可以发挥很大的作用。从技术层面上讲,环境信息系统,特别是基于互联网的环境信息系统是实现环境信息公开这一新理念的软硬件平台。因此,新一代的环境信息系统建设必须充分考虑其对于信息公开和共享的作用。为此,有必要首先了解环境信息公开的知识。

5.3.1　环境信息公开理念

什么是环境信息公开? 它对于环境事业和社会进步有何作用? 以下将就这些问题进行探讨。

1. 环境信息公开的概念

根据信息理论,充分而可靠的信息可以减少系统的熵值,促进系统中各单元得到信息沟通,从而使整个系统达到最优化。该理论同样可应用于环境领域,与环境有关的社会各阶层(包括群体或个人)构成一个整体系统,为保证该系统的最优化,就需要实现环境信息的公开,使各个阶层都具有环境信息的知情权,并真正实现环境信息的共享。

环境信息公开已经有了近三十年的发展历史,已先后在一些发达国家和发展中国家里开展过研究和实践,并取得了成功的经验。不过,这种理念尚未被全社会普遍重视。一些发达国家(例如美国)也是在近几年才开始明确立法要求实现环境信息公开。因此,总体来看,这是一种新的环境管理理念,在国内更是如此。有人更将其定义为继指令管制、经济管理之后环境管理手段发展的第三个阶段。

开展环境信息公开的目的包括:①便于政府充分利用管制、经济和信息手段开展立体式的管理;②提供激励和惩罚机制,促使环境破坏者或污染者改善其行为;③促进广大的公众参与,鼓励全社会融入到环境管理工作中来;④维护社会的公正,保护信息缺乏者的利益。

2. 环境信息公开的作用

环境信息公开是全社会的共同需要,对于各个阶层都有一定的作用。由于各利益相关者在特定社会条件下所处地位存在差异,信息公开对他们产生的作用也不尽一致,以下具体分析。

1) 信息公开与政府环境管理

(1) 环境决策。对于环境管理部门而言,环境信息公开对环境管理部门的工作提出了更高的要求,也提供了新的机遇。环境信息公开工作是一项综合性很强的工作,涉及环境管理的各个方面,包括环境监测、环境监理、污染控制、环境信息、环境信访、环境宣传和环境综合决策等,因此,环境信息公开工作的开展能够全面提升环境管理部门的工作水平,促使环境决策工作得到改善。同时,通过环境信息公开,执法者有了足够的信息,可以正确确定污染控制的优先领域,从而使有限的资源配置得到优化,提高污染控制和环境保护效率。决策者还可以发现协调整个社会共同参与环境管理实践的各种潜在手段,改善各利益相关者之间的关系,特别是污染者与公众之间的关系,充分发挥公众参与作用。

(2) 环境监理。环境监理是对企业环境行为进行直接监督检查,环境信息公开工作能够极大地促进环境监理工作的开展。在环境监理日常内容中,包括企业的污染物排放情况、治理实施运转情况、排放收费情况、执行环境管理规定情况等环境行为指标。它们关系到企业的环境形象,可作为企业环境信息公开内容的重要组成部分。因此,环境监理工作提供的信息往往决定着企业的环境表现等级。由此,通过信息公开可使环境监理工作由被动转向主动。在环境信息公开工作开展前,是环境监理部门找企业进行监督检查,企业处在受审查的地位,因而往往表现出不配合和抵触的情绪,给环境监理工作造成障碍。环境信息公开工作及其强大的媒体宣传,使企业的环境形象已经成为家喻户晓、街头巷尾谈论的话题,对企业整体形象和产品市场产生了极大的影响,这就迫使企业对其环境形象给予高度的重视。对于环境形象较差的企业,为了改善其环境形象,企业由过去被动受检查转变为主动要求环境监理部门进行检查。一旦其某些方面的环境行为得到改善,也会主动要求对其检查,以便得到环境管理部门的认可,从而提高其环境形象。对于环境形象较好的企业,由于有强大的宣传媒体的监督和广大群众的监督,如果其环境行为有所退步,环境监理部门会及时得到群众的投诉和反映,这就为环境监理部门开辟了新的信息渠道,便于加强对这些企业的管理。可见,环境信息公开的开展,使得环境监理工作具有了更大的主动性和针对性,对于提高环保部门对企业的监督管理是非常有利的。

(3) 管制手段。管制手段仍然是环境管理的主要内容和支柱。实施环境信息手段的目的之一就是强化管制手段的效用,促使环境污染控制和管理由被动变为主动,污染者会主动屈从各种法规,从而减少环境管理的费用。主要手段是将管制手段要求达到的目标纳入环境信息公开的指标体系。环境屈从的程度将从根本上影响环境信息公开的结果,确立企业在社会和市场上的环境形象。这种手段增加了企业环境形象曝光的程度,从而达到强制执行管制手段不能取得的效果。以呼和浩特市为例,在 2000 年“一控双达标”中,环境信息公开就起了很大的促进作用。如果企业排污达不到规定的排放标准,就会被列入黑名单,成为限期进行整改的对象。这在某种程度上促进了不达标企业积极主动地进行污染治理,也同时减轻了环境部门污染控制工作的压力。

(4) 信息收集。由于资源及需求的制约,中国环境信息的收集工作虽然在过去 20 多年中取得了很大的进展,但仍然存在不系统、不准确、不及时等缺陷。为保证环境信息公开的质量,对环境信息的准确性、及时性及系统性有较高的要求,以促进环境信息的收集和管理。反之,环境信息收集工作的加强将进一步促进信息公开的高质量实施。二者之间相辅相成、互相促进。例如,呼和浩特市和镇江市每年一次的环境信息公开,使得环境管理部门及时掌握了企业的环境信息,为其他环境管理制度的实施,为有关政策法规的落实提供了信息基础,也使得环境决策更加科学化和合理化。因此,要抓住信息公开这一契机,结合不同层次的信息公开工作,精心设计信息收集的计划并加以实施。

(5) 环境宣传。环境宣传在环境管理中往往被忽视,并且缺乏应有的资源和着手之处。一般认为环境宣传所起的作用相当有限。然而,在环境信息公开中,环境宣传是将信息传达至相关群体的最主要手段。它利用信息公开的契机充分动员整个社会参与环境管理。更重要的是,环境宣传可以更加清晰地向有关群体解释不同信息的意义。激活或协助各种社会机制(市场机制、社区行动等),使得环境信息公开更为有效。因此,信息公开为环境宣传提供了一个很好的舞台,二者之间相互促进。同时,环境信息公开释放了诸多信息,可以促进环境信访,并为环境教育提供充分的材料,这些都有助于环境管理工作的开展。

2) 信息公开与企业环境表现

对企业来说,信息公开既是挑战,也是机遇。它可以满足企业对环境信息的内外部需求,增强企业执行环境法的自觉性,树立和改善企业形象,通过市场引导企业的环境行为,改善工艺流程及内部管理,促进企业污染控制。

(1) 改善管理

环境信息公开对企业的压力可以转为企业治理污染的动力。为了在激烈的竞争中求生存,企业对其自身形象很重视。企业为获取较好的环境声誉,就必须改善企业内部的管理及工艺水平,充分削减污染物的排放,减少污染事故的发生,实施ISO14000 和清洁生产等。这些措施不仅会提高企业的环境表现,还会从根本上改变企业的整体形象,提高企业的生产力和竞争力。

(2) 改善企业与政府的关系

污染者与政府及受害者之间存在着利益上的冲突,必然导致所采取行动的不一致与对立。环境信息公开将污染者的行为清晰地表达出来,使得三者更清楚自己的行为可能带来的损失。从传统意义上看,信息公开将可能激化矛盾,然而在实际操作过程中,这类公开给三者提供了一个调和的机会。首先,管理者更加明确自己的仲裁者的地位,会尽量了解真实的污染状况,对污染者与受害者的行为作公正的分析,并评估各种措施可能造成的后果。由于有外界的监督及大量数据事实的存在,会尽量杜绝不合理的管理决策,减少潜在的贪污腐败的机会,使污染者和公众均能感受到处理过程的公正。

其次,在信息公开之前,污染者一直处于各种压力的中心,成为环境污染的罪魁祸首,无论何种理由,基本上只有被动屈从的可能。环境信息的公开不仅揭示其污染的一面,也能以鼓励的方式张扬其在环境保护方面的努力。污染者可以从单纯防御转变为与各利益相关者进行协商,达成共识,共同解决潜在的问题。这种主动合作的态度能很大程度上消除敌意,减少各种矛盾的发生,并且有助于污染者从其他各方得到良好的支持和合作。

最后，公众有了充分了解企业环境污染状况及措施的途径，也能了解管理者所实施的各项措施及效果。这些有益的信息使他们有可能对污染者的行为进行适当的监督，可能在采取过激行动前进行有益的磋商和对话，这样就避免了不明真相下盲目行动的可能性。在以上措施不能奏效时，还可以依据环境信息公开的结果采取适当的法律行动。而且环境信息公开活动将会使大多数关注周边环境质量的人明白所处的境况，从而可能采取较为一致的行动，充分发挥社区的集体功能，增加行动的效率。所有这些都可能在不同利益相关者之间建立起健康的、相互信任的关系，从而减少社会矛盾发生的可能性，有益于社会的整体进步。

3) 信息公开与公众参与

(1) 提高公众环境意识

环境信息公开工作的开展，能够提高公众和社区的环境保护意识。信息公开的过程也是环境宣传和教育的过程。以浅显易懂、生动活泼的形式将环境行为的评价过程、评价标准和评价结果公之于众，使公众充分了解环境现状及面临的胁迫，使公众有更多机会了解他们周围的环境状况、主要污染物、污染原因及政府和企业采取的措施。这些信息将有助于他们在就业、置产、生活等方面做出正确的决策。同时也间接影响企业的环境行为和政府的执法力度。公众在学习和了解环境信息公开的程序，进行环境信访和投诉的同时，也是增强其环境意识的过程；反之，公众环境意识的增强又会对环境信息公开工作提出更高的要求，形成环境管理部门和公众社区相互促进的良性循环。

(2) 加强公众监督能力

有了对周围环境现状的全面了解，公众对企业环境行为的监督能力就会得到加强。假如他们周围环境污染严重，就能采取行动要求周围的企业进行治理，否则就要采取法律行动来维护他们的利益。这样，这些污染严重的企业将不得不进行污染治理，环境问题就会改观。

公众监督能力的加强还表现在环境受害者通过对各种信息的了解团结起来，并充分利用社区及媒体的力量来表达自我的观点，也可以组成相应的组织与污染者进行直接的交涉。所有这些通过各种各样的环境运动都会得到进一步的强化。而信息公开化又会推动各种环境组织的形成及活动的开展，如此形成良性的社会循环，有利于达到可持续发展的目标。

(3) 改善公众与政府、企业的关系

公众的环境意识对国家环境政策的制定有着强烈的影响。首先，环境意识影响环境政策的制定。从理论说，政策是公众意志的体现。在西方国家，往往是公众的环境意识引导着政府的环境政策。西方绿党发展成为一支独立的政治力量正是环境意识影响国家政策，特别是环境政策的集中体现。

更为重要的是,公众的环境意识直接影响到环境政策的实施效果。由于环境意识左右着人们的环境行为,不同的环境意识也就决定了人们对环境政策的不同反应,从而影响到环境政策的实施。事实上,环境是人类社会共同的环境,保护环境是每一位公民不可推卸的义务和责任。只有认识了这一点,保护环境才能变成每个人的自觉行动,环境政策的实施才能顺利,效果也才会达到最大。反之,如果人们的环境意识淡薄,环境政策就很难实施。即使通过行政手段强制执行,效果也不会理想。任何一项环境政策都需要每位公民的支持与配合,而配合的前提就是理解,理解的关键在于其环境意识的强弱。所以,一个国家或地区公众的环境意识水平决定了环境政策的基本特点及其实施效果。改革开放以来,中国虽然在环境保护方面做出了很大的努力,但效果并不十分明显,原因之一就在于环境政策制定过程中民众的参与程度很低。

当然,环境政策也会反过来影响到人们的环境意识。一般来说,正确的环境政策能够引导着社会舆论和个人行为朝着有利于环境保护的方向发展,从而影响和深化人们的环境意识。环境政策如果不当,也会对人们的环境意识产生误导,造成不良后果。特别是当政府制定的环境政策超越了人们的环境意识水平所能接受的限度时,自然地就会出现抵触情绪,这不仅使政策的实施效果大打折扣,也导致民众对政府的不信任,从而影响政府的形象和威信。

4) 信息公开对社会发展的影响

环境信息公开的效益远远超出了环境保护本身。信息的公开意味着政府对信息管制的放松。政府的积极参与一方面是信息公开成功的基础,另一方面也表明政府鼓励并且愿意利用自己对信息的掌握并使其公开透明化来促进社会进步,这是民主政府的标志之一,对于中国这样一个正处于转型期的经济体是十分有意义的。

在信息公开过程中,各利益相关者可以对公开的程序、方式及数据的准确性提出不同的意见,充分体现了这一过程的民主性。而且这种民主式的参与也是对整个社会的一次教育过程,各利益相关者可以体验并应用自己的权利,为促进个人及全社会的发展进步而努力。

信息公开充分利用非政府组织的作用,也促使非政府组织的发展,使社会公众有更多的渠道表达公众的意见,这也是社会进步的标志之一。

信息公开过程中对客观公正的强调表明信息公开过程是各决策人所需求及要求的,它给与参与者信心,可以用事实说服各方。公正的保证是信息公开得以成功和继续的保证,而信息公开所寄托的市场及社会机制则必须有这种公正公平的保证。

3. 环境信息公开的分类

环境信息公开可以按照时间尺度、空间尺度、公开内容、使用方式、公开主体等进行分类。下面对不同类别的环境信息公开作简单介绍。

　　1）不同时间尺度上的环境信息公开

　　环境信息公开可以发生在不同的时间尺度上，如空气质量日报、年报和环境质量公报。环境信息公开的频率与信息公开的目的有着紧密的关系。每一次信息公开，都是对某些特定社会群体的一种刺激和提醒，公开本身也寄希望于产生相应的反馈，如改善环境行为。然而，环境行为本身有其周期性，频繁的信息公开未必能起到更好的效果。在实际应用中，要掌握好不同频度信息公开所具有的作用。如空气质量日报对整个城市的长期环境规划并没有直接作用，但对居民的日常生活和工作有较大影响，从而可以通过公众的社会压力对政府的决策过程产生影响。信息公开的时间尺度与空间尺度有着某种程度的匹配，如：对于较大空间尺度的信息公开，其公开周期一般也较长，因为这有利于相关且适宜行动的产生。

　　2）不同空间尺度上的环境信息公开

　　从空间尺度或行政管理的角度来看，环境信息公开可以发生在全球、国家、流域或区域以及企业。不同尺度的公开相对独立又相互关联，下级信息公开的数据往往可被上一级利用。这些信息公开的内容、对象、目的、周期以及方法均可能不同，因而必须制定针对性的框架。不同空间尺度环境信息公开的目的、内容和方式相差极大，所需要的支持及投入也不一样。就目前来说，国家及全球水平上的信息公开相对更为丰富，企业水平的信息公开则刚刚起步。

　　3）不同内容的环境信息公开

　　环境信息公开涉及的内容很广泛。简单来说，可以包括环境质量、污染物排放、环境管理、环境责任、环境意识、污染事故等。其中，最为普遍和最先实行的信息公开是有关环境质量的公开。世界上许多国家都以不同方式发布环境状况报告。这些报告主题明确，一般包含的信息较为全面，信息提炼程度高。

　　不同的社会群体所关注的内容也不一致。公众较为关注环境质量和排放数据，而政府决策者则认为所有的信息对其决策过程均有益。因此，在确定好环境信息公开的对象及目标之后，可以对信息公开的内容加以调整。要注意的是，环境信息公开并非一味要求公布原始数据。某些信息进行加工处理之后，更加有益于信息的表征及传达。这对于缺乏相关专业背景的人来说尤为重要。例如，空气质量指数比二氧化硫的浓度更易为公众理解。

　　值得注意的是，信息公开内容不一致，信息公开的方式也不一样。要找出最适合于公开的内容和方式，进行试公开可能是一种较好的手段。通过试公开，可以比较不同手段及其组合的效果，以取得最佳成效。

　　另外，信息发布应更加全面，更为广泛。政府部门发布的环境信息不仅包括区域环境质量状况信息、污染损失信息、环境管理目标信息，同时还广泛涉及到企业的环境行为信息和污染削减成本信息。

4）不同方式的环境信息公开

从公开手段来说，除广泛应用的报纸公开之外，还包括广播公开、电视公开、网络公开及报告公开等。由于广播具有成本低、覆盖面大等特点，比较适合发展中国家使用。其缺点是公众只能听到声音，不能看到形象、直观的环境信息。随着人们生活水平的提高，电视已成为人们生活中的不可缺少部分。通过电视传播系统来公开环境信息的信息传播面广，影响深远。近年来，由于计算机及信息技术的发展，各种网络开始以高速普及。网络具有方便、廉价和手段多样性的优点，而且没有国界限制，克服了广播和电视公开的制约性。不过，目前这种公开形式还受到网络传输速度和网络普及程度的限制。报告公开是将环境信息经过采集、加工整理，然后以书面形式出版。这种形式公开使那些希望了解环境状况的人能够保存这些资料，而且还配有文字描述使人们更易了解，其不足是周期相对较长。在环境信息公开设计时，往往采取多种公开方式。同时应根据信息公开的内容、频率、地点等确立最适宜的方式。

5）不同组织形式的环境信息公开

环境信息公开可以由不同的组织来发起和执行，因而具有不同的效果和方式。比较普遍的是由政府部门组织的信息公开，如国家环境公报、企业环境信息公开、城市环境定量考核等。以政府名义发布的环境信息可以就某个环境问题或整个国家的环境状况发布公告。这样，公众对整个国家的环境现状和某个特殊的环境问题有比较系统和科学的了解。对整个社会来说，政府主持的公开具有更大的权威性和公正性，也较易长期持续下去。由于这类公开经常与日常的环境管理及各类法规联系在一起，易于收到较好的效果。在这类公开中，各级相关政府的参与尤为重要。

近年来，非政府组织等第三方开始积极参与环境信息公开。由于受到各方面的限制，他们在提供原始信息方面存在一定的困难。但是，鉴于他们特有的地位，较具有公正性，易为社会接受。因此，他们在诠释各类环境信息、提供相应建议时，具有不可替代的作用，能减少各利益相关者之间的不信任性，促进各社会群体的交流，是对各种环境信息公开制度的重要补充。如美国的非政府组织在解释有毒品排放清单时发挥了重要作用，并且作为重要的社会载体，在动员全社会广泛参与环境管理，提高社会环境意识方面发挥了不可缺少的作用。因此，在设计各类环境信息公开系统时，应充分考虑此类因素，将非政府组织纳入设计过程。

目前，信息发布潜在的对象和发布的领域变得更为广泛。信息发布潜在的对象不但包括来自社区的居民和非政府组织，同时也包括来自市场的消费者和投资者。

5.3.2　国内外环境信息公开的现状

环境信息公开在国外起步较早，尤其是在美国、加拿大等发达国家，已经进行了一些成功的尝试,在印度尼西亚、泰国等发展中国家,也开展过这方面的实践。相比而言,我国的环境信息公开工作起步较晚,发展水平相对落后。不过,在最近几年,已经受到了有关部门的重视,并进行了一些试点工作。

以下分别简要地介绍国内外在环境信息公开方面的发展状况。

1. 国外环境信息公开发展状况

由于环境管理具有综合性、区域性和广泛性等特点,要求环境管理采取多种形式以及多种手段,需要大量的、多种多样的信息。在以往的环境管理实践中,环境信息是环境管理的基础,是为环境管理服务的。进入 20 世纪 90 年代,随着经济的发展,媒体传播工具的加强,公众环境意识的提高,公众和社区在环境管理中的作用日益显现并逐步得到加强,信息在污染控制和环境管理中的作用变得越来越重要,引起了有关学者和环境管理部门的重视,环境信息已经独立于其他的环境管理方法而成为新的一种环境管理手段。这是继环境管理的指令性控制手段和市场经济手段之后的新的环境管理模式和发展方向,被称为人类污染控制史上的第三次浪潮。这项新的环境管理手段已经在许多国家得到了运用。

与发展中国家相比,发达国家的环境信息公开开展得较早,而且更具有针对性。同时,由于信息工具的普及和人们环境意识水平的普遍提高,信息手段已经成为发达国家环境管理中一项较为成熟的方法。例如,环境新闻作为一种环境信息,对金融市场也会产生重要影响。世界银行的 Dasgupta 等人发现,当金融市场了解到企业的环境表现时,金融市场能自动地为污染控制提供一种强有力的附加刺激作用。具体地讲,投资者对公司的环境表现有着强烈的兴趣,他们要估算如果公司受到法规惩罚或污染责任赔偿将要遭受的潜在的经济损失,所以在贷款之前,银行系统会认真考虑公司的环境责任。在买股票时,股东也会十分留意公司的环境表现。最近的研究表明这方面的影响是很有力的。在美国和加拿大,当某一公司有环境法庭纠纷时,其市场价值会下降 1%～2%。政府所做的信息公开化也有很强的作用。在 1987 年,美国环保局有毒化学品排放信息库开始公开中等以上公司的有毒化学品的年排放量。研究表明,被认定为重污染的企业在信息公开后的第一天平均损失 410 万美元的股票价值。这些金融消息反过来刺激企业采取行动。Konar 和 Cohen 在 1997 年的研究表明,股票市场损失最多的公司在后来投资削减污染量也最多。因此,污染信息公开可以影响上市公司的市场价格,进而有效地促进污染严重的上市公司治理污染。

在亚洲和拉丁美洲的研究也表明环境新闻具有强有力的市场作用。菲律宾、墨西哥、智利和阿根廷相对来说具有稳定增长的资本市场,工业市场竞争的条件也较合理。研究中,采用了 1990 年到 1994 年每天股票市场数据和当地报纸上的环境新闻材料,并把它们联系起来。结果发现,当政府公布公司的环境表现良好时,其市场价值上升超过 20%；反之，不利的消息能减少市场价值 4%~15%。这种变化比美国和加拿大还要显著。

在上述案例中，信息通过社区和市场对污染源起到限制和刺激作用。这样，提供信息就成为一种相对独立而有效的污染控制手段。随着信息科学技术的迅猛发展，信息的收集、综合和传播的成本越来越低。同时，信息手段可以不必依赖于成熟的法制行政机制，而通过社区和市场发挥作用，因此，目前越来越多的政府环保人员开始积极倡导并使用这种手段。

一些政府也竭力鼓励环境信息公开活动，并将之与现有的环境管理系统及各种管制手段联系在一起。在韩国，为促进经济与环境可持续性，于 2001 年启动了生态 M 项目，主要目的是启动环境管理的自我管制体系。其中主要手段之一就是引入公司环境信息公开化的政策和评价系统。在美国，环境信息公开与市场竞争紧密联系起来。美国新泽西州在 1999 年通过了有关环境信息公开的标准，要求所有现有的或者潜在的电力供应商在市场上销售其产品时，必须提供燃料构成、大气污染物排放以及提高能源效率带来的能源节省等方面的信息，这些信息将为消费者选择不同的能源计划提供判断的依据。

另外，越来越多的企业，特别是一些跨国公司，也开展了自愿的环境信息公开活动，以改善公司的环境形象，促发更多的商机。

2. 我国环境信息公开发展状况

推动环境信息公开化在中国已有相当的基础。在法律上，虽然中国尚没有单独的环境信息公开法，但现有的法律法规为这项工作的推进提供了基本保障。尤其是近几年，《清洁生产促进法》、《环境影响评价法》、《关于发布〈环境保护行政主管部门政务公开管理办法〉的通知》、《关于企业环境信息公开的公告》(见附录)等，都对环境信息公开提出了具体要求。

在行政管理上，中国政府从上到下具有一个完整的环境管理体系，并在许多地区已经积累了丰富的环境信息公开的经验，现在的环保机构足以承担各种信息公开手段的操作。在资金上，由于现有的环境管理体系已经积累了丰富的环境信息，有限的人力物力投入即可促进环境信息手段在中国的广泛运用。在技术和方法方面，中国环境管理部门已经积累了一定的硬件和软件，许多省市均已建立了环境信息中心，可以通过即时更新的网站和电视等媒体向广大民众公布环境信息。特别是在镇江和呼和浩特市的试点实践中，一个开放环境信息手段和环境信息公开政策的专家队伍正在形成。

不过，要使环境信息公开成为一项长期存在并切实可行的环境管理手段，还需要一个相当长的时期。立法是实现这一目标的关键因素。这已被近年来的国际实践所证明。2001~2002 年间，由世界资源研究所组织，25 个民众社会团体携手结成一个全球联盟,发起了一个评估公众参与环境决策能力的课题。课题前期集中在包括智利、匈牙利、印度、印度尼西亚、墨西哥、南非、泰国、乌干达和美国九个国家的相关法律和公共经验。这些国家的收入水平、发展道路、文盲率、对自然资源的依赖,以及文化和政治传统差异很大。对他们的评估分析结果代表了世界范围内公众参与环境决策的主要现状。一个令人鼓舞的发现是,在所有被评估国家中,强有力的法律是信息公开的保障。自 1992 年的里约"地球峰会"以来,课题调查的发展中国家和经济转轨国家都引进了法律条款,并建立了环境信息公开的基础设施。其中,墨西哥、南非和泰国有全面的处理信息公开的立法,包括公开的宪法保障,一般意义上信息公开的立法,以及具体的环境信息公开的立法。另外有三个国家有至少以上三项中的两项国家立法条款。

在我国,要实现环境信息公开立法,已具备了基本条件,但障碍依然存在。

第一,中国关于信息公开的立法滞后。2003 年,一场突如其来的"非典型性肺炎"使信息公开成为举国上下共同的议题,国务院的《信息公开条例》制定工作已在进行当中,但要建立全面完善的信息公开机制还有待进一步的努力。

第二,旧的思维观念不可能在一夜之间就会彻底改变。在一些政府部门,信息是被作为"生存工具"而牢牢控制着的。《宪法》赋予公民的"知情权"需要全社会的尊重,成为官员们的共识,将其作为现代民生的根本要求。

第三,现有体制改革仍然存在各种缺陷。机构不健全和机构重叠同时并存,对某些新的环境问题或现象,缺乏迅速合理的反应机制和机构;同时某些环境问题存在多头共管的现象,结果是关键时刻相互推诿,找不到真正的责任者。

第四,由于公众监督机制不够完善,非政府组织的发展尚不健全,决策机构缺乏决策透明的动力。这种决策过程可能造成盲目决策,也使公众对政府行为缺乏必要的信任,对社会活动缺乏兴趣。

第五,现有环境信息公开存在很多问题,这包括:向公众提供的环境信息量少、信息公开手段有限、缺乏科学和系统的企业环境行为信息公开制度,以及环境形象还没有真正发挥作用等。

"阳光是最好的杀虫剂。"信息公开化的程度代表了一个国家社会文明进步的水平。环境信息公开化则很大程度上代表了中国实现可持续发展的承诺与决心。相信经过一段时间的努力,会有更多专家和学者加入推动中国环境信息公开化进程的行列,并有望把环境信息公开落实到中国社会的各个层次和方面。

5.4　面向对象的环境信息系统开发方法

面向对象方法是新一代的软件系统开发思想和方法,也是 20 世纪 80 年代以来国内外软件行业最为关注的技术之一,并已广泛应用于程序设计语言、程序设计方法学、操作系统、数据库管理系统以及系统分析和设计方法等领域。

作为一种新的系统分析和设计方法,面向对象的分析和设计方法是使用对象模型来描述现实世界。这种模型能较直观地描述现实世界中存在的种种实体及实体之间的关系,使系统分析和建模过程更为直接、简单,易于理解,较好地解决系统分析的核心问题。

目前,面向对象的系统开发方法仍需不断发展、不断完善,但是,它与传统系统分析方法相比所具有的较大优势已经在实际应用中得到充分证实。这种思想或方法应用于环境信息系统的分析与设计也是大势所趋,为此,本节将对面向对象的基本思想和面向对象系统开发的基本方法和过程加以介绍,并着重介绍系统分析和设计方法。

1. 面向对象的系统开发方法概述

1) 面向对象基本思想

客观世界是由一个个实体及其相互之间的关系组成的。面向对象技术总是把客观世界中的实体抽象为问题空间的对象。下面通过把"书"这个客观世界实体抽象为问题空间的对象来说明面向对象技术有关对象的基本概念。

书是一个客观世界的实体,在进行系统分析时,可以把它抽象为一个对象。每个对象都有一定的特性,"书"这个对象的特性包括:书名、作者、所有人、出版时间和内容等,人们可以用这些特性来惟一地描述一本书。在面向对象技术中,把书的这些特性称为对象的属性。属性不仅描述了对象的静态特性(如书名、作者等属性描述的是书的静态特性),还描述了书的状态,如它现在的所有者等。对象的状态是可以改变的,例如,可以通过改变书的"所有者"属性来改变书的状态。面向对象技术称这种对象状态的改变为对象的"行为"或"操作"。定语"对象的"涉及面向对象技术的另一个重要概念,其含义是,对象的状态只有其自己才能改变,也就是说只有通过对象自己的行为或操作才能改变自身的状态。那么如何才能让对象改变其状态呢? 每当需要改变对象的状态时,只能由其他对象向该对象发送消息,对象响应消息后按照消息模式找出匹配的操作(行为),并执行相应的操作,改变对象属性使自己进入新的状态。

概括起来,面向对象的基本思想就是:将客观世界的实体抽象为问题空间的对象。而对象是一个封装数据(即属性)和操作的实体。数据描述了对象的状态,操作可操纵对象的私有数据,改变对象的状态。每当其他对象向本对象发出消息、本对象作出响应时,其操作才能得以实现。

这里还要弄清对象和对象实例的概念。对象是指现实世界中具有相同属性,服从相同规则的一系列事物的抽象,也就是相似事物的抽象化。其中的具体事物称为对象的实例。还是看上述有关书的例子。"书"是一个对象,该对象抽象出了有关书的所有属性和操作,形成了一个"书"的概念框架。它并不特指某具体的书。一本具体的书,如这本《环境信息系统》教材,就是一个对象"书"的实例,它符合"书"这个对象的概念框架,且其各个属性都有具体的值。学过 C＋＋面向对象程序设计语言的读者可以看出,这里的对象,相当于 C＋＋中的类(Class),而对象的实例相当于 C＋＋中的对象。这是不同的应用环境造成的语义方面的差异。在面向对象的系统分析和设计中,将使用"对象"和"对象的实例"这种表达方法,望读者注意。

2) 对象及属性

面向对象系统分析的思想就是在进行系统分析时,用对象及其相互关系模型来描述现实世界,也就是说,找出现实世界中的有关实体,并用对象的形式来对其进行抽象。

对象的定义——对象是指下列现实世界事物的抽象:① 这些事物即实例具有相同的特征。"具有相同的特征"可以理解为,如果制一个表格代表一个对象,并将实例及其属性填入表中,那么对象就是从这些实例中抽象出来的。② 这些事物都服从和遵守相同的规则。"服从和遵守相同的规则"是指,我们可以为这些实例定义相同的操作。

属性的定义——属性是实体所具有的某个特性的抽象,而实体本身被抽象为对象。分解一组属性的原则在于:① 完整性,属性反映了所定义对象的全部性质;② 完全分解性,每一个属性只反映对象的某一个方面的信息;③ 相互独立性,属性具有相互独立的取值。

上述原则告诉我们,在分解对象的属性时,不要让某一属性代表多种不同的含义,不要让两个属性在取值方面有相互制约的现象。

3) 对象之间的关系

在用面向对象的方法模型化现实世界时,必须识别现实世界中事物之间的联系,并用面向对象的方法准确地反映这些联系。在这里,我们称这些联系为"关系"。

(1) 关系的定义。关系是现实世界中不同种类的事物之间所具有的有规律性的联系的抽象。在面向对象分析技术中,现实世界中的事物之间的联系被抽象为对象之间的关系。下面是几个关系的例子:环保局指定在江苏省建设省级环境信息系统;区县环保局向市环保局传送数据;酸雨污染农作物;技术人员测量环境噪声级。

(2) 关系的分类。现实世界中存在的关系十分复杂,可以从面向对象的角度对其进行分类。总的来说,从关系所涉及的对象个数来分,可把关系分为二元关系和多元关系两类。

4) 面向对象的系统开发方法

(1) 一般步骤。总体来讲,面向对象的系统开发过程与一般的系统开发方法的过程大致相似,可分为以下几步:①系统规划;②系统分析;③系统设计;④系统实现。其中系统分析是关键,是系统设计的依据(后面将专门介绍)。在面向对象开发过程的系统实现中,一般采用面向对象的程序设计方法,这使整个开发过程更加流畅、快速、经济、易于控制。

(2) 面向对象开发方法的优势。面向对象技术已成为当前的系统开发及程序设计的重要技术和发展方向,这与其在各个方面表现出的明显的优势是分不开的:①面向对象的分析方法能够更加贴切地模拟现实世界的事物对象;②允许自底向上分析系统成分;③开发周期短,开发费用少,开发过程容易控制;④可以更容易、彻底、全面地确定处理的可重用性,从而减少编码和编程时间,面向对象的方法提供"继承"特性,在创建新的对象时,可以继承现有对象的某些功能,而不用浪费额外的时间和空间去重复以前的工作;⑤面向对象支持图形化用户界面的实现;⑥对象封装技术使系统具有很好的可修改性和可靠性;⑦目前市场上大多数开发工具都支持面向对象的开发过程和编程,同时市场上有大量的面向对象的可重用资源和面向对象的快速应用开发(RAD)工具,这可以大大节省开发费用,缩短开发时间,实现 EIS 的快速开发。

2. 面向对象的分析方法

任何系统分析的目的都是要建立一个现实世界的模型,并用一定的手段来描述、转换,直至变成程序。总的来说,系统分析技术的核心问题是:①如何规范化或观测一个模型;②如何用图表来描述一个大型模型;③如何为一个信息模型提供文字说明。

面向对象的分析,其目的在于有效地描述与刻画问题领域的信息和行为。实现这样一种描述,必须以一种全局的观点来考虑系统中的各种联系、系统的完整性和一致性,同时,这种描述能够说明系统中各种操作的细节。

面向对象的分析方法通过依次建立信息模型、一系列状态模型和一系列处理模型这三种模型来达到上述目的。以下分别进行介绍。

1) 信息模型的描述

信息模型是面向对象分析的基础。信息模型由问题领域中的对象所组成,通过对象、对象的属性、对象之间的关系来规范化问题领域的信息。也就是说,信息模型的基本思想就是描述以下三个内容:对象、对象的属性、对象之间的联系。

信息模型用两种基本形式来描述:一种是文本说明形式,包括对象说明文件、关系说明文件、概要说明文件,用于描述和说明系统中所有的对象、属性、关系;另一种是图形表示形式,包括信息结构图和信息结构概图,能提供一种全局的观点来考虑系统中的相关性、完全性和一致性。

2）建立信息模型

建立系统模型是面向对象的系统分析方法的关键。建立系统模型一般经历如下阶段：①系统调研；②对系统进行初始描述；③建立系统的信息结构图；④建立系统的文本说明文件。

系统调研就是通过各种信息获取方法获得对现实问题的理解，具体方法有：①寻求有用的文档，如工作流程图、报表、报告、工程图等；②对话，与业务人员和领导广泛交谈和做专题询问；③参观或亲自参与业务工作；④其他方法。

系统描述是在系统调研的基础上，将调研来的零碎信息进行归纳、整理，形成待开发系统的初始描述。这是建立信息模型之前很重要的一步。在对系统进行初始描述时，要尽力做到句子的语法正确，慎重使用名词、动词、形容词和同义词，因为这些词是进一步识别系统中对象、属性及关系的基础。

建立系统的信息结构图是建立信息模型中最关键的一步，我们将在稍后做专门讨论。信息结构图从图形上反映了系统中的对象及对象之间的关系。为了进一步对信息模型进行详细的描述，需要建立信息模型的文本说明文件。文本说明文件包括对象说明文件、关系说明文件和概要文件。关于文本说明文件的组织形式和内容，参见本节的第一个问题。

现在回过头来讨论如何建立信息结构图。建立信息结构图一般有三个步骤：识别系统中的对象及其属性；识别系统中对象之间的关系；画出信息结构图。

（1）识别系统中的对象及其属性。识别系统中的对象及其属性是面向对象分析中建立信息模型的重要问题。识别系统中的对象及其属性的基本依据是系统的初始描述。系统初始描述中的名词、名词词组可能是对象的名称、对象的属性名称，或其他对象与属性的同义词。同义词在分析中应删除掉。属性应与现有的对象相联系。识别出系统中的对象及其属性后，还要对其进行检验和筛选。检验和筛选的依据是这些对象和属性对软件实现是否有用。

（2）识别系统中对象之间的关系。关系发生在两个或多个相关的对象之间。其识别完全依赖于系统的初始描述及其含义。在初始描述中，动词、介词词组常常隐含着两个对象间的关系及其名称、含义。在识别系统对象之间的关系过程中，要特别注意有"父子"（或"继承"）关系的对象，因为这往往意味着软件开发过程中的可重用性部分。

（3）画出信息结构图。识别出系统中的对象、属性和关系之后，便可着手画出系统的信息结构图或信息结构概图。

3）建立状态转换模型和处理模型

（1）对象的状态

信息模型一旦建立起来，人们便会注意到，某些对象的实例可被认为经历着一种"生命周期"，我们以银行存取款柜台业务为例来进行分析。在面向对象的分析方法中账户很显然是一个对象,而且正经历着它的生命周期。起初,账户可能被认为是不存在的,然后出现顾客,并进行了存款,账户便存在了。在这种状态,顾客可能又进行存款或取款,直到账户结余小于或等于零,这时账户被认为是处于一种不同的状态——超支状态。此时只能接收存款,不能接受取款。使得结余为正的一次存款将改变账户的状态。最后,顾客取消账户,使账户达到另一种状态——关闭状态。换句话说,账户的生命周期已经结束,不再存在了。

(2) 状态转换图

生命周期的概念可借助于状态模型被形式化。状态模型可用状态转换图来表示。状态转换图由开始状态、结束状态、稳定状态、不稳定状态、事件、行为(即活动)和表示状态转移顺序的箭头组成。状态转换图上出现的箭头表示转换。当一个事件出现时,发生状态转换。事件写在转换附近,说明是引起转换的事件。事件可能是其他对象产生的,也可能是对象自己产生的。只要引起转换的事件各不相同,那么对于一个给定的状态,可能发生多个转换,也可能发生这样的转换:从一个状态出发又回到原来的状态。

状态转换图最后的组成部分是行为。行为的主体是对象,行为与状态相关联,表示当对象接受消息后所产生的动作,该动作使对象进入对应的状态。因此,在状态入口处,所有相关的行为都有可能发生。不可能将所有的有关事件、状态、行为等有用的说明信息都写在一张状态转换图上,所以有必要用其他描述手段补充说明更详细的信息。另外,还要编写类似上面那样的事件、行为、状态关系说明文件。

当建立了信息模型中所有对象的状态转换模型后,要根据信息模型中建立的对象的关系,审核各状态图之间的联系,主要是查找是否有无源事件,即没有任何行为(活动)导致产生的事件。这可能是由于在定义活动时的疏忽引起的。

最后说明一点,对于任何具有生命周期的对象,在信息模型中都包含一个状态属性,此属性的值域只不过是在相应的状态模型中所出现的一系列状态。

(3) 处理模型

当观察状态模型中的行为时,很快就会发现,它们隐含着"处理"或"数据转换"的性质。可以用第 3 章中介绍过的数据流程图对其进行描述。数据流程图用来揭示状态模型行为的细节问题,它由数据流、处理、存储构成。存储直接由信息模型中的对象转化而来,并可命名为相应的名称,可以将存储看作表格,已经填满数据,表示存在的实例。

数据流是数据的活动单元——数据集,包括命名的属性。当一个数据流"到达"时,作用于处理,处理也可从存储中取得数据完成其工作。每个数据都是一个属性值,其含义已在信息模型中定义了。基于这个原因,提供一个单独的"数据字典"就没有必要了。如果数据流程图不是以信息模型为基础的,情况就不一样了,必须单独提供一个"数据字典"。

为了确切地说明一个处理必须做的事情,可以为每个处理提供一个详细的说明。处理说明可以用各种表示方法和语言来描述,中心的问题是所选择的语言或形式要适合处理的描述。在某些情况下,处理非常简单或明显,以至于根本不用描述。

4) 小结

分析模型描述了问题的概念单元、每个概念单元实例经历的生命周期以及驱使每个单元经历其生命周期所需的事件和处理。问题的这些方面在信息模型、状态模型和数据流程图或称处理模型中被表达出来。依靠信息模型进行模型的集成,信息模型为其他两个模型提供了基础,如下所述:

(1) 为对象建立的状态模型展示了对象实例的生命周期或运行周期;

(2) 状态转换驱使行为发生,这些行为在数据流程图上表现处理;

(3) 信息模型中的每个对象变成了数据流程图中的一个存储;

(4) "处理"接收和产生在信息模型中所定义的数据;

(5) "处理"可能产生状态模型中的事件,而事件都是在处理过程中产生的。这个处理过程既有可能是其他对象的,也有可能是对象自己的。

正是上述这些信息、状态和处理之间的关系构成了分析阶段的全部过程和结构。

3. 面向对象的系统设计方法

面向对象系统设计的依据,就是面向对象系统分析所产生的分析模型:信息模型、状态转换模型和处理模型。本小节简要讨论面向对象的系统设计方法。

系统设计阶段不是设计具体的某个程序,而是制定各种原则,从系统整体的角度规划程序、数据和操作。它包括的系统问题有:①组织共享数据的系统性规则是什么? ②控制系统存取的系统性规则是什么? ③系统中程序共同遵守的规则是什么? ④系统中需要什么数据? ⑤将要求的处理过程划分成程序的基本原则是什么? ⑥需要建立哪些程序?

面向对象的系统设计需要做如下工作:外部说明、软件结构设计、信息量设计、数据结构设计、划分程序。下面分别介绍。

1) 外部说明

通过面向对象的系统分析,形成了一个抽象的系统模型,它是一个基于信息的实体,能够以一种系统的、确定的、可预见性的方式响应输入和激励,但是并没有说明计算机是如何参与进去的。从处理角度看,分析文件并没说明哪一个处理由计算机执行,哪一个处理由人来执行。外部说明阶段的目的就是决定计算机应该做什么和不应该做什么。

到目前为止,还没有任何系统性的方法来进行外部说明,因为这确实是一件很复杂的工作,涉及整个计算机系统实现的可能性、实现的费用、实现的时间、实现的可靠性等问题。尽管如此,建立外部说明仍有两种思路可供选择。

第一,将计算机系统看成"黑箱",找出"黑箱"之外的外部事件并对其进行分析,从而逐步明确人机之间的界面,分清各自的处理任务。由于面向对象分析方法提供的信息模型、状态模型和处理模型清楚地揭示了问题的内在约束和使任何特定事件成为外部事件的含义,所以面向对象分析方法的成果能为外部说明工作提供强有力的支持。

第二,从被放入计算机内部的抽象系统模型入手,也可建立外部说明。其所涉及的问题是:自动系统的范围是什么? 自动系统将进行什么样的操作?

除完成逻辑上的功能分析之外,在外部说明阶段还要完成如下工作:①屏幕设计;②报表格式设计;③其他自动系统界面的详细设计;④操作员的操作规程。

2) 软件结构设计

这一步要解决的问题是:①组织和存取共享数据;②如何触发程序;③对程序所作的某种必要的约定。这些约定与程序之间的界面有关,是从数据组织、数据存取和程序触发规则转化而来的。例如,可能要确定数据库系统,用来组织和控制存取共享数据;被终端程序在任何时候都能援引的程序;对程序所作的必要的约定等。

3) 信息量设计

系统的信息量设计要确定自动系统所需的信息量。通过考察数据流程图,确定处理过程所需要的数据,就可以很容易地确定系统所需的信息。考察结果用精化的信息模型来表达。

精化的信息模型中的每一个属性,都是自动系统中某一个处理过程所必须的。在原来的信息模型中,如果有些属性没有任何处理过程引用,将被去掉。如果一个对象的所有属性都被去掉了,那么此对象本身也就被去掉了。当去掉一个参考性属性时,意味着没有任何处理过程使用相应的关系,自动系统不会察觉到在现实世界中存在着这样的一个关系,此关系就被去掉了。

4) 数据结构设计

这一步将把概念上的数据结构转化为实现所用的数据结构。这一结构或者决定于数据库管理系统所支持的统一结构,被多个程序存取,或者决定于单个程序所具有的数据结构。

在许多应用中,最重要的是数据的存取结构。为了确定一个合适的结构,应该考察系统中的处理过程,用以确定:①关系被处理过程单方向引用还是双方向引用;②处理过程访问对象和关系的频率;③什么时候进行处理操作。

在进行数据结构的设计中,必须进行综合考虑,精化的信息模型提供了一个建立数据结构的可能方法。这种结构具有最小的数据冗余,并且能够对所有的数据元素进行平衡存取,也就是说,这种结构能用大致相等的搜索次数搜索所有关系中的数据。对这种结构作任何变化均会增加数据冗余,并且使得存取某些关系中的数据更容易,存取其他关系中的数据更困难。作为一般规则,设计的数据结构要能最大限度地反映精化的信息模型,而仍能满足处理过程的要求。

5) 划分程序

为了得到一个紧凑、清楚的系统,应该建立一条原则将要建立的处理过程划分成程序段。面向对象系统设计中的一个最自然的程序划分方式是将分析模型中的每个状态模型写一段面向对象的程序,也就是用面向对象的程序设计方法分别实现一个个对象。另外,在面向对象的系统设计中,应充分考虑程序的可重用性问题,这样可以加快开发过程。

可重用性是面向对象技术的重要特性和主要优势之一,这种重用性不仅包括数据的重用,还包括处理过程的重用。在软件开发过程中,可重复使用的程序或程序段称为可重用资源。可重用资源有用户根据自己的应用自行开发的,也有由第三方软件厂家开发的通用资源。后者数量大,质量高,应用的涉及面广,是软件开发的宝贵财富。目前市场上的这类产品大都支持面向对象的开发。因此,划分程序的另一项工作就是产生系统的可重用成分,并将其分离出来。

在环境信息系统的开发设计过程中,利用面向对象的思想和分析设计方法,再结合第 3 章中系统开发的其他有关步骤,如需求分析、系统测试等,即可完成基于面向对象方法的环境信息系统开发工作。

5.5 "3S"技术在环境信息系统中的应用

"3S"技术指的是 GPS(全球定位系统)、GIS(地理信息系统)和 RS(遥感系统),是现代空间信息研究的先进技术。由于大量环境信息本身具有很强的空间属性,"3S"技术必然会成为建设环境信息系统不可或缺的技术手段。

1. 遥感技术

遥感(remote sensing,RS)一词源于美国,是 20 世纪 50 年代以来新发展起来的一种科学技术。其最初含义是以非摄影方式获取被测目标的数据或图像,后来为了概括全部摄影与非摄影方式,美国人布鲁依特(Pruitt E L)在 1960 年提出用"遥感"代替常规航空摄影的概念。1962 年,在美国召开的"环境科学遥感讨论会"上,"遥感"一词被正式引用。

遥感技术的本质是在一定距离以外感测目标的信息,通过对信息的分析研究,确定目标物的属性及目标物之间的相互关系。也就是说,不与目标接触,凭借目标发出的某些信息来识别目标。

现代遥感技术是模仿自然界中动物的遥感而来。由于只有电磁波遥感技术可将地面目标信息转换成图像,现代遥感技术主要指电磁波遥感。其基本作业过程是:在距地面几公里、几百公里甚至上千公里的高度上,以飞机、卫星、气球为观测平台,使用光学、电子学和电子光学探测仪器,接收目标物反射、散射和发射的电磁辐射能量,以图像胶片或数字磁带形式记录,然后把数据传送到地面接收站,最后将数据加工处理成用户需要的遥感资料产品。

从遥感像片(图像)可以辨别出很多信息,如水体、植被、土地、山地等,还可以辨别出较小的物体,如一棵树、一个人、一条交通标志线、一个足球场内的标志线等。这使得遥感可以在许多领域得到应用。据统计,有近 30 个领域、行业都能用到遥感技术,如陆地水资源调查、土地资源调查、植被资源调查、地质调查、城市遥感调查、海洋资源调查、测绘、考古调查、环境监测和规划管理等。

常用的遥感数据包括美国陆地卫星(Landsat)TM 和 MSS 遥感数据、法国SPOT 卫星遥感数据和加拿大 Radarsat 雷达遥感数据。

中国的遥感科学技术事业起步于 20 世纪 70 年代末期。据不完全统计,近三十年来,我国已建立了 10 多个卫星遥感地面接收站,160 多个遥感机构,400 多家地理信息服务企业,数十所大学设置了有关的专业。

我国在遥感技术研究方面已经进入国际先进行列。从 20 世纪 80 年代后期至今,已先后成功发射"风云 A～D"系列气象卫星、中国和巴西合作研制的 2 颗资源卫星 CBERS、海洋卫星、"航天清华一号"对地观测小卫星等。近几年又相继成功发射了神舟系列飞船。

随着环境卫星计划、探月工程和机载对地观测与实验体系的进一步开展,未来十几年里,我国的遥感研究和应用水平将得到大幅度的提高。这将为遥感技术在我国环境领域的应用创造新的条件。

2. 全球定位系统

GPS 全球定位系统(global positioning system,GPS)是由 24 颗人造卫星和地面站组成的全球无线导航与定位系统。由美国自 20 世纪 70 年代开始研制,历时20 年,耗资 200 亿美元,于 1994 年全面建成,是具有在海、陆、空进行全方位实时三维导航与定位能力的新一代卫星导航与定位系统。

该系统由空间部分、地面监控部分和用户接收机三大部分组成。其中,地面监控部分包括四个监控站、一个上行注入站和一个主控站。监控站设有 GPS 用户接收机、原子钟、收集当地气象数据的传感器和进行数据初步处理的计算机。监控站的主要任务是取得卫星观测数据并将这些数据传送至主控站。主控站设在范登堡空军基地。它对地面监控部实行全面控制。主控站的主要任务是收集各监控站对GPS 卫星的全部观测数据,利用这些数据计算每颗 GPS 卫星的轨道和卫星钟改正值。上行注入站也设在范登堡空军基地。它的任务主要是在每颗卫星运行至上空时把这类导航数据及主控站的指令注入到卫星。这种注入对每颗 GPS 卫星每天进行一次,并在卫星离开注入站作用范围之前进行最后的注入。

GPS 卫星的分布使得在全球的任何地方,在任何时间都可观测到四颗以上的卫星,并能保持良好定位解析精度。根据"三角测量"原理,GPS 信号接收机可以输出地面任何地点的位置信息。现在这些位置信息已经广泛地用于大地测量、工程测量、航空摄影测量、地壳运动监测、工程变形监测、精细农业、个人旅游及野外探险、紧急救生和车辆、飞机、轮船的导航与定位等众多领域。

全球定位系统具有性能好、精度高、应用广的特点,是迄今为止最好的导航定位系统。随着全球定位系统的不断改进,硬、软件的不断完善,其应用领域正在不断地开拓,目前已遍及国民经济各种部门,并开始进入人们的日常生活(例如无线通信服务)。

在我国,GPS 技术已在交通导航、通信定位等许多领域得到了应用,并具有越来越广阔的前景。我国的 GPS 技术研究起步较晚,但已取得了令人瞩目的成就。早在 20 世纪 60 年代末,我国就开展了卫星导航系统的研制工作,但由于多种原因而夭折。在自行研制"子午仪"定位设备方面起步较晚,以致后来使用的大量设备中,基本上依赖进口。70 年代后期以来,国内开展了探讨适合国情的卫星导航定位系统的体制研究。先后提出过单星、双星、三星和 3-5 星的区域性系统方案,以及多星全球系统的设想,并考虑到导航定位与通信等综合运用问题。由于种种原因,这些方案和设想都没能够实现。2000 年和 2003 年,我国先后成功发射了三颗"北斗"导航定位卫星,组成了完整的卫星导航定位系统,能够确保全天候、全天时提供卫星导航信息。运行至今,导航定位系统工作十分稳定,状态良好。这标志着我国成为继美国全球卫星定位系统(GPS)和前苏联的全球导航卫星系统之后,在世界上第三个建立了完善的卫星导航系统的国家。该系统的建立对我国国防和国民经济建设都将起到积极作用。系统的主要功能有:①定时,快速确定用户所在地的地理位置,向用户及主管部门提供导航信息;②通信,用户与用户、用户与中心控制系统间均可实现双向简短数字报文通信;③授时,中心控制系统定时播发授时信息,为定时用户提供时延修正值。

3. 地理信息系统

地理信息系统(geographic information system ,GIS)是介于信息科学,空间科学和地球科学之间的交叉学科。由计算机系统、各种地理数据和用户组成,通过计算机对各种地理数据统计、分析、合成和管理,生成并输出用户所需的各种地理信息,从而为土地利用、资源管理、环境监测、交通运输、经济建设、城市规划以及政府各部门行政管理提供新的知识,为工程设计和规划、管理决策服务。

地理信息系统作为一种学科,在 20 世纪 60 年代初萌芽于加拿大,是随着地理科学、计算机技术、遥感技术和信息科学的发展而发展起来的。在计算机发展史上，计算机辅助设计技术(CAD)的出现使人们可以用计算机处理图形数据。图形数据的标志之一就是图形元素有明确的位置坐标，不同图形之间有各种各样的拓扑关系。简单地说，拓扑关系指图形元素之间的空间位置和连接关系。简单的图形元素主要由点、线、多边形等组成。点有坐标$(X，Y)$；线可以看成由无数点组成，其位置可以表示为一系列坐标对$(X_1，Y_1)，(X_2，Y_2)，\cdots，(X_n，Y_n)$；而平面上的多边形可以认为是由闭合曲线形成的范围。图形元素之间有多种多样的相互关系，如一个点在一条线上或在一个多边形内，一条线穿过一个多边形等。用计算机把这些数据管理起来，就成为一个最简单的地理信息系统。它由计算机、地理信息系统软件、空间数据库、分析应用模型和图形用户界面及系统人员组成。

在实际应用中，一个地理信息系统要管理大量十分复杂的数据，可能有几万个多边形、几万条线、数十万个点，还要计算和管理它们之间各种复杂的空间关系。这说明地理信息系统就是利用现代计算机图形技术和数据库技术，输入、存储、编辑、分析、显示空间信息及其属性信息的地理资料系统。

在地理信息系统中存储和处理的数据可分成两类：一类是反映事物地理空间位置的信息，称空间信息或空间数据，也称地图数据或图形数据。第二类是与地理位置有关的反映事物其他特征的信息，称属性信息或属性数据，也可称为文字数据或非图形数据。通过 GIS 系统对这两类信息的特有管理方式，在它们之间建立双向对应关系，实现图形和数据的互查互用。

GIS 技术发展十分迅速，目前已成功地应用到一百多个领域。目前世界上常用的 GIS 软件已达 400 多种。它们大小不一、风格各异。国外较著名的有 ARC/INFO、GENAMAP、MGE 等；国内较著名的有 MAP/GIS、GEOSTAR 和 CITYSTAR 等。运用 GIS，国内外已经建立起一系列专题信息系统和区域信息系统。专题信息系统如水资源管理信息系统、矿产资源信息系统、草场资源信息系统、水土流失信息系统和电信局 GIS 系统等。区域信息系统如加拿大国家信息系统、美国 Oakridge 地区模式信息系统等。

国内在地理信息系统方面的工作自 20 世纪 80 年代初开始，通过多年的努力，在全国性应用、区域规划管理和决策中取得了实际的经济效益。自 90 年代开始，步入快速发展阶段，执行地理信息系统和遥感联合科技攻关计划，强调地理信息系统的实用化、集成化和工程化。总之，中国的地理信息系统的研究和应用正逐步形成行业，具备了走向产业化的条件。

4. "3S"技术在环境信息工作中的应用

"3S"技术是空间信息处理领域的先进工具，它们为人类由客观世界到信息世界的认识、抽象过程以及由信息世界返回客观世界的利用和改造过程的发展和转化,创造了空前良好的条件和环境。"3S"技术几乎可应用于所有涉及空间信息的领域,例如陆地水资源调查、土地资源调查、植被资源调查、地质调查、城市遥感调查、海洋资源调查、测绘、考古调查、环境监测和规划管理、气象预报、灾害预报等。

在环境信息工作中,"3S"技术主要应用于信息采集、分析和管理。其中,遥感技术和全球定位系统为信息采集,特别是复杂环境或超远、超高距离条件下的信息采集提供了实用的工具。事实上,当前许多环境信息系统的数据主要来源于 RS 或 GPS 技术,例如资源环境信息系统。

地理信息系统在环境信息系统中的应用更为广泛,因为其本身就是一种环境信息系统。它对于空间、地理信息的分析处理和管理能力,使其成为了环境信息系统中的一个重要研究方向。地理信息系统能够以多种方式录入地理数据,以有效的数据组织形式进行数据库管理、更新、维护、进行快速查询检索,以多种方式输出决策所需的地理空间信息。GIS 不仅可以对地理或空间数据进行编码、存储和提取,而且还是现实世界模型,可以将对现实世界各个侧面的思维评价结果作用于其上,得到综合分析评价结果;也可以将自然过程、决策和倾向的发展结果以命令、函数和分析模拟程序作用于这些数据上,模拟这些过程的发生发展,对未来的结果作出定量的和趋势预测,从而预知自然过程的结果,对比不同决策方案的效果以及特殊倾向可能产生的后果,以作出最优决策,避免和预防不良后果的发生。如 GIS 在土地信息和土壤保护中的应用。此外,GIS 的空间查询和空间分析功能、制图输出功能、空间信息融合技术等都具有广泛的应用前景。

近年来,"3S"技术在环境领域的作用越来越受到重视。但更多的时候,它们是结合起来应用的,这也是由它们的特点和相互之间的联系所决定的。

"3S"集成应用以 GIS 为核心,利用 RS 大范围、廉价和快速获取数据的能力,结合 GPS 的精确定位能力,可以解决 GIS 应用中地图数字化这一瓶颈问题,而且扩展了 GIS 在实时监测和实时分析决策方面的能力。GPS、GIS、RS 的结合应用能够大大提高人们认识和解决环境问题的能力,在研究大至全球气候变化,小到工程选址等问题上,都能发挥其强大的功能。

5.6　最新信息技术在环境信息系统中的应用

信息技术是人类在生产活动和科学实验中认识自然和改造自然所积累起来的获取信息、传递信息、存储信息、处理分析信息以及使信息标准化的经验、知识和技能。信息技术主要包括信息获取技术、信息传递技术、信息存储技术、信息处理分析技术和信息标准化技术。信息技术发展到二十一世纪,已紧紧地和计算机技术、通信技术结合在一起。其中,许多最新的信息技术已开始或必将在环境信息系统领域得到应用,包括:Internet/Intranet 技术、数据仓库技术、群件技术、数据挖掘技术、联机分析处理技术、网络多媒体技术、计算机通信技术等。以下分别给出简单的介绍。

1. Internet/Intranet 技术

Internet/Intranet 技术已不可逆转地成为今后信息系统的生长点,在建设环境信息系统中不可能回避这一对人类信息交流方式产生前所未有影响的技术。事实上,由于这一技术具有开放性强、费用低、简单易用、资源丰富等无可比拟的优越特性,它们也必将为环境信息系统的发展发挥巨大的推动作用。在 5.1 节中已专门介绍了有关知识,在此不再重复。

2. 数据仓库

在建立信息系统(特别是决策支持系统 DSS)的过程中,越来越多的人们认识到目前的 RDBMS 难以满足数据的合成、分析和综合,体现在数据质量差、数据访问效率低、数据处理效率低等几个方面。数据仓库就是在这种情况下发展起来的一种通畅、全面、合理的信息管理技术,它直接为决策支持服务,很大程度上解决了传统 DSS 难以建设的问题。

本质上讲,数据仓库就是大型的、综合性的数据库,是存储供查询和决策分析用的集成化信息仓库。它以传统的数据库技术作为存储数据和管理资源的基本手段,以统计分析技术作为分析数据和提取信息的有效方法,以人工智能技术作为挖掘知识和发现规律的科学途径,通过对原有数据进行抽取、转换、装载形成真实、全面、统一的数据,并通过联机分析处理技术、数据挖掘等技术来实现决策支持、客户关系管理(CRM)、商业智能(BI)等一系列应用。

数据仓库具有两大功能:①数据仓库从各信息源提取出所需要的数据,经加工处理后,存储起来;②直接在数据仓库上处理用户的查询和决策分析请求,尽量避免再去访问信息源。

数据仓库具有以下特点:

(1) 面向对象。对象是数据和方法的统一体,数据仓库通过对象概念包容实体之间的联系和时间跨度等复杂性,这可通过元数据层来实现。

(2) 集成性。数据集成表明数据在结构上具有综合性,在语义上具有异构性,它要求在数据进入数据仓库之前把数据集成化,同化成具有统一编码规则、统一计量规则和统一命名规则的"同语义"数据。

(3) 时间跨度性。在数据仓库里的数据不是一个时刻的数据,而是一个时间段的数据,所以在实现数据仓库时必须有一个时间维。

(4) 操作的只读性。数据仓库中数据是通过一个"快照"操作成批地从联机分析处理系统中载入,而数据仓库本身一般是只读的,无需设立锁定机制,因此大大简化了数据仓库的并发控制,加速了访问速度。

数据仓库提供集成化和历史化的数据,能集成种类不同的应用系统。它从发展和历史的角度组织和存储数据,以供分析处理之用。数据仓库的相关技术包括联机分析处理技术、多维数据库技术(包括数据的旋转和切片)、数据泵技术、数据挖掘和数据提炼等方面。

3. 群件技术

群件是利用计算机和通信网络为群体提供使之可协同工作的系统,它建立在以下五种技术的基础上:多媒体文档管理、工作流、电子邮件、电子会议和计划图表。

由于传统 RDBMS 对于文档数据库处理能力很低,例如无法完成全文检索等常见操作,同时难以方便地支持群体间的协同工作。而群件技术在这两方面正是所长,同时集成了电子邮件等通信功能,因此在解决办公自动化等方面有其独特的优势:

(1) 多媒体文档管理可以维护和检索办公活动中发生的一切信息;

(2) 工作流可以定义完成某项业务活动需要经过的场点和操作以及例外处理;

(3) 电子邮件提供了按工作流传递信息的方法;

(4) 电子会议允许成员之间参与小组讨论,以加强交流和提高效率;

(5) 计划图表可以完成日程安排和控制项目的进展。

群件应用的几项关键技术包括:全文检索、电子签名、身份验证、信息加密和多服务器的数据复制。

4. 数据挖掘

数据挖掘是从大量的、不完全的、有噪声的、模糊的、随机的数据集中识别有效的、新颖的、潜在有用的,以及最终可理解的模式的非平凡过程。它是一门涉及面很广的交叉学科,包括机器学习、数理统计、神经网络、数据库、模式识别、粗糙集、模糊数学等相关技术。

数据挖掘是一门受到来自各种不同领域的研究者关注的交叉性学科,因而导致了很多不同的术语名称。其中,最常用的术语是"知识发现"和"数据挖掘"。相对来讲,数据挖掘主要流行于统计界(最早出现于统计文献中)、数据分析、数据库和管理信息系统界;而知识发现则主要流行于人工智能和机器学习界。数据挖掘可粗略地理解为三部曲:数据准备、数据挖掘和结果的解释评估。

根据数据挖掘的任务可将它分为分类或预测模型数据挖掘、数据总结、数据聚类、关联规则发现、序列模式发现、依赖关系或依赖模型发现、异常和趋势发现等。

根据数据挖掘的方法可将它分为统计方法、机器学习方法、神经网络方法和数据库方法。统计方法可细分为回归分析(多元回归、自回归等)、判别分析(贝叶斯判别、费歇尔判别、非参数判别等)、聚类分析(系统聚类、动态聚类等)、探索性分析(主元分析法、相关分析法等),以及模糊集、粗糙集、支持向量机等。机器学习可细分为归纳学习方法(决策树、规则归纳等)、基于范例的推理 CBR、遗传算法、贝叶斯信念网络等。神经网络方法可细分为前向神经网络(BP 算法等)、自组织神经网络(自组织特征映射、竞争学习等)等。数据库方法主要是基于可视化的多维数据分析或 OLAP 方法。

据专家预测,随着数据量的日益积累以及计算机的广泛应用,数据挖掘将在中国形成产业。2000 年 7 月 IDC(international data center/committee)发布了关于信息存取工具市场的报告,1999 年的数据挖掘市场估计值大概为 7.5 亿美元,估计在下个 5 年内的年增长率可达到 32.4%。这充分表明了该技术的应用前景。

5. 联机分析处理

联机分析处理(on-line analytical processing,OLAP)并不是一个新的概念,但直到不久前才将 OLAP 这一名称赋予该技术。1993 年,E F Codd 博士(关系数据库模型的发明者)在他的白皮书 *Providing OLAP to User Analysis:An IT Mandate* 中提出了这个术语,并设计了 12 条规则,定义了 OLAP 的应用特征。后来,Pendse N 等的 OLAP 报告中利用所谓的 FASMI 测试精练了 Codd E F 的定义。该报告指出,OLAP 应该提交对共享的多维信息的快速分析,含义是:

(1) 快速,以相当固定的速度向用户提交信息,大多数查询应当在 5 秒或更短的时间内提交用户;

(2) 分析,执行对数据的基本数字和统计分析,可由程序设计人员或使用人员预先定义;

(3) 共享,在大量用户间实现潜在的共享秘密数据所必须的安全性需求;

(4) 多维,这是 OLAP 的基本特征;

(5) 信息,访问应用程序必须的、相关的所有数据和信息,而不管其驻留在何处,并不受卷的限制。

6. 网络多媒体技术

随着 Internet 的迅速发展,传统的基于文本的应用逐渐被多媒体技术的应用所代替,以下是 Internet 上常见的多媒体形式。

(1) 超文本技术:在 HTML 的文本里嵌入各种链接,这些链接可以是另一个 HTML。文件或文本、语音、图形、图像等。因此用 HTML 可描述图、文、声并茂的画面,用户可以方便地选择需要的信息。

(2) 语音通信:基于 Internet 的语音通信可分为两种,即非交互的语音通信和交互的语音通信。前者是把语音文件传到本地然后播放出来,后者包括实时语音广播和 Internet 上的电话通信。

（3）视频通信:基于 Internet 的视频通信主要包括视频会议系统。这类应用对信道速率要求较高,在 Internet 上实现有一定困难,目前仍主要应用于局域网中。

（4）VRML 和三维动画技术:虚拟现实建模语言 VRML 是一种将三维数据应用在 Web 上的规范说明,是一种描述通过 Internet 访问虚拟世界的语言,通过VRML 不仅可以描述静态的事物,还可以制作具有复杂动态交互的仿真环境,给用户一种亲临现场的真实感和体验。

7. 计算机通信技术

由于 Internet 的繁荣,近几年计算机通信发展的热点集中在全域联网上。从PSTN（公用电话网）、X.25分组交换网、ISDN（综合业务数字网）到帧中继、ATM、SMDS（交换多兆位数据服务）,新技术层出不穷。由于 PSTN 费用低,所以很现实地可以应用到环境信息系统的远程通信中;X.25和帧中继适用于突发网络流,并且价格不高,因此可以用于环境信息系统的客户/服务器的文件传输;若要开展视频会议等对带宽要求较高的多媒体应用,至少应选择 ISDN,或者带宽更高的专线连接;ATM 技术的出现改变了人们对网络的传统认识,由于其特有的以信元为单位的交换方式,可以在信元内携带任何类型的信息（如视频、语音、图像等多媒体信息）,它通过 ATM 交换机建立源与目的之间的连接,具有可延展性和灵活性。因此,ATM 被普遍认为是网络发展的方向和目标。

近几年,随着网络传输速度的迅速提高,宽带网技术开始走向成熟和普及。过去大部分用户通过电话线上网,其传输速率只有 64K,而宽带网能够为用户提供10～100 兆的网络带宽,上网速度将是电话上网的 100 倍以上,可同时为多人提供方便快捷的网上视频点播、可视电话、视频会议、电子商务、网上物业办公、远程医疗、远程教育等服务。

计算机通信热点技术还包括网管技术、网络交换技术、线缆 Modem 技术、虚拟网络技术和个人卫星通信设备等。这些技术的不断发展将十分有利于人们充分地利用计算机技术为环境信息管理服务。

上述新的计算机通信技术对于环境信息系统的开发设计和环境信息公开与共享都有着十分重要的意义,也将使成功建设全球环联网的环境信息系统成为可能。

展望未来,环境监测、环境信息收集与处理以及环境信息系统设计技术都将得到迅速发展,环境信息系统也将成为一个广义的信息系统概念,其内涵可能超越环境信息管理这一领域,而把环境信息监测、采集、处理、分析、预测、辅助决策、公开和共享等众多功能集于一身,形成一个以计算机网络为主要平台、以环境信息为核心的综合系统。

习　　题

一、选择题

1. 英文缩写"MAN"指的是(　　　)。

    A. 局域网　　　　　　　　　　B. 城域网

    C. 广域网　　　　　　　　　　D. 增值网

2. Internet 的基本功能包括(　　　)。

    A. 搜索引擎　　　　　　　　　B. 电子邮件

    C. 远程登录　　　　　　　　　D. 文件传输

3. 面向对象的系统开发方法中,识别对象应在什么阶段完成(　　　)。

    A. 系统调研　　　　　　　　　B. 系统描述

    C. 建立信息结构图　　　　　　D. 建立状态转换模型

4. "3S"技术指的是(　　　)。

    A. GIS　　　　　　　　　　　B. RS

    C. GEMS　　　　　　　　　　D. GPS

5. HTML 是一种(　　　)。

    A. 应用程序　　　　　　　　　B. 传输协议

    C. 文档格式化语言　　　　　　D. 网络资源定位器

二、简答题

1. 列举 5 种应用于环境信息系统开发的新技术(作简要说明)。

2. 如何建立一个企业内部网?

3. 面向对象的系统开发方法有何优缺点?

4. 实行环境信息公开的作用何在?

三、叙述题

1. 结合 Internet 的新发展,预测网络与未来的环境信息系统的关系。

2. 结合实际,分析我国环境信息系统建设中应如何综合应用"3S"技术。

3. 在查阅有关资料的基础上,对比分析国内外环境信息公开的发展状况。

参 考 文 献

陈明亮等. 2001. 国家环境监理信息系统的开发. 西安交通大学学报. 21(1):48~52

冯博琴等. 2003. 面向对象分析与设计. 北京:机械工业出版社

国家环保局计划司. 1996. 环境信息国际研讨会论文集. 北京:环境科学出版社

环境科学研究编辑委员会. 1991. 环境科学研究第四卷. 北京:环境科学出版社

姜旭平. 1997. 信息系统开发方法. 北京:清华大学出版社

金勤献. 1995. 中国环境管理信息系统战略规划研究. 清华大学硕士学位论文

联合国环境规划署网站 http://www.unep.org

刘毅斌. 1994. 环境管理信息系统的数据系统规范化研究. 清华大学硕士学位论文

刘勇. 1997. 区域环境资源信息管理研究——以白山市为例. 清华大学硕士学位论文

王华等. 2002. 环境信息公开理念与实践. 北京:环境科学出版社

王泽华等. 2001. 国家环境监理信息系统的研制. 环境科学学报. 21(3):378~381

魏军等. 1999. 管理信息系统. 北京:国防工业出版社

谢卫. 1997. 环境信息系统集成研究. 清华大学硕士学位论文

薛惠锋等. 2001. 资源环境信息化工程. 西安:陕西科学技术出版社

岳剑波. 2001. 信息管理基础. 北京:清华大学出版社

张建中. 1993. 江苏省环境信息系统数据库 JSEIS 设计与实施. 清华大学硕士学位论文

张为民. 2002. 信息系统原理与工程. 北京:电子工业出版社

中国国家环境保护总局网站 http://www.zhb.gov.cn

附录 1

《环境信息管理办法》(试行)

第一章 总 则

第一条 为了加强对环境信息资源的管理,进一步开发和利用环境信息资源,保障环境信息工作的健康发展,为各级政府决策提供环境信息支持和服务,制定本办法。

第二条 本办法适用于各级环境保护行政主管部门及其所属企事业单位。

第三条 本办法所指环境信息包括:环境质量、自然环境、环境污染源、环境管理业务和政务、环境保护技术以及环境背景信息等。

第四条 环境信息管理工作实行"统一领导,统筹规划、统一标准、分级管理、资源共享"的指导原则。

第五条 环境信息管理工作的主要任务是:依据有关法律、法规和各级政府对环境保护工作的要求,制定并实施环境信息工作规划;制定并实施环境信息标准和技术规范;组织开发和利用环境信息资源;组织建设环境信息网络,维护环境信息网络的正常运行。

第二章 环境信息管理机构

第六条 国家环境信息工作实行分级管理,由国家、省(自治区、直辖市)、市、县四级组成。国家环境信息工作由国务院环境保护行政主管部门实行归口管理,地方各级环境保护行政主管部门负责所辖地区环境信息管理工作。

第七条 各级环境信息中心是环境信息的支持单位和网络中心,由同级环境保护行政主管部门领导,并接受上级环境信息中心的业务指导。

第八条 国务院环境保护行政主管部门负责组织建设全国环境信息网络,制定国家环境信息化规划,制定国家环境信息标准和技术规范,监督、指导各级环境信息工作。

第九条　国务院环境保护行政主管部门信息中心是全国环境信息网络中心，负责实施国家环境信息化规划和工作计划，编制环境信息标准和技术规范，维护全国环境信息网络的正常运行，提供有关的环境信息技术服务，承担其他全国环境信息技术工作。

第十条　地方各级环境保护行政主管部门负责本地区环境信息网络的建设，依据国家环境信息化规划，制定本地区的环境信息化规划、工作计划和规章制度，组织、协调当地环境信息工作。

第十一条　地方各级环境信息中心负责实施本地区环境信息化规划和工作计划，执行全国环境信息标准和技术规范，负责建设本地区环境信息网络，维护本地区环境信息网络的正常运行，提供有关的环境信息技术服务，承担其他环境信息技术工作。

第三章　环境信息的收集加工与应用

第十二条　各级环境保护行政和事业单位应根据所承担的数据采集职能将有关环境信息按规定通过环境信息网络汇集到同级环境信息中心，各级环境信息中心负责整理、汇总，各级环境保护行政主管部门内设的各有关职能机构负责审核。

第十三条　各级环境信息中心应按照环境信息标准和技术规范及数据传输标准配置硬件和系统软件，编制应用软件，加工和传输规范化的环境信息，维护和管理辖区的环境信息网络，并将有关信息报上级环境信息中心。

第十四条　国务院环境保护行政主管部门信息中心指导有关职能机构整理、加工和传输规范化的环境信息，维护和管理国家环境信息网络。

第十五条　国务院环境保护行政主管部门根据各级环境保护行政主管部门及其企事业单位的职能，授予不同的用户信息访问权限。用户权限通过用户账户和口令来实现。

第十六条　国内外其他机构需要使用环境信息，可向当地环境保护行政主管部门提出书面申请，经批准后，由当地环境信息中心授予所需环境信息的访问权限和使用时间，并报国务院环境保护行政主管部门备案。

第十七条 国家环境信息网络对各级环境保护行政主管部门及其企事业单位无偿开放。各级环境信息中心根据有关法规,可向国内外有偿提供环境信息服务。

第十八条 凡要在国家环境信息网上运行的应用软件,必须由使用单位提出书面申请,同级环境保护行政主管部门负责审批和立项,并组织开发和验收,经验收合格后,准许在网上运行。

第十九条 本办法颁布前,各地、各单位组织开发的环境信息应用软件,凡需要上国家环境信息网,但又不能在网上直接运行的,原组织开发单位应提出书面申请,按第十八条规定办理。

第四章 环境信息网络

第二十条 国家环境信息网络坚持以"统筹规划、国家主导、统一标准、联合建设、互联互通、资源共享"的指导方针进行建设。

第二十一条 国家环境信息网络由各级环境保护行政主管部门及其企事业单位的局域网构成。

第二十二条 国家环境信息网络按照统一的网络协议和网络体系结构运行,保证网络正常的信息传输和管理。环境信息传输采用国家环境信息网络选定的通信方式进行,通信线路由通信双方共同维护。

第二十三条 国务院环境保护行政主管部门负责组织编制环境信息代码标准。特殊的地方性代码,可由各级环境保护行政主管部门组织编制,经国务院环境保护行政主管部门批准后实施。环境信息代码标准一经颁布,使用部门不得擅自修改。需要增补时,应报国务院环境保护行政主管部门批准。

第五章 环境信息的安全保密

第二十四条 各地环境信息的局域网与因特网连接时,应设置"防火墙",并采取其他必要的安全防范措施。

第二十五条 环境信息管理必须严格遵守国家有关保密规定,在对外交往与合作中,不得涉及有关国家秘密事项的环境信息。

第二十六条　凡进入环境信息网络的单位和个人,不得制作、查阅、复制和传播妨害社会治安和淫秽色情等信息。

第二十七条　国家环境信息网络的用户禁止使用盗版软件,不得在网上传递游戏软件。凡进入国家环境信息网络的用户必须安装防病毒软件,对因特网或国内其他网络传来的信息必须进行防病毒检查,确保环境信息系统免受计算机病毒的侵害。

第二十八条　对违反第二十四条、第二十五条、第二十六条、第二十七条规定的行为,各级环境信息中心发现后,应立即采取相应的处理措施,并及时报告同级环境保护行政主管部门和上一级环境信息中心。

第六章　奖　　惩

第二十九条　对在环境信息工作中做出突出贡献的单位和个人,可给予表扬或奖励。

第三十条　对违反本办法,有下列行为之一者,给环境信息工作造成损害的,按照国家有关法规给予处罚:

1. 在对外交往中,泄露国家环境信息秘密的;
2. 制作、查阅、复制和传播妨害社会治安和淫秽色情信息的。

对在网上传递游戏软件的,可视情节给予批评教育或取消用户账户。

第七章　附　　则

第三十一条　本办法自 1998 年 9 月 1 日起实施。

　　　　　　　　　　　　　　　　　＊ 本办法由国家环境保护总局制定并发行

附录 2

"十五"国家环境信息化建设指导意见

今后一段时期,是我国信息化建设的重要时期。环保部门要抓住机遇,加快信息化建设步伐。为指导全国信息化建设,根据《全国政府系统信息化 2001～2005 年发展规划纲要》和《国家环境保护"十五"计划》,制定本意见。

一、"十五"环境信息化建设的指导方针和发展原则

(一)指导方针

以"三个代表"重要思想为指导,贯彻"应用主导、面向市场、网络共建、资源共享、技术创新、竞争开放"的国家信息化建设指导方针,以网络建设为基础、信息资源开发利用为核心、信息应用技术为保障,努力提高环境信息为环境管理提供服务和决策支持的能力。

(二)发展原则

1. 统筹规划、统一标准、统一规范

环境信息化建设必须坚持统筹规划、有序发展的原则,统一标准与规范。

2. 联合共建、互联互通、资源共享

发挥各级政府和环保部门的积极性,共同推进国家级、省级、市级和县级的"四级三层"环境信息网络系统建设。分步、分层实施环境信息资源网络平台、环境管理业务应用平台、环境信息资源共享平台和环境信息资源服务平台的建设,实现网络互联、资源共享的目标。

3. 以需求为导向,以服务为宗旨,以应用促发展

环境信息化建设要以环境管理需求为导向,以服务环境管理与决策为宗旨。集中力量完善网络系统建设,以电子政务应用平台建设为核心,开发覆盖面大、经济和社会效益明显、利用率高的环境管理应用系统和环境信息资源共享数据库,以应用促发展,整体提高环境信息资源的开发利用水平。

4. 政府主导与市场运作相结合

发挥政府统筹规划、宏观调控、组织推进、统一标准、政策导向等作用,积极稳妥地推进以社会化和市场化为取向的机制创新,吸引资金,加快环境信息化建设步伐,取得较好的社会效益和经济效益。

5. 技术创新、跨越发展

环境信息化建设必须紧紧跟上信息化发展的主流,与国家信息化进程保持同

步,学习借鉴国内外和其他行业的先进经验,推进技术创新,避免走弯路。

二、"十五"环境信息化建设目标和工作任务

(一)总体目标

建立适合环境保护工作需要的环境信息管理机制,实现环境信息的统一管理、统一发布和信息共享;争取实施"金环工程",基本建成全国性的环境信息资源网络平台、环境管理业务应用平台、环境信息资源共享平台、环境信息资源服务平台;保持与国家信息化建设进程同步的发展水平,初步实现环境政务/业务信息化、环境管理信息资源化、环境管理决策科学化和环境信息服务规范化,向"数字环保"的战略目标迈进。

(二)具体目标

(1)健全国家环境信息网络体系,基本满足全国环境信息系统的各项应用需求:国家环境保护总局、省级环境保护局、80%的市级环境保护局和有条件的县级环境保护局建成和完善内部局域网并接入全国环境信息网络系统,实现网络互联互通和信息交流。

(2)用现代计算机技术创新环境管理政务和业务,基本建立环境管理业务应用平台,实现环境政务/业务管理信息化:国家环境保护总局、省级环境保护局、60%的市级环境保护局和有条件的县级环境保护局实现办公自动化,通过计算机网络开展环境管理工作,以环境质量监测和污染源管理为重点,逐步开展服务于环境管理与决策的环境电子政务/业务应用。

(3)初步完成全国环境信息资源共享平台的建设,为管理决策提供丰富的信息资源:国家环境保护总局80%以上的行政事务和业务工作可通过资源共享平台实现信息共享;省级环境保护局70%、市级环境保护局50%以上的环境信息可通过资源共享平台实现信息统一管理和共享;有条件的县级环境保护局也应开展环境信息资源共享平台的建设工作。

(4)规范环境信息资源服务工作:以环境管理应用服务与决策支持为核心,建立环境信息资源内部门户,提高环境信息资源的服务和支持水平;以因特网为主要载体,建设国家环境保护总局政府网站,开通省级环境保护局和70%以上的市级环境保护局环境信息网站,为社会公众提供多渠道、全方位的环境信息服务。

(5)进一步建立健全我国环境信息的标准化与规范化体系,健全和加强环境信息安全管理体系,为安全运行提供保障:初步完善环境信息化标准体系,制定并执行基础标准、数据库标准和系统建设技术规范,建立一套行之有效的环境信息安全管理技术规范和措施。

(6) 完成省级环境保护局、90％以上的市级环境保护局和有条件的县级环境保护局的环境信息中心机构建立和队伍建设,形成稳定可靠的环境信息管理体系;加快应用计算机进行环境管理工作的步伐:50％以上的各级环境保护局领导能够比较熟练地运用计算机辅助办公,国家环境保护总局、80％省级环境保护局和60％市级环境保护局以上的环境管理工作人员能够运用计算机进行政务/业务管理,县级环境保护局环境管理工作人员也要积极开展计算机的技能培训和业务应用。

(三) 工作任务和重点建设项目

"十五"期间,环境信息化建设要完成三大类重点项目,包括 3 个网络工程、4 项平台建设和 14 个应用系统(软件)开发。

1. 环境信息网络平台建设

"十五"期间,要集中力量建成三个基础网络系统,即"环保内网"、"环保外网"和"互联网",建成"三网并用"的环境信息网络平台。其中"环保内网"与"环保外网"及"互联网"实行物理隔离,"环保外网"与"互联网"实行逻辑隔离。要进一步加大投入,继续完成市级环境信息网络系统的基础能力建设任务。

(1) "环保内网"建设

进一步补充和完善以国家环境保护总局卫星通信专用网络系统和各级环保部门机关计算机局域网为基础的"环保内网"工程建设。结合现有的网络资源和业务应用,以总局卫星通信专用网络系统为基础,在国家与省之间建立电子公文传输保密网络系统,在国家与重点城市和大气/水自动监测点之间建立环境监测数据专用传输网络系统,确保涉密信息和实时监测数据的安全、通畅传输。"环保内网"建设以国家投资建设为主,依托国家电子政务的"政务内网"进行建设。

(2) "环保外网"建设

提出并实施面向全国环境系统的宽带虚拟专网的建设方案,在国家公用宽带通信网络上,逐步建成以宽带虚拟专网(VPN)为基础的高速的"环保外网"系统,满足语音、视频、大容量数据传输和其他环境管理应用系统运行需求,应用于环境信息资源交换、共享和协同环境管理与决策,使分布在全国的各级环境信息网络系统实现安全高效通信。"环保外网"建设依托国家电子政务的"政务外网"进行建设,采用国家与地方共同投资、分层建设的方针,国家至省级网络建设以国家投资为主。

(3) 市级环境信息网络系统建设

在尚未开展环境信息网络系统建设的市级环境保护局,组织实施市级环境信息网络系统建设项目,建成市级环境保护局环境信息计算机局域网,为市级环境保护局实现环境管理工作信息化奠定基础。

2. 环境管理业务应用平台建设

(1) 应用集成和应用系统开发

面向新形势下环境保护工作需要,开展环境电子政务应用建设工程,制定环境电子政务系统应用与技术规范,包括统一应用系统界面、流程管理、用户权限管理模式、统一数据共享技术规范等;开发系列化、网络化和组件化的环境管理应用软件,基本建立环境电子政务应用平台(包括办公自动化和各项环境管理业务),逐步实现环境管理政务/业务信息化。

围绕实现环境行政管理和业务应用信息化的发展目标,通过办公自动化综合信息平台和环境质量监测管理信息系统、环境统计与排污申报管理信息系统、建设项目管理信息系统、排污收费管理信息系统、环境空间信息系统等环境管理应用系统的建立,在环境管理电子政务应用集成的基础上,逐步在国家级、省级、市级环境保护部门形成结构合理、功能齐全的环境管理电子政务/业务应用平台。

(2) "办公自动化综合信息平台"建设

实施总局电子政务系统建设,全面提升办公自动化应用水平,实现电子公文管理,并广泛采用目录资源管理等形式,运用知识管理的手段和方法,对环境管理与辅助决策所需的各类环境信息进行管理,开展环境信息个性化支持和服务,提高环境管理工作效率和决策水平。通过"环保外网"网络系统,建立协同办公环境和办公应用系统,同时建立和完善环境信息安全管理制度与措施。"办公自动化综合信息平台"开发、推广应用覆盖国家环境保护总局、省级环境保护局和60%市级环境保护局。

(3) "环境业务应用平台"建设

采用网络服务形式规划业务应用系统的开发方式,建设统一集成的环境管理业务应用平台,为具体的环境管理业务工作提供技术支撑。环境业务应用平台由环境管理业务应用系统和业务数据库等组成。"环境业务应用平台"建设以环境质量监测和污染源管理应用需求为核心,覆盖国家环境保护总局、省级环境保护局和60%市级环境保护局的环境管理主体工作。

从政府职能管理信息化——电子政务——广义上讲,环境管理办公应用系统和业务应用系统统称为环境管理电子政务系统。因此,"办公自动化综合信息平台"和"环境业务应用平台"合称为"环境管理业务应用平台"。完善以环境质量监测和污染源管理应用为核心的建设方案,2003年完成核心业务与办公自动化综合信息平台的集成,初步建立环境电子政务应用平台架构体系,2004年推广应用到各省级环境保护局,2005年推广应用到60%市级环境保护局。

3. 环境信息资源共享平台建设

整合、集成、加工各类环境信息资源,为全国环境管理工作和辅助决策提供所需的各类信息资源共享环境,为管理者和决策者提供有效利用信息资源的手段,建立可伸缩的知识分类引擎、实现智能的知识发现功能。环境信息资源共享平台建设以环境信息资源共享中心建设和环境信息资源数据库开发为主体,以实现环境信息资源共享为出发点,以提高环境信息资源开发利用水平、为环境管理与决策提供支持和服务为目标。"十五"期间要紧紧围绕环境质量监测和污染源管理应用需求为核心的环境管理主体工作,开展"环境信息资源共享平台"建设,覆盖国家环境保护总局、省级环境保护局和50%市级环境保护局。

(1) 环境信息资源共享中心建设

根据我国环境信息资源的现状和共享中心的建设需求,利用元数据管理、XML数据交换、分布式数据存储、用户权限管理等技术,开发环境信息资源共享中心,基本实现全国环境信息的统一管理和查询,为各级环境管理部门提供环境信息共享支持和服务。

环境信息资源共享中心建设采用分步实施的方式。首先要建成国家级环境信息资源共享中心,集中政务信息、业务数据(环境监测、环境统计、建设项目管理、排污收费、排污申报、污染源监控等)、环境专题空间和遥感地理信息、环境科研、环保产业以及相关基础资料数据等信息资源,实现资源共享。借鉴国家级环境信息资源共享中心的建设经验,通过示范推广,利用统一的技术手段和管理方式,开展省级、市级环境信息资源共享中心的建设。

(2) 环境信息资源共享数据库建设

规范环境信息资源化工作,特别是对已有的基础资料以及环境管理政务、环境质量监测和污染源管理重点业务应用系统积累的数据进行整理,转化成可开发利用的环境信息资源;改造、整合和集成各种环境数据,初步建成集中—分布式国家环境数据库体系,包括环境法规与标准信息数据库、环境政务信息数据库、环境统计信息数据库、环境质量监测信息数据库、排污申报信息数据库、核环境管理信息数据库、环境科技情报信息数据库、重点污染源数据库、生态环境数据库、自然保护和生物多样性数据库、重大污染事故数据库、城市环境综合整治数据库、环境地理信息数据库、环境遥感数据库等。

(3) 外部信息资源建设

信息资源共享平台能够导入并整合外部信息资源(包括国民经济与社会发展基础信息、国家空间地理基础数据、国家其他部委发布的相关信息以及与环境保护工作相关的国内外其他基础信息等),为环境管理工作提供更丰富的信息支持。

4. 环境信息资源服务平台建设

"十五"期间,初步完成环境信息资源服务平台框架建设,以国家环境保护总局内部信息资源门户建设为核心,以国家环境保护总局政府网站建设为重点,建立国家环境保护工作集中、统一、权威的环境信息资源服务平台和信息发布窗口,通过各级政府网站向全社会提供准确、及时、高质量的环境信息服务。同时,逐步规范和完善信息服务体系,理顺关系,建立机制,促进政务公开,加强廉政建设,提高工作效率和监管有效性。覆盖国家环境保护总局、省级环境保护局和60％市级环境保护局。

(1)"互联网"建设

采用宽带因特网接入技术,大幅度提高各级环境保护部门计算机网络系统的广域互联的能力。加强接入因特网的安全工作,在组织网络安全培训,落实有效防范措施的前提下,充分利用因特网开展环境信息发布、网上受理、环保电子商务等应用,逐步实现政务公开,建设环境信息发布和提供环境信息规范化服务的"互联网"网络系统。

(2)内部信息资源门户建设

在网络互联互通、信息交换共享的基础上,在环境管理"环保外网"上建立环境信息资源门户,通过统一的用户权限管理,为环境管理职能部门以及环境管理工作人员提供丰富而个性化的环境信息服务与支持。

(3)环境保护政府网站建设

国家环境保护总局建立环境保护政府网站 http://www. sepa. gov. cn,向全社会发布政府环境保护工作信息,提供"一站式"环境信息服务。各级环保部门都要在因特网上建立服务于全社会的环境信息网站,宣传环境保护政策法规,发布有关环境信息。

5. 标准规范与安全建设

根据全国环境信息化发展需要,"十五"期间系统化进行环境信息标准、管理规范与系统安全建设,初步形成国家环境信息标准、规范与安全体系。

(1)环境信息标准建设

加强环境信息标准化建设,进一步健全和完善环境信息总体标准,包括基础性标准和总体技术框架;网络基础设施标准,包括基础通信平台工程建设标准、网络互联互通和安全保密等标准;应用支撑标准,包括信息交换平台、日志管理和数据库管理等方面的标准;应用标准,包括基础信息、元数据标准、电子公文格式和流程控制等标准,基本形成系统化的环境信息标准体系。

(2)环境信息管理规范建设

制定并执行《环境信息管理办法》、《国家环境保护总局网站管理暂行规定》和《环境信息中心建设规范(暂行)》,建立环境信息应用软件准入制度、网络安全保密制度,进一步明确环境信息管理的职责和机制,规范环境信息服务的手段和方式,实现环境信息的统一管理。

(3)环境信息安全体系建设

建立环境信息 CA 认证中心,利用统一身份验证机制保证网络环境下用户身份的真实可靠性。利用目录管理手段,集中管理用户权限分配,规范信息管理手段,有效增强系统安全。同时,建立并执行完善的安全管理制度,防止黑客攻击、病毒感染等事故的发生。

6. 应用系统(软件)开发

"十五"期间,计划完成以下14个环境管理应用系统(软件)的开发建设,即环境政务管理信息系统、环境质量监测管理信息系统、环境统计管理信息系统、建设项目管理信息系统、排污收费管理信息系统、排污申报管理信息系统、环境遥感与地理信息管理系统、环境档案管理信息系统、生态环境管理信息系统、环境科技管理信息系统、环境监察信息系统、环境污染事故区域预警管理信息系统、城市环境综合整治定量考核管理信息系统以及核安全与辐射管理信息系统。在14项环境业务应用系统开发建设中,已经完成主体开发的环境管理应用系统(软件),要抓紧进行系统完善和升级改造工作,重点保证以环境质量监测和污染源管理为核心应用需求的环境管理信息系统的开发建设。

7. 队伍建设

(1) 机构建设

进一步健全和完善各级环境信息中心机构,采取切实措施确保各级环境信息中心机构、人员、经费和工作任务的落实。"十五"期间,国家环境保护总局信息中心要不断完善内部结构建设;省级环境保护局全部完成环境信息中心机构建设,全部建立独立事业性机构;已经完成环境信息网络系统建设任务的市级环境保护局要全部建立独立事业性环境信息中心机构;其他市级环境保护局也要建立相应的环境信息中心;县级环境保护局条件许可的要建立环境信息中心机构,或者设专职环境信息工作人员。在落实机构建设的基础上,确保业务经费和工作任务到位。各级环境信息中心的业务经费要纳入各级政府财政预算。

(2) 加强培训提高应用能力

加强各级环境管理工作人员的计算机应用技能培训,加强各级环境信息技术人员的业务技术培训,特别是计算机与网络技术、数据库技术、多媒体技术、遥感和地理信息系统技术的培训,不断提高各级环境管理工作人员和环境信息技术人员的工作能力和技术水平。

(3) 培养造就环境信息管理技术人才

进一步加大环境信息队伍建设的力度,切实采取有效措施稳定队伍,避免专业人才流失。走培养和引进相结合的环境信息人才发展道路,逐渐形成一支思想觉悟高、服务意识好、业务能力强、技术过硬、相对稳定的环境信息技术队伍。

8. 国际合作与交流

继续开展中日环境信息技术合作,充分利用国际合作方式,加大信息管理、系统设计、软件开发和环境信息应用等方面的技术培训力度,多方位、多层次地满足全国环境信息系统技术水平提高的需要。

　　积极争取和承担各种环境信息国际合作项目,充分利用和借鉴发达国家环境信息技术和资金,促进我国环境信息化的发展,扩大我国环境信息化工作的国际影响,在国际环境合作与交流以及履行国际环境公约等方面发挥积极作用。

三、保障措施

(一)加强组织领导,健全管理机制

　　加大国家环境保护总局环境信息化工作领导小组的工作力度,充分发挥其统筹规划、科学管理、宏观调控和决策作用,理顺管理体制,从组织上为"十五"国家环境信息化建设目标的实现奠定基础。

(二)打破部门界限,推进信息共享

　　环境信息资源的共享和利用是环境信息化建设要解决的关键问题。打破部门界限,消除壁垒,建立环境信息资源共享机制,真正实现全国环境信息的统一收集、存储、加工与发布。采取多种措施,盘活环境信息资源,提高环境信息的资源价值,提高环境信息资源的开发和利用水平,保证最大限度地为环境管理与决策提供环境信息支持和服务。

(三)建设应用并重,基础工作先行

　　环境信息化建设必须统筹兼顾不同用户、不同层次和不同地域的发展需求,以需求为导向。应用开发建设要紧紧围绕环境质量监测和污染源管理为核心的环境管理主体工作需求,应用能力建设应得到各级环保部门的足够重视,应用水平与应用能力建设要保持同步,以应用促发展。标准规范建设、网络建设、数据库开发是环境信息化建设的基础,要优先制定环境信息标准与技术规范,不断完善环境信息网络系统建设,开发环境信息基础数据库。

(四)采用先进技术,实现跨越发展

　　必须积极研究和利用数据库(仓库)、网络通信、信息发布、"3S"技术、人工智能等先进技术和手段,充分运用最新的科技发展成果,跟踪信息技术的发展前沿,采用超常规的发展战略,快速赶上先进行业的技术发展水平,实现环境信息化的跨越式发展。

(五)开拓投资渠道,确保资金投入

　　加大资金投入是加快国家环境信息化建设的重要措施。要科学合理地统筹制定环境信息化工作的经费预算,既要重点筹划建设投资、培训费用,又要全面安排

运行维护和升级扩展的费用。要努力开拓各种渠道,采取国家投资与社会融资相结合、国家投资与地方配套投资相结合、国内投资与国外引资相结合等多种方式,扩大经费来源,保证资金持续投入,以重点项目的实施带动环境信息化建设的全面开展,为完成"十五"期间国家环境保护工作的目标和任务做出应有的贡献。

国家环境保护总局

2003 年 1 月

附录 3

关于企业环境信息公开的公告

根据《中华人民共和国清洁生产促进法》，我局决定在全国开展企业环境信息公开工作，以促进公众对企业环境行为的监督。现将有关事宜公告如下。

一、环境信息公开的范围

各省、自治区、直辖市环保部门应按照《清洁生产促进法》的规定，在当地主要媒体上定期公布超标准排放污染物或者超过污染物排放总量规定限额的污染严重企业名单；列入名单的企业，应当按照本公告要求，于 2003 年 10 月底以前公布 2003 年上半年的环境信息，2004 年开始在每年 3 月 31 日以前公布上一年的环境信息。

没有列入名单的企业可以自愿参照本规定进行环境信息公开。

二、必须公开的环境信息

公开的环境信息内容必须如实、准确，有关数据应有 3 年连续性。

（一）企业环境保护方针。

（二）污染物排放总量，包括：

1. 废水排放总量和废水中主要污染物排放量；

2. 废气排放总量和废气中主要污染物排放量；

3. 固体废物产生量、处置量。

（三）企业环境污染治理，包括：

1. 企业主要污染治理工程投资；

2. 污染物排放是否达到国家或地方规定的排放标准；

3. 污染物排放是否符合国家规定的排放总量指标；

4. 固体废物处置利用量；

5. 危险废物安全处置量。

（四）环保守法，包括：

1. 环境违法行为记录；

2. 行政处罚决定的文件；

3. 是否发生过污染事故以及事故造成的损失；

4. 有无环境信访案件。

（五）环境管理，包括：

1. 依法应当缴纳排污费金额；

2. 实际缴纳排污费金额;

3. 是否依法进行排污申报;

4. 是否依法申领排污许可证;

5. 排污口整治是否符合规范化要求;

6. 主要排污口是否按规定安装了主要污染物自动监控装置,其运行是否正常;

7. 污染防治设施正常运转率;

8. "三同时"执行率。

三、自愿公开的环境信息

(一) 企业资源消耗,包括能源总消耗量和单位产品能源消耗量,新水取用总量和单位产品新水消耗量,工业用水重复利用率,原材料消耗量,包装材料消耗量。

(二) 企业污染物排放强度(指生产单位产品或单位产值的主要污染物排放量),包括烟尘、粉尘、二氧化硫、二氧化碳等大气污染物和化学需氧量、氨氮、重金属等水污染物。

(三) 企业环境的关注程度。

(四) 下一年度的环境保护目标。

(五) 当年致力于社区环境改善的主要活动。

(六) 获得的环境保护荣誉。

(七) 减少污染物排放并提高资源利用效率的自觉行动和实际效果。

(八) 对全球气候变暖、臭氧层消耗、生物多样性减少、酸雨和富营养化等方面的潜在环境影响。

四、环境信息公开的方式

(一) 必须进行环境信息公开的企业除在国家环保总局政府网站和省级环保部门政府网站上公布外,可以通过报纸和其他形式的媒体公布,也可以通过印制小册子等形式公布。

(二) 鼓励企业自愿在我局和各级环保部门的政府网站上进行信息公开。

(三) 鼓励企业发布年度环境报告书并在企业网站或政府网站上公布。

五、对企业环境信息公开的其他要求

(一) 企业出现下列情况之一,企业登记所在地省级环境保护行政主管部门应当随时在本局网站或上报我局在总局政府网站上公布有关环境信息:

1. 常规环境监测中连续 2 次(含)以上排放的主要污染物没有达到国家或地方规定的污染物排放标准;

2. 常规环境监测中连续 2 次(含)以上污染物排放总量超过排污许可证的允许排放量;

3. 现场环境监察中连续 2 次(含)以上出现环境违法行为;

4. 发生重大污染事故;

5. 发生集体性环境信访案件。

(二) 对不公布或者未按规定公布污染物排放情况的,应依据《清洁生产促进法》,按照相应的管理权限,由县级以上环保部门公布,可以并处相应的罚款。

六、在总局政府网站公布企业环境信息的具体程序另行通知,在地方环保部门政府网站公布企业环境信息的具体程序由各地自行制定。

国家环保总局文件(环发[2003]156 号)

2003 年 9 月 2 日